米酒酿造职业技能培训教材
湖北省第四批十大劳务品牌

米酒酿造培训教程

MIJIU NIANGZAO PEIXUN JIAOCHENG

李纪亮　孙　俊　主编

中国地质大学出版社
ZHONGGUO DIZHI DAXUE CHUBANSHE

图书在版编目(CIP)数据

米酒酿造培训教程/李纪亮,孙俊主编. —武汉:中国地质大学出版社,2024.10. —ISBN 978-7-5625-5924-5

Ⅰ. TS262.4

中国国家版本馆 CIP 数据核字第 2024C53N15 号

米酒酿造培训教程	李纪亮 孙 俊 主编
责任编辑:郑济飞	责任校对:张咏梅

出版发行:中国地质大学出版社(武汉市洪山区鲁磨路388号)	邮编:430074
电 话:(027)67883511 传 真:(027)67883580	E-mail:cbb@cug.edu.cn
经 销:全国新华书店	http://cugp.cug.edu.cn

开本:787毫米×1 092毫米 1/16	字数:442千字	印张:17.25
版次:2024年10月第1版	印次:2024年10月第1次印刷	
印刷:武汉中远印务有限公司		

ISBN 978-7-5625-5924-5	定价:58.00元

如有印装质量问题请与印刷厂联系调换

《米酒酿造培训教程》编委会

主　　　编：李纪亮　孙　俊
副　主　编：李长春　周　勇　游　剑
编委会委员：孙　俊　孝感市麻糖米酒行业协会
　　　　　　李纪亮　湖北工程学院
　　　　　　李　辉　湖北米婆婆生物科技股份有限公司
　　　　　　李长春　湖北工程学院
　　　　　　余　翔　湖北爽露爽食品股份有限公司
　　　　　　陈　勇　湖北康特职业培训学校
　　　　　　周　勇　湖北工程学院
　　　　　　殷铭谦　孝感麻糖米酒有限责任公司
　　　　　　游　剑　湖北工程学院
　　　　　　鄢树华　孝感战友康特职业技术培训学校

序一

米酒具有3000年的悠久历史和深厚的文化内涵,在中国酒文化历史长河中扮演着重要的角色,也是未来最有希望走向世界并占有一席之地的酒品。目前,米酒行业处于快速成长期,现代酒类消费已从嗜好性饮酒向交际性饮酒和品尝性饮酒过渡,提倡低度、健康、养身的新价值取向,米酒行业正迎来新一轮的发展机遇和挑战。

米酒与黄酒都属于低度发酵酒,行业内一般把米酒认为是中国黄酒的一个分支。米酒与黄酒在发酵工艺上大致相同,但是在实际生产中还是存在一些明显的区别,如绝大部分米酒的酿造原料主要为糯米,而黄酒的酿造原料范围更广,包括糯米、粳米、籼米、小米等;黄酒主要采用麦曲作为糖化发酵剂,而米酒酿造主要采用小曲(酒药)。传统黄酒生产往往需要煎酒后用陶坛存放1~3年,讲究陈香醇厚,而米酒更注重鲜美感。代表性的黄酒一般为干型或半干型,米酒主要为甜型或半甜型。米酒品种繁多,全国各地的米酒制法和风味都各有特点。与江苏、浙江、上海等地生产的传统黄酒相比,湖北、贵州、广东等地生产的米酒,其风味更趋清淡,米香浓郁、甘甜鲜美,具有低度、营养、适口性好等优点,符合现代健康饮酒消费的理念和趋势。

与啤酒、白酒相比,米酒的产业销售规模与发展速度差距较大,中国米酒产业急需从存在的问题中寻找出路,在继承和发扬黄酒传统发酵工艺技术的基础上不断提高和完善,在工艺、技术装备、产品种类等方面不断进行创新,特别注重利用现代科技对米酒生产工艺进行创造性突破。

本书编者来自米酒酿造生产一线,已从事米酒酿造生产技术研究30余年,具有丰富的实践经验。他们从米酒起源、酿造工艺、生产设备、文化积淀、产业发展等各个方面进行了精心撰写,旨在进一步传播中国米酒技艺与文化。本书深入浅出,既可作为大专院校酿酒行业职业技能培训的教材使用,亦可作为广大米酒生产企业技术人员的职业指导书,同时,还可作为普通读者了解米酒产品相关知识的科普读物。

湖北工业大学二级教授　陈茂彬
湖北省米(黄)酒专家委员会主任
2024年10月

序二

孝感米酒师作为一项古老而独特的职业，源于孝感米酒这一具有千年历史的地方名小吃。随着时代的变迁，孝感米酒师们不仅传承了传统技艺，更通过不断的创新，推动了孝感米酒从地方小吃转型为商品，并成功走出孝感、走向世界。经过多年的发展，2022年，孝感米酒师成功入选湖北省第四批十大劳务品牌。

在此背景下，《米酒酿造培训教程》的编纂与问世，旨在培养更多具备专业技艺的米酒师，无疑是对这一非物质文化遗产保护与传承的重要贡献。本书内容丰富，结构严谨，从孝感米酒的历史渊源讲起，深入浅出地阐述了米酒制作的原料选择、工艺流程、质量控制等关键环节，同时融入了现代食品科学、营养学以及安全卫生的相关知识，使传统技艺与现代理念完美融合，为米酒师们提供了一套科学、系统、实用的学习指南。本书不仅是对孝感米酒制作技艺的系统梳理与总结，更是对米酒师这一职业群体专业素养与技能水平的全面提升与规范引导。它如同一座桥梁，连接着过去与未来，让古老的酿酒智慧在新时代的浪潮中焕发出更加璀璨的光芒。

在此，我衷心希望这本培训教材能够成为每一位米酒师案头的必备之书，成为他们技艺精进、事业腾飞的得力助手，为孝感地区的劳务品牌建设添砖加瓦。愿我们携手并进，在传承与创新中，共同书写孝感米酒更加辉煌的篇章，让这份来自孝感的甜蜜与温暖，传遍五湖四海，温暖每一颗热爱生活的心。

中南财经政法大学劳务品牌发展研究中心主任　黄宏伟
2024年8月26日

目录

第一章　米酒的起源与发展 (1)
　第一节　米酒的起源与传说 (1)
　第二节　米酒酿造的发展历程和变化 (3)
　第三节　米酒行业的现状 (9)
　本章小结 (13)

第二章　米酒酿造的原料和辅料 (14)
　第一节　酿酒用米 (14)
　第二节　酒曲及其制作工艺 (18)
　第三节　水 (22)
　第四节　米酒酿造的辅助原料 (25)
　本章小结 (28)

第三章　米酒酿造的生产工艺 (29)
　第一节　原辅料的处理 (29)
　第二节　大米的浸泡 (38)
　第三节　蒸煮与拌曲 (39)
　第四节　边糖化边发酵 (42)
　第五节　调配工段 (51)
　第六节　典型米酒生产工艺流程 (52)
　第七节　压滤、澄清、煎酒和包装 (56)
　本章小结 (59)

第四章　米酒酿造的机械设备 (60)
　第一节　米酒行业酿造设备的发展与技术进步 (60)
　第二节　原料的输送及预处理设备 (61)
　第三节　原料筛选与分级设备 (73)
　第四节　大米原料的处理设备 (75)
　第五节　蒸饭、冷却与拌曲设备 (82)
　第六节　米酒发酵设备 (94)

第七节　米酒压滤设备 …………………………………………… (99)
　　第八节　米酒调配、澄清和过滤设备 …………………………… (104)
　　第九节　米酒灌装设备 …………………………………………… (111)
　　第十节　CIP清洗系统 …………………………………………… (119)
　　本章小结 …………………………………………………………… (125)

第五章　米酒酿造的物料衡算 ………………………………………… (126)
　　第一节　物料衡算的方法和步骤 ………………………………… (126)
　　第二节　水用量的估算 …………………………………………… (129)
　　第三节　用汽量的估算 …………………………………………… (134)
　　本章小结 …………………………………………………………… (140)

第六章　米酒酿造工厂的清洁生产与检测项目 ……………………… (141)
　　第一节　清洁生产审核与评价体系建立 ………………………… (141)
　　第二节　米酒清洁生产的节能减排 ……………………………… (151)
　　第三节　米酒工厂副产物综合利用 ……………………………… (153)
　　第四节　米酒生产检测项目 ……………………………………… (162)
　　本章小结 …………………………………………………………… (162)

第七章　米酒品鉴 ……………………………………………………… (163)
　　第一节　品鉴的基本知识 ………………………………………… (163)
　　第二节　品鉴室的构建 …………………………………………… (165)
　　第三节　品鉴员的训练 …………………………………………… (166)
　　第四节　米酒品鉴的基本步骤 …………………………………… (169)
　　第五节　米酒感官品评体系的构建 ……………………………… (171)
　　第六节　品鉴的常见错误和避免方法 …………………………… (178)
　　第七节　品鉴的专业术语和表达方式 …………………………… (181)
　　本章小结 …………………………………………………………… (182)

第八章　米酒的配餐与享用 …………………………………………… (183)
　　第一节　米酒与菜肴的搭配原则 ………………………………… (183)
　　第二节　日韩欧米酒与美食的搭配 ……………………………… (188)
　　第三节　米酒享用的优势 ………………………………………… (188)
　　本章小结 …………………………………………………………… (190)

第九章　米酒行业管理条例与法规 …………………………………… (191)
　　第一节　中国米酒行业政策环境 ………………………………… (192)
　　第二节　米酒食品生产许可 ……………………………………… (193)

第三节　米酒食品经营许可……………………………………（197）
　　第四节　米酒的酒类许可……………………………………（200）
　　第五节　米酒的质量标准……………………………………（201）
　　第六节　米酒的安全监管……………………………………（209）
　　本章小结………………………………………………………（211）

第十章　米酒职业教育与酿酒人才队伍建设………………………（212）
　　第一节　米酒职业教育………………………………………（212）
　　第二节　酿酒工种的分类和职责……………………………（214）
　　第三节　米酒酿造人才队伍建设……………………………（217）
　　本章小结………………………………………………………（239）

第十一章　米酒文化与现代企业传承………………………………（240）
　　第一节　米酒在中国传统文化中的地位与影响……………（240）
　　第二节　米酒在世界各地的文化差异与交流………………（241）
　　第三节　米酒企业的文化特征及建设的载体………………（243）
　　第四节　米酒企业文化的培育和积淀………………………（248）
　　本章小结………………………………………………………（250）

第十二章　米酒大健康产业与国际化发展之路……………………（251）
　　第一节　大健康和大健康产业………………………………（251）
　　第二节　米酒大健康的驱动因素与产业发展………………（254）
　　第三节　米酒大健康产业国际化发展之路…………………（257）
　　本章小结………………………………………………………（260）

主要参考文献……………………………………………………………（261）

后　　记…………………………………………………………………（264）

第一章　米酒的起源与发展

第一节　米酒的起源与传说

米酒,又称酒酿或甜酒,是一种以糯米、大米、红米、黑米等稻米为主要原料,拌以酒曲和水酿造而成的传统发酵型酒精饮料,是世界上最古老的低度酒精饮料之一,也是中国汉族及大多数少数民族传统的特色食品。

关于米酒的起源,各界学者众说纷纭,百家争鸣,大部分研究和论著都会提到仪狄、杜康造酒的传说。辑录古代帝王公卿谱系的书《世本》中记载,"仪狄始作酒醪,变五味;少康作秫酒";晋人江统的《酒诰》曰,"酒之所兴,肇自上皇。或云仪狄,一曰杜康"。此外,还有一些其他有关米酒起源的传说,如"天星造酒"和"猿猴造酒"等,从各种说法中都可以看出米酒发展历史悠久。

其实,在早期人类懂得使用火种之前,自然界中的物质转化成酒的现象就是存在的,只是当时的人们过着风餐露宿的生活,无法了解和掌握这种粮食转化成酒的技术。随着人类社会的进步,人们发现谷物发酵后会产生芳香物质,并且会渗出辛辣、爽口的液体,此后便有了"酒"的产生。酒的产生首先是与谷物有关,与季节有关,而我们现今所谓的"米酒"也即为当时酿酒的衍生物。

"清醴之美,始于耒耜"。这说明谷物酿酒的起源和发展与农业生产有着密切的关系。远在4000多年前的龙山文化时期,随着我国农业的逐步发展,谷物种植面积日趋扩大,粮食收获量有所增多,为谷物酿酒提供了物质基础;加之当时人们已发现了酒精发酵的自然现象,并掌握了酿酒技术,于是谷物酿酒渐渐盛行起来。经过数千年的传承发展,才形成了现代的米酒工业。

一、米酒的起源时代和地域

商代酒类有三种:第一种,最常见的"黍酒",由黍酿造而成,犹如今天的黄酒。第二种,鬯(chàng)酒,其主要原料还是黍,但在酿造过程中加入了香草、香花或者其他香料。第三种,由大米酿造而成的醴(lǐ)酒,即今天的米酒。

后有文献记载,在商朝时期又出现另外两种发酵饮料:一种由水果发酵而成的饮料和另一种未经过滤、由大米或粟米或未发酵的麦汁发酵而成的饮料。其实,酒文化的发展还可以追溯到新石器时代。有学者研究发现,容器中是盛放液体、半固体还是固体食品,与容器的装饰和形状息息相关。如,细小的高瓶口的罐子和壶通常用于盛放和储存液体食品。根据新石器时代使用的陶器容器与商代用于盛放酒类的青铜器具有同样的大小和形状,可预测中国的发酵酒起源于更早的时期。

有学者对中国河南省新石器时代陶罐中保存的有机物质进行分析,发现容器中装有混有大米、蜂蜜和水果的发酵饮料,并且生产于9000年前,而几乎在同一时期,大麦啤酒和葡萄酒开始在中东盛行。由此推测,古代中国发酵酒起源要追溯到大概9000年以前。米酒的历史沿革如表1-1所示。

表1-1 米酒的历史沿革

时期	仰韶文化时期	夏朝	殷商时期	先秦时期	魏晋南北朝
米酒的发展	创造了米酒	米酒统称为浊酒	黑米酒最早出现在殷商时期,是中国酒文化的先驱	米酒有"旨酒""甘酒"之说,无颜色之分	米酒种类增多,出现了黍米酒、糯米酒、粱米酒等
时期	唐代时期	宋朝	明朝		现代
米酒的发展	米酒分为生酒和烧酒,唐代以后黑米酒在民间广为流传	米酒颜色逐渐演变为黄色	明朝洪武年间,韶关市仁化县石塘村出现堆花米酒,源自江西客家。2012年,"石塘堆花米酒酿造技艺"被列入广东省第四批非物质文化遗产项目名录		米酒种类繁多、香味突出、益于健康,20世纪80年代实现了工业化生产

此外,原美国宾夕法尼亚大学考古学和人类学博物馆教授帕特里克·麦戈文研究小组,对在我国安阳发现的密封铜器中具有3000年历史的液体进行了提炼,并用真菌将米和粟米中的多糖降解,第一次发现了中国古代文化早期发酵饮料中的化学成分,从而也为中国的酿酒技术和酒文化的发展提供了重要依据。因为上述密封铜器发现于黄河流域安阳的统治阶层的墓葬中,所以我国发酵酒的历史要追溯到商和西周时代。不仅如此,该发酵饮料的呈香物质含有本草植物、花和松香树脂类成分,与商朝甲骨文记载的草药酒相似,从而进一步佐证了米酒的发展史。

二、米酒的传说

米酒又被称为清酒。晋代的《酒诰》记载:"酒之所兴,肇自上皇。或云仪狄,一曰杜康。有饭不尽,委余空桑。郁积成味,久蓄气芳。本出于此,不由奇方。"其中指出,酒起源于远古时代,是米在室外长时间放置后产生的。由此可见,在中国古代,首先被辛勤的劳动人民创造出来的"美酒"便是米酒。

我国古人一直有喝米酒的习惯,在日常生活中,无论是祭祀天地,还是庆贺征战胜利或农作物丰收,米酒都是必不可少的。《周礼天官酒正》中记载:"辨三酒之物,一曰事酒,二曰昔酒,三曰清酒。"唐代诗人李白也曾有"金樽清酒斗十千,玉盘珍羞直万钱"的诗句。杜牧曾经在湖北麻城歧亭留下了"借问酒家何处有,牧童遥指杏花村"的名句,而苏东坡则在黄州府任职期间多次与友人陈季常品酒吟诗,赞美老米酒"酸酒如齑汤,甜酒如蜜汁"。王羲之曾经在兰亭集会上与友人共饮米酒,写下了千古名篇《兰亭集序》。

可见,米酒在中国酒文化历史中扮演着重要的角色。随着历史文化的沉淀,品味米酒早已不仅仅是口舌之欲,而是在细嗅那烙在米酒中的历史的味道,更是在体验古人"莫笑农家腊酒浑,丰年留客足鸡豚"的超然物外的闲适风情。

第二节　米酒酿造的发展历程和变化

一、米酒的制作工艺和技术进步

米酒属传统发酵型饮料,盛产于大部分亚洲国家,包括中国、朝鲜、日本、印度和泰国。尽管在不同的国家,米酒的名字及原料都不同,但是发酵的过程是相似的。米酒又称醪糟或酒酿,传统酿造有些经过粗滤,有些未经粗滤,其制作时间较短,酒精度比较低,甜味较浓。不同地区米酒的制作工艺也有所不同,但基本离不开如下几个重要步骤:糯米、大米等原料→淘洗→浸米→蒸煮→摊凉→松散米饭拌酒曲→发酵→成熟醪液→(压滤)→灭菌→成品。

米酒中的风味物质主要包括醇类、酯类、酸类等(表1-2),酯类物质是米酒中最重要的芳香化合物之一,其中,丁酸乙酯与乙酸乙酯的比例变化对米酒风味特征有着至关重要的影响;β-苯乙醇是香气强度较高的主要醇类物质,在米酒风味成分特征中起关键性呈香作用;米酒中主要的酸类物质包括乳酸、乙酸等,酒体中适量的酸类物质能起缓冲作用,可消除饮酒后上头、口味不协调等问题。总体来说,米酒香气可简单概括为原料香(稻米原料、酒曲带入)、发酵香(微生物代谢形成)和陈酿香(贮存过程中生化反应生成),它们共同决定着米酒的最终香气特征。米酒风味影响因素如表1-2所示。

表1-2　米酒中主要的风味化合物

米酒种类	醇类物质	酸类物质	酯类物质
福建古田红曲糯米酒	β-苯乙醇、蒎醇、2,3-丁二醇	乙酸、辛酸	乙酸乙酯、癸酸乙酯、乙酸苯乙酯、琥珀酸二乙酯、棕榈酸乙酯
东北甜酒曲大米酒	β-苯乙醇、异丁醇、异戊醇、2-乙基己醇、苯甲醇	乙酸、3-甲基丁酸、辛酸	乙酸乙酯、庚酸乙酯、琥珀酸二乙酯、乙酸异戊酯

续表 1-2

米酒种类	醇类物质	酸类物质	酯类物质
安徽酿酒酵母粳米酒	β-苯乙醇、异戊醇	乙酸、3-甲基丁酸	辛酸乙酯、癸酸乙酯、甲酸异戊酯、油酸乙酯、亚油酸乙酯、棕榈酸乙酯
东北混合酒曲糯米酒	β-苯乙醇、异丁醇、异戊醇	乙酸、异丁酸、辛酸	己酸乙酯、乳酸乙酯
	甲醇，正乙醇和β-苯乙醇	丙酸、乙酸	戊酸乙酯、丁酸乙酯、乳酸乙酯
湖北孝感酒曲糯米酒	乙醇、异丁醇、异戊醇	乙酸、丙酸、异丁酸	乙酸乙酯、乳酸乙酯

米酒成品的好坏取决于以下 5 个因素。

(1)原料的选择。传统米酒大部分用糯米或大米等原料进行发酵，因陈糯米、陈大米在浸泡过程中易碎，溶解性差，严重影响米酒的表观和感官品质，所以原料新鲜度对于米酒的质量有着至关重要的影响。此外随着酿酒技术的进步，人们开始研发和添加一些保健原材料，如低聚糖、魔芋及明列子等，用来提升米酒的营养价值。

(2)酒曲(酒药)。和白酒不同，米酒属于边糖化边发酵的一种发酵酒。首先通过霉菌的淀粉分解作用可将淀粉转化为糖，与此同时糖通过酵母的发酵作用转化为酒精，在整个米酒发酵的同时，细菌特别是乳酸菌也发挥着举足轻重的作用。因此，酒曲的选择直接决定米酒的风味和酒质的差异，不同地域由于受到环境及气候的影响，酒曲所包含的微生物也有所不同。一般来说，好的酒曲中包含一些根霉、毛霉和酿酒酵母及少量的细菌(主要为乳酸菌)。

(3)发酵工艺。米酒发酵的温度和时间影响米酒的芳香成分和醇和度，米酒中微生物的增殖和活性、代谢产物等直接受到工艺的影响。若温度过高，则酵母活性降低，一些耐高温细菌反而增殖很快，会导致米酒的异常发酵；另外，温度过高，蛋白质分解加快，会形成一些非期望的醇类物质，导致米酒出现苦涩味道。此外，浸泡米、蒸煮米的时间和煎酒的过程控制及水质等都会影响米酒的质量。

(4)设备的差异。原材料的筛选和浸泡控制、蒸煮和拌曲的自动化程度，压滤设备的选型、米酒包装工艺和设计等关键控制设备都会对米酒质量有所影响。

(5)全面质量管理。质量管理必须科学化，必须更加自觉地利用现代科学技术和先进的科学管理方法。其意义在于提高产品质量、改善产品设计、优化生产流程、鼓舞员工的士气和增强质量意识、改进产品售后服务、提高市场的接受程度、降低经营质量成本、减少经营亏损、降低现场维修成本、减少责任事故。其内涵在于以质量管理为中心，以全员参与为基础，目的在于通过让顾客满意和本组织所有者、员工、供方、合作伙伴或社会等相关方受益而使组织实现长期成功的一种管理途径。全面质量管理就是为了实现真正的经济效益这一目标而指导人、机器、信息的协调活动。

二、米酒口感风味的变迁

米酒是我国传统的低度发酵型酒精饮料,由于具有较高的营养价值和独特的风味,一直以来备受人们喜爱。米酒中风味物质的种类及其相对含量与诸多因素相关,近年来研究者尝试从原料、酒曲、酿造条件等角度分析米酒中不同风味成分特征的形成原因,对米酒风味品质研究具有重要意义。

1. 原料的选择与米酒风味品质的关系

大米按原料稻谷类型可分为籼米、粳米、籼糯米(长细形,多产于南方地区)和粳糯米(短圆形,多产于东北等北方地区)4 类。米酒酿造原料通常以糯米为主,也包括大米、粳米、籼糯、黑糯米、红米、黑米、山兰稻米、小米、黄米等其他食用米。不同原料含有的营养成分(蛋白质、淀粉、矿物质等)不同,被微生物分解利用形成的代谢产物浓度就随之存在差异,从而影响最终成品米酒中香气物质的种类和浓度。

原料对发酵食品的影响已成为近几十年行业内的研究热点。以黄米为原料酿制的米酒含有大量氨基酸、微量元素,且酒性柔顺,自然酿制的黄米酒味道甘冽,气味香甜,回味稠厚;而黑糯酒是以糯米为主,黑米、黑豆为辅酿制而成的特色酒,其酒体具有独特黑米香气及宝石红色泽,营养价值高。近年来,也有研究证明原料品种对米酒发酵相关参数的影响大于原料种类,结果表明:pH 值、总酸、氨基酸、可溶性固形物、高级醇含量等在大米品种之间均存在显著性差异,而在大米种类之间差异并不显著。

目前市面上销售的米酒,多以糯米为原料发酵酿制而成,这与糯米原料中支链淀粉含量较高有关。支链淀粉链长较短、长链较少,分子排列相对疏松,易黏结,糊化效果较好,相对而言酿制的米酒产品醇香感更浓。但事实上并非所有的糯米原料都适用于酿制米酒,不同种类和不同品种米酒原料酿造特性相差甚远。非糯米原料也有可能酿制出风味品质较好的酒。目前关于大米原料中营养成分与最终发酵米酒中风味化合物之间关系的研究较少,因此,在今后的研究中,扩大原料选择范围及将酿造原料细化到品种差异来分析,对米酒风格的影响具有重要意义。在米酒发酵中从原料源头着手,选育优良米酒酿制原料,结合工艺过程共同控制成品米酒质量将是改善米酒品质的重要举措。

2. 原料的处理与米酒风味品质的关系

酒体风味特征的形成与原料处理方式密不可分。米酒原料处理主要指大米加工,如精白度、打磨精度等,以及酿造过程中的大米浸泡、蒸煮等工艺。其中,传统工艺中大米浸泡、蒸煮成为近年来原料处理的研究热点,尤其是浸泡,它是米酒酿造过程中极为关键的一步,浸泡质量将直接影响米酒品质。通常浸泡时间越长,米酒中生物胺的含量越高,对消费者身体健康产生的威胁越大;利用间歇式过热蒸汽对大米进行糊化处理,可代替传统工艺中原料的浸泡蒸煮,过热蒸汽在 200℃时糊化效果最佳,糯米的蒸煮时间控制在 20~40s,非糯米不超过 50s,以此方法发酵生产的米酒其理化指标均符合国家标准。另外,蒸煮过程中,在原料上分别进行 3 次喷水也可实现代替大米浸泡这一过程:第 1 次喷洒约 150mL/kg 50℃的水,蒸煮时间约 7min；第 2 次喷洒 150mL/kg 80℃以上的水，蒸煮时间约 8min；第 3 次喷洒 150mL/kg 80℃以上的水，蒸煮时间为 10min。采用此方法酿制的米酒中酯类化合物含量增加，酒体口感更优。随着科学技术的发展，一些新型酿酒技术应运而生，例如，膨化技术扩大了大米原料和酶的接触面，使得酶解反应更加彻底，提高了糖化效率（40%），缩短了发酵周期；液化法也是一种新型的原料前处理方法，此方法原料利用率高，发酵时间短，米酒风味清爽，营养成分丰富，为广大消费者所接受。

3. 发酵过程对米酒风味品质的影响

酒曲是酿造米酒的特有发酵剂，具有"糖化、发酵、生香"之功效。它主要从两大方面影响米酒中的风味化合物：一方面，将酒曲中香气化合物直接带入米酒中，如米酒过滤压榨后的酒渣中含有丰富的有机质，将酒渣用于制备麦曲可使麦曲带有强烈的香气，从而将香气直接带入酒中；另外，在酒曲原料中添加天然植物香料，如陈皮、豆蔻和茴香（含有天然活性成分和芳香化合物的物质），也会增加米酒香气。另一方面，在米酒发酵过程中间接影响香气化合物的形成，研究表明酒曲中含有的大部分物质成分的香气浓度都远低于米酒中的香气浓度，因此推测，酒曲主要通过在发酵过程中产生香味化合物来影响米酒香气品质。

米酒是经过微生物酸化、糖化、酒化和酯化等一系列生化过程及其代谢的协调作用酿制而成的，酿造过程由细菌、霉菌、酵母菌共同参与，其中酵母菌占主导优势。细菌以乳酸菌为主，酸味主要源于乳酸菌所产生的乳酸，还包括乙酸、琥珀酸、苹果酸等。酸类物质是形成酯类化合物的前体物质，适量的酸可消除酒体中部分苦味，使酒体更加丰满协调，回味更加悠长。尽管酸类物质必不可少，但含量过高，会造成酒体粗糙，放香差。酒曲中的霉菌以根霉菌为主，主要在糖化阶段发挥作用，根霉菌分泌 α-淀粉酶、β-淀粉酶及糖化酶等，使原料中直链淀粉和支链淀粉分解为小分子糊精和麦芽糖，最终降解为葡萄糖以供微生物生长代谢使用。酵母菌在酒化阶段起关键作用，有氧条件下，酵母菌消耗葡萄糖转化为 CO_2 和水，无氧条件下转化为 CO_2 和酒精。

在米酒酿造过程中，酵母菌发酵性能受多种因素影响。据研究，当黑曲霉与酿酒酵母混菌发酵时，如多聚半乳糖醛酸酶（polygalacturonase，PG）生成量达到黑曲霉单菌发酵的 2 倍左右，说明酿酒酵母的存在对黑曲霉产 PG 有促进作用；好氧条件下，酿酒酵母的生长代谢活动被产朊假丝酵母（Candida utilis）完全抑制，厌氧条件下，酿酒酵母却是优势菌株。发酵全过程依赖于不同微生物间相互代谢作用得以进行。分析微生物与微生物之间相互作用、微生物与代谢产物之间相关性、环境对微生物生长及代谢的影响是研究米酒风味品质的关键。

酯化阶段通常在储存过程中发生，即醇类物质与有机酸发生化学反应生成具有特征香气的酯类物质的过程，最终形成淡雅香醇的米酒产品。

乳酸乙酯、乙酸乙酯是小曲米酒中的主体香气成分。乳酸乙酯主要由乳酸菌消耗大量糖类物质，通过磷酸己糖发酵产生乳酸，乳酸在酵母酯化酶催化酵母细胞内的酰基辅酶 A 与酵母菌产生的乙醇结合而形成，可增加酒体果香和奶油香。在米酒发酵中后期，乙酸与高浓度乙醇在酵母细胞内酯酶的作用下发生酯化反应生成乙酸乙酯，可增加酒体水果香味，赋予酒体怡人的香气，有助于形成米酒风味。研究发现，发酵前期酿酒酵母抑制巴氏醋杆菌的生命活动,乙酸乙酯合成会被抑制;发酵后期由于巴氏醋杆菌的生长及产酸加快了酿酒酵母衰亡,此时乙酸乙酯含量远高于酿酒酵母单菌发酵,说明乙酸乙酯含量受发酵体系中菌群影响。为改善米酒品质,有研究者采用基因工程技术及分子遗传学原理将酿酒酵母进行乙醇驯化、紫外诱变、原生质体融合处理后获得耐乙醇且发酵活性高的酵母杂交种,并运用于米酒酿造工艺中,这使得成品米酒在果香、醇香、口感等方面均受到好评。

4. 陈酿对米酒风味品质的影响

陈酿是使酒体达到自然成熟、柔和协调、提高质量的重要工艺。新酿制的原酒具有辛辣味、酒精味、泥味、苦湿味等不良气味,直接饮用口感不佳,需在自然条件下储藏一段时间。储藏期间,酒体中某些化合物会进行复杂的物理、化学反应而形成多种香味物质以消除新酒中不良气味,使酒体中香气成分更加丰富多样,口感更柔和协调。通常陈酿米酒会比非陈酿米酒口感更顺滑、醇厚、和谐。关于陈酿机理研究较多的是"氢键缔合学说"和"酯化氧化学说",前者酒中的水和乙醇都是极性分子,一段时间后两者在热运动和范德华力作用下发生自然融合,形成结构较稳定的环状三聚体,改变酒体物理性状,使得酒体柔顺可口;后者即在陈酿过程中,酒液中的醇类物质和有机酸发生化学反应生成酯类物质,某些物理化学变化有效地排除了酒的低沸点杂质,使乙醛缩合,辛辣味减少,酒质变得柔和、绵软,香气突出。

5. 米酒风味的研究与展望

米酒因其独特的口感特征及较强的保健功效在酒业中占据重要地位,米酒中的主要风味物质醇类、酸类、酯类主要在发酵过程中产生,并受原料、酒曲、发酵工艺的影响。除此之外,酯类物质的形成还与陈酿环境、陈酿时间有关,发酵过程中氨基甲酸乙酯、生物胺的形成分别与其前体物质 N-氨基甲酰化合物、氨基酸种类及含量直接相关。关于酒体风味,目前对浙江绍兴米酒的研究相对较多。尽管关于米酒风味品质已经有了大量的探索分析,取得了相应进展,但随着酿酒行业的持续发展,市场竞争逐步加剧及消费者对生活质量需求日渐提高,米酒产品越来越丰富多样,逐渐趋于营养化、健康化,这将是今后米酒产业发展的一大趋势。

导致米酒质量发生变化的内在因素(原料、酵母菌等)、外在因素(发酵工艺、酿造环境等)日渐复杂,今后新型酿造技术的出现可能也会对米酒风味物质的形成带来一定变化。目前对米酒风味的研究主要聚焦在感官评定或电子舌等技术以及气相、质谱等检测技术。风味物质的形成及浓度的变化是否与原料、微生物代谢、酿造过程中某些化合物之间的相互转化有关,尚缺乏深入研究。因此,在今后的研究当中,着重考虑这些因素对米酒风格成型的影响将有助于人们更全面认识和改善米酒品质。近年,研究者们对米酒品质控制措施的探索分析仍在持续进行,这对改善米酒风味特征具有重要意义。随着风味物质检测手段不断完善与提高,一些新型香气化合物逐渐被挖掘,但研究其香味具体来源依然会是一大难题。

三、米酒行业的市场变迁

1. 市场结构多元化,服务包装占比突出

米酒原料及服务生产商主要提供上游产品与服务,包括产品与服务的原厂商,以及各类原料厂商。米酒服务及服务集成商负责中间服务集成,主要为上游服务的再加工。米酒设计规划商进行产品与服务设计,主要为整个业务环节提供设计与规划。米酒行业产品与服务代理主要包括代理上游产业提供的服务。米酒行业的产品与服务经销商和消费者,即行业经销商和消费者,主要包括行业经销商以及产品与服务的消费者。中国米酒行业服务类型市场结构中,服务包装排名第一,占比突出,为27.2%;原材料加工排名第二,占比25.3%;产品研发排名第三,占比15.2%,安装施工排名第四,占比13.9%(图1-1)。

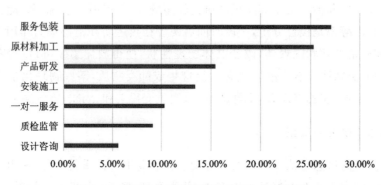

图1-1 米酒行业服务类型市场结构占比分析

2. 行业地位逐步提高,影响力日益突出

行业地位表现在3个方面:行业的产值、劳动力的数量在工业总产值、财政收入和就业总盘中的比例;行业的现状和未来对整个社会经济及其他行业发展的影响程度;行业在国际市场上的竞争、创新能力。米酒行业在财政收入和就业总盘中的比例为9%,米酒行业对社会经济和其他行业的影响程度为3%,米酒行业竞争和创新能力占比8%。

3. 行业产值同比增长迅猛10%

2023年米酒行业市场规模行业产值达到300亿元,同比增长10%。由于国内及国外供需情况短期难以达到平衡,米酒行业市场需求旺盛。"互联网+"应用在米酒领域,为米酒行业带来新的发展空间。在此基础上,传统企业和互联网平台竞争激烈,企业通过加强用户体验、提升效率等方式提高市场竞争力,为米酒行业提供新的增长空间。

4. 行业的覆盖人群规模大、服务及服务用户占比高

米酒行业的覆盖人群规模大、服务及服务用户占比高、市场规模庞大、销量较好、服务用量激增、复合增长率奇高,市场需求非常大。服务客户人群1.9亿人,市场规模行业产值7600

亿元,年复合增长率121%。

5. 市场策略及连锁直销、渠道销售模式今非昔比

创新营销:创新服务设计与倡导新理念;消费联盟:营销构建行业消费圈,形成消费联盟;绿色营销:强调环保、低碳、无公害;整合营销:整合米酒市场服务;订单营销:连锁经营营销采用连锁直销、渠道销售模式。

初始阶段价格波动受市场行情与供需关系影响;未来技术与市场稳定后,米酒行业服务市场价格趋向稳定。通过调研分析,米酒价格遵循一般行业服务趋势规律,行业发展趋势会经历3个阶段:爆发期、起伏期与稳定期。

第三节 米酒行业的现状

2021年米酒行业分析报告指出,米酒市场规模行业产值已达7600亿元,保持稳中向好发展趋势。米酒行业对中国人的生活已经产生了较深刻的影响,从市场情况、行业服务情况、市场规模等各个方面渗透人们生活的方方面面。受益于市场向好,近年来每年都会新增数千家米酒相关企业,使得企业竞争逐渐加剧。有数据显示,目前我国共有米酒相关企业近两万家,其中广西以近4000家企业数量排名第一;个体工商户数量较多,约1.5万家,占总数的84%;注册资本在100万元以内的米酒企业较多,占比为44%。图1-2为江浙沪地区米酒行业市场规模及增长率。

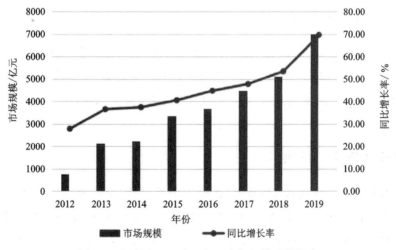

图1-2 江浙沪地区米酒行业市场规模及增长率

一、"十四五"初期米酒行业市场现状

"十四五"初期,我国米酒业的发展发生许多重要变化:市场需求结构发生重大变化,下游产业和终端消费占主导的市场份额显著增加;联网运营比例开始显著增加;专业化细分、精细化制造成为米酒行业的新发展趋势,米酒企业之间的相互关联或合作变得越来越紧密。

二、"十四五"中期米酒行业发展的变化

1. 建立健全了米酒行业自律管理机制

按照国家米酒行业规划的总体要求和部署,深入地研究米酒行业发展的规模、结构、布局、市场、需求、效益等问题,公平完善行业自律管理机制,建立健全了行业统计调查制度。引导相关企业进行专业化分工与合作,形成了适度集中的格局,基于专业化生产原则、规模经济原则和优胜劣汰的市场机制,呈现了行业协会以及大企业主导和协调中小企业发展的业态。

2. 大力推动了米酒产业结构优化升级

随着竞争的加剧,传统米酒业的利润空间进一步下降,一些结构性矛盾更加突出。大力推动和拓展米酒业新的发展和应用领域;通过自主创新,加快关键技术、共性技术和配套技术的研发;加强推广应用,扩大高端产品在米酒行业的市场份额,改变低水平恶性竞争局面;通过专业分工与合作,形成配套产品的合作生产能力;通过股份制改革、上市等形式,组建大型企业集团,调整优化米酒企业结构和骨干力量;落实中小企业优惠扶持政策,完善中小企业服务体系,推动中小企业向专业化、精细化方向发展,并提高大型企业的支持能力。

三、"十四五"末期米酒行业发展动态

1. 米酒市场规模稳健增长

随着我国社会经济的不断发展,米酒行业近年来展现出稳健的市场增产态势,这种增长主要受到健康意识的驱动。随着公众对健康饮食的追求日益加强,米酒作为一种富含营养价值和独特口感的酿造饮品,必将展现出具大的消费潜力,预计"十四五"末期米酒行业将保持较高的增长速度。

2. 服务升级市场增长点可期

目前,国内的米酒行业发展比较成熟,扩展了终端设备、独特服务、增值服务等多种产品和服务,产品系列涵盖面广泛,涉及金融、交通、民生、社会福利、电子商务和大健康领域。据不完全统计,米酒行业中有超过 50% 的公司提供系统集成服务,而新三板中有 25% 的公司也提供系统集成服务。在整个米酒市场中,参与者之间仍有很大的空间供系统集成商使用,市场扁平化程度有望提高。

渠道、客户资源、口碑、管理、服务、技术和集成能力是系统集成商的核心要素。对于高度依赖数千种渠道和高度产品同质性的米酒行业,许多制造商可以将其结合起来,凭借自己的优势资源,发展成为系统集成商。通过扩大服务种类和服务范围,不仅可以丰富既有的客户资源,而且可以丰富和构建产品体系,增强抗风险能力和竞争力。

3. 专业化细分米酒产品呈现优势

一方面，米酒消费群体具有年轻化、圈层化和向三四线城市下沉这三大趋势，全新的细分市场已经形成；另一方面，已经形成的细分市场仍存在较大的上升空间。比如，"95后"已逐渐成为米酒消费市场的主力之一，他们米酒消费方式和内容偏好已发生代际更迭。所以专业化细分米酒产品将是目标市场建设的总趋势。米酒行业信息系统中将有更多链接为相对独立的系统并细分市场。比如：交通信息系统、政府信息系统、电子商务系统、社会娱乐系统等在不断发展和完善。类似拼多多、唯品会、快手等软件开发人员将依靠深入的研究和细分米酒消费偏好来赢得客户。

4. 大数据和互联网应用迅猛

企业使用"互联网＋"平台技术来提高网络服务水平并增强竞争力，米酒电子商务得到迅速发展。行业建立了米酒质量安全大数据和互联网监管技术平台，这些平台可以有效地实时监测米酒质量和重要安全指标。当前的互联网＋、实时广播＋、移动＋、电子商务＋、5G＋等都是米酒行业与相关产业整合发展的案例，是米酒产业真正促进消费转型升级的重要起点。这几大产业的整合和发展，将产生米酒行业的无数新模式和新业态。

5. 智慧和生态米酒成为新的亮点

智慧和生态将成为米酒行业发展的新标准和新亮点。从三个层面可以看出这一趋势。第一是客户的要求。从业人员对米酒的要求越来越高，对服务的要求也越来越高。第二是政府在行业规范、行业前景、行业趋势等方面有明确的指导方向，并且管理要求也在不断提高。第三是投资者的期望，以期通过产业升级来提高质量和价值。因此，米酒行业需要不断提高自身的创新能力，突破行业瓶颈，实现高质量的发展。

四、中国米酒行业政策、经济、社会、技术环境分析

1. 政策因素

《中国酒业"十四五"发展指导意见》明确了酒类行业要比"十三五"销售收入增加69.8%，米酒行业将迎来政策红利的海量市场。工业4.0与互联网＋的全球化历史机遇，有助于米酒产业形成新的商业模式与社会价值实现模式。我国宏观政策总体以"稳"字当先，以新供给引领新需求的理念加快建设现代化经济体系，推动米酒行业向高质量发展。

2. 经济因素

行业持续需求火热，资本利好米酒领域，行业发展长期向好。下游行业交易规模增长，为米酒行业提供新的发展动力。2022年全国居民人均可支配收入中位数31 370元，同比增长4.7%，居民消费水平的提高为米酒行业市场需求提供经济基础。

3. 社会因素

目前我国尽管处于轻度老龄化阶段,但年龄结构对经济的负面影响相对可控。中国已经步入了中高收入国家阶段,消费轻"量"重"质",品质化消费逐渐占据主导地位。温饱型消费逐步被富裕型、享受型消费代替,个性化、多样化消费逐渐成为主流,消费结构进入了分化升级阶段。"90后""00后"等人群,逐步成为米酒产品的消费主力。

4. 技术因素

米酒行业正逐步朝工业化、标准化和规模化生产的方向发展。在食品生物加工、分子修饰、高效浓缩、质构重组、膜分离与冷杀菌及超低温液氮急冻、超高压杀菌、无菌灌装、在线品质监控和可降解食品包装材料等方面的研究取得重大突破。米酒物流从"静态保鲜"向"动态保鲜"转变,有效推进了食品营养靶向设计,健康食品精准制造。智能互联机械装备将支撑米酒产业转型升级。

五、米酒行业资源整合盈利模式

当前中国米酒行业在商业模式方面,一部分呈现米酒"电商化"特点,把互联网作为营销渠道的补充手段,而另一部分因内卷呈现出产品低价化特点,故米酒企业目前必须通过不断创新来解决其行业痛点。图1-3展现了当前中国米酒行业"电商化"商业模式。

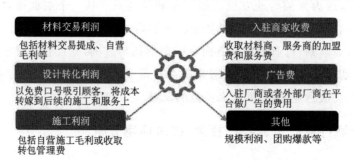

图1-3　中国米酒行业"电商化"商业模式

互联网与米酒行业的上下游资源整合,以"低价套餐＋服务承诺＋过程监控"的方式,为消费者提供省钱、省时、省力的产品服务。未来,米酒行业的盈利能力主要建立在对各方资源的整合能力和科技创新发展上。

六、米酒行业的营销模式

目前米酒行业营销模式可分为两种:平台式与自营式,见图1-4和图1-5。

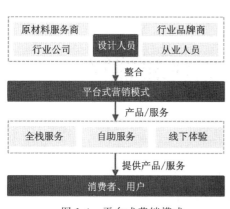
图 1-4 平台式营销模式

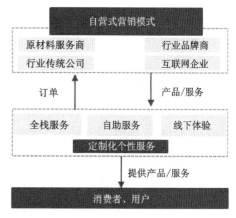
图 1-5 自营式营销模式

七、中国米酒行业存在的问题分析

(1) 平台管理水平有待提高,尚没有解决米酒生产商和消费者之间的天然矛盾。部分米酒企业对加盟者审核不严格,导致服务水平参差不齐;有的米酒企业不断压缩平台运营费用,严重影响产品和服务质量。

(2) 行业自身的局限性。米酒行业属于频率低、要求高、服务周期长的行业,消费行为难以随时发生,企业常常通过中间信息不对称赚钱,产品价格透明,缺乏盈利点。

(3) 行业服务无序化。米酒行业标准不成体系,服务质量很大程度上依赖于个人能力,难以规划管理与复制;米酒行业服务质量难以控制,导致质量问题频发;行业监管常常缺位,严重影响用户体验。

(4) 供应链整合度低。米酒行业供应链涉及品类繁多,小型企业难以为继,初期投入过大,打不起"价格战";米酒行业产品标准化程度低,导致生产周期长且成本高。

(5) 研发设计能力不足。米酒行业研发设计人才供需失衡,无法满足用户个性化定制需求;米酒产品设计与市场需求不符,交付给消费者的设计产品匹配性有待提高。

本章小结

本章详细介绍了米酒的历史渊源、发展历程和变化,阐述了米酒口感风味不同的产生因素和市场变迁的原因,并对米酒行业"十四五"期间的发展变化进行了分析,最后对我国米酒行业存在的问题进行了剖析。

思考题

1. 试比较不同发酵方式对米酒口感、香气、色泽和营养成分的影响。
2. 为什么不同地区会形成不同风味和特色的米酒?请举例说明。
3. 你认为随着现代社会的发展,米酒还能保持其传统特色和文化价值吗?应该如何传承和创新米酒文化?

第二章　米酒酿造的原料和辅料

米酒作为一种古老而受欢迎的酒类,在不同地区有不同的制作方法和口味特点。本章将分别从酿酒用米、酒曲和水三方面深入介绍米酒的主要原料,以及它们在酿造过程中的作用和选择。

第一节　酿酒用米

一、酿酒米质要求

在米酒酿造中,原材料的选择对最终产品的风味和品质起着关键作用。米的种类和品质直接影响着米酒的口感、香气和整体质量。酿酒常用的米包括糯米、粳米、籼米等。不同的米类酿造出的米酒,风格和特点有着显著的差异,因此选择适合的米类是确保米酒口感和品质的重要一环。

1. 米酒酿造对米类原料的要求

(1)淀粉含量高,蛋白质、脂肪含量低,以达到产酒多、酒气香、杂味少、酒质稳定的效果。
(2)胚乳结构疏松,吸水快而少,体积膨胀小。
(3)淀粉颗粒中支链淀粉比例高,易于蒸煮糊化及糖化发酵,产酒多、糟粕少,酒液中残留的低聚糖较多,口味醇厚。
(4)容易糖化,发酵后酒中残留的糊精和低聚糖较多,酒味醇厚。

2. 从物理性质评价米质

(1)色泽、气味。正常的大米应富有光泽,无不良气味。未成熟稻谷碾得的米粒,因含叶绿素而呈淡绿色;经发热发霉的稻谷碾成的米粒,无光泽并发黄,称为黄粒米,会产生霉味甚至苦味;由陈稻谷碾得的大米,其色泽和气味均逊色于新稻米,出米率低且碎米多。
(2)粒形、沟纹、体积质量、千粒重、相对密度。①粒形。可按米粒的长宽比分为3类:长宽比大于3者,为细长粒米;小于等于3而大于2者,为长粒米;小于等于2者,为短粒米。短粒米精白时出米率高且碎米率低。②沟纹。糙米背上的一条纵向沟纹叫"背沟",若纵沟较深,沟内的糠层难以在精白时全部碾去,如果全部碾掉,势必会损伤胚乳而降低出米率。③体积质量。即 1L 米的质量。若米粒充实、胚乳细胞淀粉紧密、水分少,则体积质量高。通常籼米的体积质量为 780g/L,粳米则在 800g/L 左右。可据此设计大米运输设备、仓库及浸米罐的容积。④千粒重。即 1000 粒整粒米的质量。若籽粒饱满坚实、颗粒大、质地优良、胚乳占籽粒的比例高,则出米率高且千粒重大。⑤相对密度。成熟充分、粒大、充实、饱满、干燥良好的米,相对密度较大,淀粉含量也较高。米的相对密度与精白度成正比。

(3)米粒外观要求:具备米粒本身应有的颜色和光泽,颗粒丰满、整齐,杂质少。从米粒的外观判断米粒的优劣,可从心白和腹白两个方面。白色不透明部分在米粒中心是心白,白色不透明部分在米的腹部边缘是腹白,心白部分占面积大,表明稻谷在生长发育时条件好,子粒充实。因此,心白多的米大且柔软。心白部分是淀粉少的柔和部分,而周围是淀粉多的硬部分,这样软硬相间的部分会形成很多孔隙,因其吸水性强,酶易于渗透,容易蒸煮糊化,糖化也好,所以酿酒多选用心白多的米。米的心白率在 0～80% 之间。腹白度高的米粒硬度低,精白时容易产生碎米,出米率也低。

3. 从化学性质评价米质

大米的化学成分主要有水分、淀粉、蛋白质、脂肪、无机成分等,其含量的多少以及质量的好坏,对大米的储存、营养价值、蒸煮质量等有重要影响。

(1)水分。一般在 14% 左右,若米粒过度干燥,则易龟裂并不利于酿造;如果超过 15.5%,气温上升,通风不良,会导致发热、发霉、变酸,不易储存。

(2)淀粉。精白度高,淀粉含量也相应地高。糙米含淀粉约 70%,精白米约含 77%,酿酒用米应选择淀粉含量高者。

(3)蛋白质。粳米中各类蛋白质的比例大致为谷蛋白 81%、球蛋白 11%、清蛋白及醇溶蛋白各占 4%。但胚乳中的蛋白质主要是谷蛋白,包在淀粉复粒周围;糊粉层的蛋白质以清蛋白和球蛋白为主;醇溶蛋白则在米粒的各部位均等分布。各类蛋白质由蛋白酶分解成肽及不同的氨基酸,是酵母的营养源及米酒的呈味成分;氨基酸在酵母作用下转变为高级醇,一部分进一步转变为相应的酯,这些都是呈香成分。若米粒的蛋白质含量较高,则饭粒的消化性较差;细菌在发酵醪中的产酸量增多,也是米酒浑浊的根源之一,并使米酒色度和杂味加重。通常,粳糙米的蛋白质含量为 7%～8%;精米率为 70% 的白米,其蛋白质含量为 4%～6%。

(4)脂肪。粳糙米中,脂肪含量约为 2%;精米率 70% 的白米,脂肪含量在 0.1% 以下。大米脂肪中所含的脂肪酸大多为不饱和脂肪酸,易于氧化变质而使醪液酸败,并对各种酯的生成有阻碍作用。

(5)无机成分。糙米中无机成分约占 1%,主要为钾、磷酸及镁,占无机成分总量的 93%～94%。这些成分,尤其是钾含量高的大米,制米曲时曲霉菌繁殖良好,醪液发酵旺盛。米中的无机成分有游离型和结合型(如有机磷),后者在微生物的作用下,可变为无机离子而被微生物利用。

二、不同米类原材料的特点

1. 糯米

糯米作为米酒酿造的主要原料之一,赋予了米酒独特的柔和口感和丰富的甜香味。与粳米相比,糯米的淀粉含量更高且几乎全为支链淀粉,这使得糯米在发酵过程中产生的糖分解为酒精的同时,还能留存一定的糖分,使米酒保持一定的甜度和口感。但在经过蒸煮后,糯米质地软烂、黏性较高、容易糊化,因此在蒸煮阶段一定要控制好温度。

2. 粳米

大米有粳米和糯米之分,南方多将粳米称为大米。但粳米中又有黏度介于糯米和籼米之间的优质粳米和籼米,江浙一带将优质粳米简称为粳米,而北京等地称为好大米。随着农业技术水平的提高,现已培育出多种高产杂交稻谷,有早熟和晚熟之分。

粳米的直链淀粉含量为 $15\%\sim29\%$,平均为 $18.4\%\sim22.7\%$,淀粉结构疏松,利于糊化,颗粒精细,所酿米酒具有清香和净爽的口感。粳米粒形较宽,呈椭圆形,透明度高。直链淀粉含量与米饭的吸水性、蓬松性呈正相关,与柔软性、黏度、光泽呈负相关。粳米中直链淀粉含量低的品种较好,蒸煮时较黏湿而且有光泽,过热则很快散裂分解;直链淀粉含量高的粳米,在蒸煮时要喷淋热水,使米粒充分吸水,方能糊化彻底,以保证糖化、发酵的正常进行,稳定质量,提高出酒率。因而只要解决了粳米蒸煮的技术问题,粳米仍是生产普通米酒的主要原料。

3. 籼米

籼米是粳稻的一个变种,与粳米相比,具有较长的米粒和低黏性。北方有些地区将籼米称为"机米",籼米的外观狭长或呈卵形,米粒比较透明,口感柔软,不易黏在一起。它通常具有清香和细腻的口感,适合制作清淡型的米酒和米饭。

籼米在大米中的产量较高,在华南热带和淮河以南的亚热带低地广泛种植。由于其低黏性和清淡口感,籼米常被用于制作绍兴黄酒、清香型米酒以及各种米饭和糕点等。在米酒酿造过程中,籼米经过洗净、浸泡、蒸煮等处理后,可以通过发酵和蒸馏等步骤来制作出不同风味和口感的米酒。

籼米的直链淀粉含量高达 $23\%\sim25\%$,米粒呈长圆形或细长形,杂交晚籼米可用来酿黄酒。早、中籼米胚乳蛋白含量高,质地疏松,透明度低,碾米时容易破碎,使得精白度低,蒸煮时吸水较多,米饭干燥疏松、色泽较暗,冷却后易变硬而老化,发酵时因难以糖化而成为产酸菌的营养源,使酒醪酸度上升,影响酒的风味。

4. 糯米、粳米、籼米的主要差异

用于米酒酿造的大米,主要有糯米、粳米、籼米三类,但具体品种甚多,还有一些杂交品种;各类大米有早、中、晚熟之分,粒形有细长、长、短之分,糯米还有籼糯及粳糯之分,糯米的名贵品种有血糯、紫糯、黑糯等,不一而足。糯米的主要成分为淀粉和蛋白质。研究表明,

AP/AM 比值会影响淀粉的溶解及糊化等特性。直链淀粉结构紧密,糊化温度较高且易老化,出酒率低,因此淀粉的含量及构成会对米酒的品质产生重要影响。蛋白质经蛋白酶分解成肽和氨基酸,可以作为酵母菌的营养成分,在发酵过程中转化为高级醇及相应的酯,但是高级醇含量过高会加重米酒的杂异味,而酒中残留的蛋白质含量过高则会影响酒质稳定性,因此原料中过高的蛋白质含量会影响米酒的风味和稳定性。此外,大米还有硬质、软质之分。通常,晚熟的软质米较适于米酒酿造。糯米、粳米、籼米三者的主要差异,一直是米酒酿造界关注重点。现综述如下。

(1)因糯米比粳米、籼米吸水快、易于蒸煮、饭粒糯而不烂,故糖化发酵时溶解良好而产糟量少、出酒率较高,三者物理性质的差异如表2-1所示。

表2-1 糯米、粳米、籼米物理性质的差异

物理性质	糯米(以籼糯为例)	粳米	籼米
色泽	蜡白或乳白	蜡白有光泽	灰白无光泽
黏性	大	中	小
沟纹	不明显	明显	较明显
腹白度	大多数无腹白	小	大
透明度	不透明	透明或半透明	半透明
硬度	小	大	中
出饭率	120%~130%	130%~140%	150%~160%

(2)三者主要成分含量的差异。①糯米的淀粉含量高于粳米、籼米,但蛋白质及灰分含量低于粳米、籼米,即"一高两低"。对于脂肪及粗纤维的含量比较,由于测定者所采样品的具体品种甚至精白度的不同,在各种书刊上说法不一,有的认为糯米的脂肪及粗纤维含量高于粳米、籼米,有的则得出与此相反的结论。因此,很多类似的说法,不宜笼统地一概而论。实际上,即使是产于某地的某一品种的大米,每年的成分含量也是各不相同的。例如,一般丰产年的米质较硬而脆,故不利于酿酒;米质还与种植季节、发育期日照状况、开稻花时的风及虫害、结实时的气温以及施肥状况等密切相关,故应根据每年农业生产的墒情采取相应的酿酒工艺。②糯米所含的淀粉,几乎全是支链淀粉,即使是早熟晚糯的硬质糯米,其软性和黏度都较差,其直链淀粉含量仅3.99%。而粳米的直链淀粉含量平均为20%左右,即使是江浙食味最好的某种晚熟粳米,其直链淀粉含量也在15%以上。一般早、中熟籼米的直链淀粉含量为24%~25%,最高达35%。由于糯米支链淀粉的分子形状不规则,分子间的排列较疏松,故浸米和蒸煮都较为容易;但支链淀粉的分支点不易被淀粉酶切断,故糖化较为困难。因此,在米酒酿造过程中,许多大小糊精及低聚糖会残留于成品酒,故糯米米酒在相同的工艺条件下,其浸出物的含量通常高于粳米或籼米米酒,这就是糯米米酒"肉子厚"的重要原因。而粳米和籼米含有较多的直链淀粉,其分子排列较整齐,分子间较紧密,故浸米及蒸煮也就较困难些。但酶对粳米和籼米的糖化作用相对容易些,所以粳米和籼米的出酒率高于糯米。在逐步改进粳

米和籼米的浸米、蒸煮技术及采用相应的糖化发酵剂和合理地控制发酵温度等一系列措施后,粳米和籼米米酒的主要质量指标并不低于糯米米酒。

第二节　酒曲及其制作工艺

　　酒曲是一种用于发酵酒类酿造过程中的微生物菌种混合物,通常由多种酵母菌和其他微生物组成。它是酿造过程中的重要原料,对于酒类的风味、口感和质量具有重要影响。酒曲中的微生物是发酵过程中的关键成分,它们能够将可发酵性糖转化为酒精和二氧化碳。不同种类的发酵菌具有不同的发酵特性和产物生成能力,因此酒曲决定着米酒的口味和风格。

一、米酒酿造中的主要微生物

　　传统的米酒酿造是以小曲(酒药)、麦曲或米曲作为糖化发酵剂,即利用它们所含的多种微生物来进行混合发酵,酒曲中有利于发酵的主要微生物有以下四大类。

1. 米曲霉菌

　　米曲霉菌主要存在于麦曲、米曲中,在米酒酿造中起糖化作用,其中以黄曲霉菌为主,还有较少的黑曲霉菌等微生物。

　　黄曲霉菌能产生丰富的液化型淀粉酶和蛋白质分解酶。液化型淀粉酶能分解淀粉产生糊精、麦芽糖和葡萄糖。该酶不耐酸,在米酒发酵过程中,随着酒醪pH值的下降,其活性也较快地被降低,并随着被作用的淀粉链的变短而减慢分解速度。蛋白质分解酶对原料中的蛋白质进行水解形成多肽、低肽及氨基酸等含氮化合物,能赋予米酒以特有的风味并提供给酵母作为营养物质。

　　黑曲霉菌主要产生糖化型淀粉酶,该酶有规则地水解淀粉生成葡萄糖,并耐酸,因而糖化持续性强,酿酒时淀粉利用率高。黑曲霉产生的葡萄糖苷转移酶,能使可发酵性的葡萄糖通过转苷作用生成不发酵性的异麦芽糖或潘糖,降低出酒率而加大酒的醇厚性。但黑曲霉的孢子常会使米酒加重苦味,所以必须注意制曲和发酵过程控制。

　　为了弥补黄曲霉的糖化力不足,在米酒生产中可适量添加少许黑曲糖化剂或食品级的糖化酶,以减少麦曲用量,增加糖化效率。

2. 根霉菌

　　根霉菌是米酒小曲中含有的主要糖化菌。根霉菌糖化力强,几乎能使淀粉全部水解成葡萄糖,还能分泌乳酸、琥珀酸和延胡索酸等有机酸,降低培养基的pH值,抑制产酸细菌的侵袭,并使米酒口味鲜美丰满。为了进一步改善我国的米酒质量,提高米酒的稳定性,可以以根霉菌为主要糖化菌,采用阿米露酒精制造法(Amyloprocess)生产米酒,使我国米酒产品满足国外差异化需求。

3. 红曲霉菌

红曲霉菌是生产红曲的主要微生物,能分泌红色素而使曲呈现紫红色。红曲霉菌不怕湿度大,耐酸,最适的 pH 值为 3.5~5.0。在 pH 值为 3.5 时,能压倒一切霉菌而旺盛地生长,使不耐酸的霉菌抑制或死亡。红曲霉菌所耐最低 pH 值为 2.5,耐 10% 的酒精,能产生淀粉酶、蛋白酶等,水解淀粉最终生成葡萄糖,并能产生柠檬酸、琥珀酸、乙醇,还可分泌红色素或黄色素等。

4. 酵母菌

酒醅中实际上包含着多种酵母菌,不但有发酵酒精成分的,还有产生米酒特有香味物质的不同酵母菌株。

有些米酒使用的是优良纯种酵母菌,不但有很强的酒精发酵力,还能产生传统米酒的风味。其中 As2.1392 是酿造糯米酒的优良菌种,该菌能发酵葡萄糖、半乳糖、蔗糖、麦芽糖及棉子糖产生酒精并形成典型的米酒风味;它的抗杂菌污染能力强,生产性能稳定,在国内普遍使用。另外,M-82、AY 等系列酵母菌种都是常用的优良米酒酵母菌。

在选育优良米酒酵母菌时,除了鉴定其常规特性外,还必须考察它产生尿素的能力,因为在发酵时产生的尿素,将与乙醇作用生成致癌物质氨基甲酸乙酯。

二、酒曲

1. 酒曲的种类及其功用

米酒传统工艺中所用的曲,如果根据所用原料划分,有以小麦为原料的麦曲,有以大米为原料的酒药、红曲。如果根据曲中所含霉菌划分,可分为根霉曲、米曲霉曲以及红曲霉曲三种。由于曲中所含的主要微生物不同,其作用也就有所不同,因而有不同用途。

传统米酒曲是采取自然培养法制成。所谓自然培养法就是在人为控制的条件下,利用原料、空气中的微生物,按照优胜劣汰的规律,籼米粉或米糠繁殖成以米曲霉为主的曲丸。由于是多菌种曲,酶系复杂,代谢产物多,用这种曲丸酿成的酒的风味较纯种培养成的曲所酿的酒的风味更加多样,所以仍被较多米酒生产商采用。但是该曲丸也有其缺点,如糖化力较低,用曲量较大,制曲受季节的限制,淀粉利用率低,质量不稳定,劳动强度大等。

酒药又称白药、酒饼,是米酒生产中制备酒母用的糖化发酵剂,也是小曲的一种。

酒药的起源可以上溯到河姆渡文化时期,至春秋战国时期已进入成熟发展阶段,当时称作"白囊",出现在屈原的《楚辞》里,根据汉代王逸所注,指的是米曲,宋代朱熹更进一步注释为"白曲"。

酒药作为传统米酒生产的糖化发酵剂用于制备酒母,主要是曲里面含有大量的根霉曲和酵母。根霉曲不但糖化力极强,而且还有产生以乳酸为主的有机酸的性能,在其扩大培养过程中会抑制杂菌,使根霉曲和酵母迅速繁殖,取得纯度较高并有相当活力的根霉菌和酵母群,成为以后发酵的生力军。这就是历代用酒药制备酒母的主要原因。

2. 传统米酒的制曲特点

(1)使用生料制曲。酒药是以生大米制成的,麦曲是以生小麦制成的,只有红曲是使用蒸熟的大米制成的。使用生料制曲的优点在于:①新鲜谷物上附有多种有用微生物,如根霉菌、米曲霉以及酵母菌等,可以充当制曲时的菌种,加以应用。将破碎的小麦作疏松粒状就可得到以米曲霉为主的散曲,如草包曲;将破碎的小麦制成厌氧状态的块曲(大曲)所得到的却是以根霉菌为主的大曲。又如大米粉作成准厌氧状态,繁殖的主要微生物是根霉菌和酵母,添加辣蓼草后,酵母繁殖得更为旺盛,酒药也类似该工艺;而将粒状大米制成疏松状态繁殖的往往是米曲霉种曲。②由于是生料,很少有直接可供细菌利用的营养成分,很多微生物如致病菌,大多难以繁殖,这就成为筛选有用微生物尤其是霉菌的有利条件。蒸煮的谷物经过糊化,生成许多营养物质,比较适合细菌迅速生长,也有利于米曲霉生长。③由于生料尤其是新鲜谷物上面附着的有用微生物较多,经过制曲后所繁殖起来的微生物构成了多菌种,成为以后混合发酵的基础。

(2)传统米酒工艺的制曲。传统米酒工艺的制曲采取了自然培养法,即利用优胜劣汰法则和微生物的排他性,调整所需微生物的最适物理环境等,从中获得以目的菌为主的曲。但是在生产过程中,很多种非目的菌也在繁殖,构成了非常庞杂的酶系,产生了多种代谢产物,制成曲后又遗留下非常多的菌体,在贮存及发酵过程中进行着菌体自溶。用传统米酒工艺制作的酒曲风味浓郁醇厚,远非纯粹培养法所能比拟。

(3)传统米酒的酿造一般都要先用酒药制备酒母,纯化并扩大酵母的数量,形成酵母持续繁殖的优良环境,而后再加麦曲或米饭酿酒。整个工艺生产过程使用酒药和麦曲两种不同性能的曲,构成了我国先民所设计的米酒生产工艺的框架,使我国生产出许多不同风格、闻名于世的产品,传统法酿制的米酒曲是世界上独一无二的多菌种复式发酵的组合,成为东方独有的复式发酵,可谓先人绝妙的佳作。汉代及《齐民要术》的酿酒法、宋代《东坡酒经》的三投曲及蒸米投法,丰富了复式发酵的内涵,使传统米酒生产工艺成为更加完美的酿造工艺。

3. 酒曲的制作

酒曲种类繁多,酿造工艺中常见的有麦曲、红曲、小曲(酒药)三类。米酒酿造最常用酒曲是小曲。以孝感米酒为例,孝感米酒的醇厚浓香和甘甜醇和的口感得益于发酵时使用的小曲,小曲中的发酵菌在发酵过程中产生丰富的芳香物质、糖分和醇类物质,赋予米酒独特的香气和味道。另外,孝感米酒的酒精度通常为$1\%\sim2\%$,属于低酒精度范围。这种适度的酒精度使得米酒具有良好的口感和平衡的口感体验,既不过于浓烈,也不过于淡薄。

1)原材料的选择与制备

(1)小曲的制做需要用到一种一年生草本植物辣蓼草,因为辣蓼草中含有丰富的酵母菌及根霉繁殖所需的生长素,有促进其生长增殖的作用。应在每年七月中旬及时采摘尚未开花的野生蓼,除去黄叶及杂草,于当日晒干,趁热去茎留叶,粉碎成粉末,过筛后装坛备用。如果当日不晒干,色泽变黄,会影响酒药的质量。

(2)作接种用酒药,应选用上年度发酵正常、糖化发酵力强、产酸低、制出米酒质量好的。

将种曲进行镜检,可观察出经过长时间的培养,其具备了纯种培养菌种的性能。

(3)新早籼米粉的制备,要用糙米,因其营养成分丰富,制成酒药后的根霉及酵母活力强。在制酒药前一天磨成粉状,以通过50目筛为佳,磨后摊冷,以免因生热而变质。同时要求每批用完,以保证米粉新鲜,确保酒药质量。陈米附着有大量细菌、放线菌、产酸菌等,有损酒药质量。

(4)水要达到酿造用水标准。

(5)生产时用的陶缸、竹匾等用具均应消毒,所用稻谷要去皮、晒干,要用新鲜早稻的谷壳。

(6)酒药的制备时间一般在初秋前后,气温在30℃左右,这对发酵微生物的增殖有利。

2)酒药的生产工艺流程

酒药的生产工艺流程如图2-1所示。

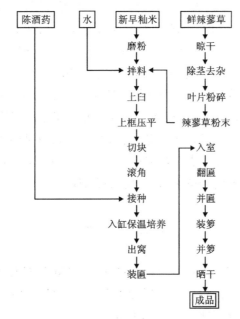

图2-1 酒药的生产工艺流程

3)操作过程

(1)配方。糙米粉:辣蓼草粉末:水 = 20:(0.4~0.6):(10.5~11),使混合料的水分含量达到45%~50%。

(2)上臼、过筛。将称好的米粉及辣蓼草粉末倒入石臼内,拌匀、加水后充分拌和,用石臼槌打数十下,使曲料水分均匀,并增加其可塑性,这对酒药成型有利。然后在谷筛上搓碎,再移入打药木框内进行打药。

(3)打药、接种。每臼可装20kg料,分3次,每次装6.67kg,进行打药。木框长70~80cm、宽50~60cm、高10cm,上覆盖软席,踏实或用铁板压平,去框,再用刀沿划尺纵横切成方块,倒入悬空竹匾(直径130cm、高20cm),两人来回推送,将方块角滚成圆形,然后移入浅木盆中,加入3%的种母粉,再由两人回转打滚、过筛,使药粉均匀地黏附在新药上,筛落碎屑并入下批拌料中使用。

(4)摆药培养。采用缸窝法培养,即先在大缸1/2处,横架三根竹竿成"*"形,上面铺一层稻草,在稻草上再铺一层厚约20cm的稻壳(砻糠),再铺一层稻草,将药块分行摆上一层,并留出一定间隔以免粘连。排列这层酒药之后,上面再撑起三根竹竿,用来支撑直径为1m的竹匾,匾内再铺上一薄层稻草,再按前法平放一层酒药,最后上草盖,上盖麻袋,进行保温培养。气温在30~32℃时,经14~16小时,品温升至36~37℃时去掉麻袋,再经6~8小时,手摸缸沿有水汽,嗅到香气,可将缸盖揭开,观察此时药粒是否全部均匀地长满白色菌丝,如果还能看到辣蓼的浅草绿色,说明曲还在繁殖当中,不能将缸盖全部打开,应将缸盖逐步移开,增大空隙,促使菌丝继续生长。这样用预留缸盖缝隙的方法,能调节培养品温,一直到药粒表面菌丝不粘手,像白粉球一样,再将缸盖揭开降温,再经3小时即可出窝,晾至室温,并经4~5小时,使药胚结实即可出曲、并匾。

(5)入曲室培养。将3~4缸酒药并入竹匾内,但不可太厚,以防升温过高而影响酒药的质量。然后将竹匾移入保温曲室中的曲架上继续培养。曲架分成5~7层,层分档,档距30cm的木架。保持品温32~34℃,不得超过35℃,经4~5小时进行第一次翻匾,即将酒药倒入另一空匾内。12小时后,调换上下位置,再经过7小时,倒在竹罩上摊开,晾两天,排除水汽,倒入竹箩内,放通风处,降温。每天早、晚各倒箩一次,过2~3天即可移出曲室。放在空气流通的地方,再培养1~2天,每天早、晚各倒箩一次,自投料至培养6~7天即可晒药。

(6)晾曲入库。正常天气在竹匾上须晒3天,第一天晾曲时间为上午6时至10时,品温为37~38℃;第二天晾晒8小时,品温为35~36℃;第三天晾曲时间和品温同第一天一样,然后即可装坛,密封保存。坛要洗净晒干,坛外要刷石灰浆。

第三节 水

酿造米酒时,水质好坏直接影响酒的风味和质量。在酿酒过程中,水是物料和酶的溶剂,生化酶促反应都须在水中进行;水中的金属元素和离子是微生物必需的养分和刺激剂,并对调节酒的pH值及维持胶体稳定性起着重要作用。

酿造用水可选择洁净的泉水、湖水和远离城镇的清洁河水或井水,自来水经除氯去铁后也可使用。米酒生产过程中,一般每吨酒耗水量为10~20t,采用新工艺生产最高耗水量达45t左右,其中包括酿造水、冷却水、洗涤水、锅炉水等。

一、酿造米酒用水条件

米酒生产中,用水目的不同则对水质要求也不一样。酿造用水直接参与糖化、发酵等酶促反应,并成为米酒成品的重要组成部分,故它首先要符合饮用水的标准。其次要从米酒生产的特殊要求出发,满足以下条件:

(1)无色、无味、无臭、清亮透明、无异常。

(2)pH值中性附近,理想值为6.8~7.2,极限值为6.5~7.8。用超过极限值的水直接酿造米酒,则口味不佳。

(3)水硬度以 0.71~2.14mmol/L 为宜,酿造用水保持适量的 Ca^{2+}、Mg^{2+},能提高酶的稳定性,加快生化反应速度,促进蛋白质变性沉淀,但含量过高有损酒的风味。水的硬度过低,使原辅材料中的有机物质和有害物质溶出量增多,米酒出现苦涩感觉;水的硬度过高,会导致水的 pH 值偏向碱性而改变微生物发酵的代谢途径。

(4)铁含量小于 0.5mg/L 为宜,含铁太高会影响米酒的色、香、味和胶体稳定性。铁含量大于 1mg/L 时,酒会有铁腥味,且酒色变暗,口感粗糙。亚铁离子氧化后,还会形成红褐色的沉淀物,并促使酒中的高、中分子的蛋白质形成氧化混浊。含铁量过高不利于酵母的发酵。因此,应重视铁质容器的涂料保护和采用不锈钢材料,尽量避免物料直接与铁接触。

(5)锰含量小于 0.1mg/L 为宜,水中微量的锰有利于酵母的生长繁殖,但过量却使酒味粗糙带涩,并影响酒体的稳定性。

(6)重金属对微生物和人体有毒,抑制酶反应,会引起米酒混浊,故米酒酿造水中必须避免重金属的存在。

(7)有机物含量可用于衡量水被污染的轻重,常用 $KMnO_4$(高锰酸钾)耗用量表示。其耗用量应小于 5mg/L。

(8)NH_3、NO_3^-、NO_2^-、氨态氮的存在,表示该水不久前受过严重污染。有机物被水中微生物分解而形成氨态氮。NO_3^- 大多是由动物性物质污染分解而来,NO_2^- 是致癌物质,能引起酵母功能损害。在酿造用水中不得检出 NH_3、NO_2^-,NO_3^- 的含量应小于 0.2mg/L。

(9)硅酸盐(以 SiO_3^{2-} 计)含量小于 50mg/L,水中硅酸盐含量过多,易形成胶团,妨碍米酒发酵和过滤,并使酒的口感粗糙,容易产生混浊。

(10)要求水的微生物中不存在产酸细菌和大肠菌群,尤其要防止病菌或病毒侵入,保证水质卫生安全。

表 2-2 是生活饮用水与酿造用水的部分项目比较。

表 2-2 生活饮用水与酿造用水的比较

项目	单位	生活饮用水卫生标准 GB 5749—2022	酿造用水要求	
			理想标准	极限标准
pH 值	(以 $CaCO_3$ 计)(mg/L)	6.5~8.5	6.8~7.2	6.5~7.8
总硬度/度	德国度(°dH)	450	250	450
硝酸盐	(以 N 计)mg/L	<10	<0.2	<0.5
细菌总数	MPN/mL	<100	无	<100
大肠菌群	MPN/100mL	不应检出	无	<3
游离氯	mg/L	≥0.3	<0.1	<0.3

二、酿造用水硬度及 pH

1. 硬度

硬度是指在单位体积的水中所含钙镁盐的数量,用于表示水的软硬程度。通常以 1L 水中含 10mg 氧化钙或 7.14mg 氧化镁称为德国硬度 1 度,以 °dH 表示。水的总硬度是指硫酸盐和碳酸盐硬度的总和。暂时硬度主要是指碳酸盐硬度,即水中由于含有钙或镁的重碳酸盐[$Ca(HCO_3)_2$ 或 $Mg(HCO_3)_2$]所造成的硬度,当水煮沸时,重碳酸盐则分解而析出钙、镁的碳酸盐沉淀物,使硬度得以除去,故暂时硬度也可称为重碳酸盐硬度。

永久硬度也可称作非碳酸盐硬度,主要是指硫酸盐浓度,即采用煮沸法不易除去的硬度。当水中所含的钙、镁等离子超过重碳酸根及碳酸根离子时,余下的钙、镁离子则与水中的 SO_4^{2-}、Cl^-、NO_3^- 等阴离子构成永久硬度,将这种水煮沸时,构成永久硬度的上述阴、阳离子不会生成沉淀物,因而不能使水的硬度发生变化。米酒酿造用水的硬度为 2~6°dH,即 0.71~2.14mmol/L。

若水的硬度过高或过低,则均不利于有益微生物的生长,并影响糖化发酵及酒质。试想,一点儿矿物质都不含的蒸馏水,喝起来淡而无味,若用来酿酒也不会做出好酒,故酿造用水也不是越软越好。以孝感朱湖的湖水为例,其硬度较为适宜,但因其永久硬度很低,故投料时需用生水,不能用熟水。通常,凡是碳酸钙含量较高、硬度为 3~5°dH 的水,多属"甜水"而适于酿酒;若硫酸镁含量较高,多属苦水;氯化钙、氯化镁、氯化钠含量较高的水,多属咸水,咸水有时可用"甜水"调整。

2. pH

水的 pH 值与抑制有害细菌的繁殖、促进酵母的生长、糖化发酵的正常进行,以及保证优良的酒质,均密切相关。米酒酿造用水的 pH 值以 6.8~7.0 为宜,即以微酸性或中性为好。凡矿化度较高的水,其 pH 值较高,可使用磷酸或乳酸等调整其 pH 值,并预先进行适度软化处理。

三、水中化学成分的作用及控制

通常所说的水质,除了湖水等含有一些有机物和有害微生物之外,主要是指水中无机物的含量,而水中的无机物约有 20 种,其作用有有效和有害之分,即使是同一种无机物,也可因其含量的多寡而得出不同的评价。它们在参与米酒整个酿造过程的种种变化后,钠和钾等离子大多残留于成品酒中,而铁、铜、锌等离子则大多进入酒糟中。

1. 有效作用及各含量控制

(1) 微生物生长的养分及发酵促进剂。据分析,在米曲霉及酵母的灰分中,以磷酸盐和钾含量为最多,其次是镁,还有少量钙和钠。微量的钾、镁和磷酸盐均有助于霉菌和酵母的增殖。当磷酸盐和钾含量不足时,则曲霉菌繁殖迟缓、曲温上升慢、酒母及醪发酵迟钝。这表明磷与钾是酿造水中最重要的两种成分。磷酸盐的含量可用磷酸根 PO_4^{3-} 表示,要求在 3~10mg/L 之内;钙、镁的总量以 36~90mg/L 为宜。

(2)酶生成的刺激剂和酶溶出的缓冲剂。钙和氯等无机成分均能起到这种作用,并能提高酶活性,因而可间接地促进发酵。适量的钙离子,有助于提高 α-淀粉酶的耐热性,但若水的硬度过高,即使米酒醪发酵旺盛,成品酒口感也会粗糙。适量的氯化钠可使米酒口味醇和而鲜美,但若含量较多则酒质粗糙,故其含量应控制在 20~60mg/L 的范围内。微量的镁是某些酶的辅助因子,并对有益菌的繁殖、酶的形成及发酵也都有一定的促进作用,但其含量以 0.1mg/L 以下为宜。

2. 有害作用及其含量控制

(1)铁。若铁含量过高,如前所述,会影响米酒的色泽和香味,并使成品酒呈现铁腥味和粗糙的口感,故要求其含量在 0.5mg/L 以下。但铁也是有益微生物的养料之一,若其含量在 0.02mg/L 以下,则有益无害。

(2)锰、铜、锌、镉、铬、铅等重金属。锰、铜、锌、镉、铬、铅等重金属不但对酵母菌具有毒性,而且对人体有害,并能影响米酒的外观。如锰、铜、锌均为日光着色的催化剂,若酒中锌含量较多,则在贮存中会增加色度;铜还能在无氧条件下还原,使米酒变得浑浊。故水中重金属的含量至少应低于饮用水规定的标准。

(3)有机物。有机物是水源被污染的主要标志之一。其含量以高锰酸钾滴定的耗用量表示,要求在 5mg/L 以下。

(4)氨、硝酸根态氮、亚硝酸根态氮。以氮计,要求硝酸根态氮含量在 0.2mg/L 以下,不得检出氨及亚硝酸根态氮。它们均为动植物遗体的分解产物。

3. 对无机成分的全面理解和掌握

(1)辩证地理解无机成分作用和变化。上述无机成分的有效和有害作用是相对而言的,如铁、铜、锌等,米曲霉及酵母对其也有微量的需求,含量较多则有害;某种无机成分往往具有多种功能,如锰虽能促使米酒色泽加深,但又是乳酸菌生长所必需的元素之一。无机离子本身也会变化,例如在米酒贮存中,金属与其他物质进行离子交换时,会使米酒的氧化还原电位发生变化。

(2)全面计算无机成分的需求量。在计算酒母及醪发酵等阶段的无机成分需求量时,应将水及原料中的无机成分含量一并考虑。通常在醪发酵初期,磷酸稍显不足时,可加入适量酸性磷酸钾。就成品酒而言,含有极少量的钙和铁等元素也无妨。据报道,人体最容易缺乏的微量元素有 3 种,即钙、铁、碘,但人体每天对它们都有较固定的需求量,例如人体内碘补充多了会出现一系列神经系统的症状。

第四节　米酒酿造的辅助原料

米酒的辅助原料是在米酒酿造过程中使用的一些额外材料,可以改善米酒的口感、香气和品质,增加其独特的风味,在酿造过程中扮演着重要的角色。大体可分为糖类、香料类、添加剂类。糖是米酒发酵的主要营养源,它为酵母提供能量,促进发酵过程;香料如陈皮、桂皮、丁香等能够为米酒增添香气和复杂的口感,赋予米酒独特的风味特点,使其更加芳香诱人;澄清剂用于去除米酒中的浑浊物质和悬浮物,使其变得清澈透明;防腐剂用于延长米酒的保质期和防止微生物污染。

通过合理选择和使用这些辅助原料,可以调整米酒的口感、香气和质量,创造出丰富多样的米酒产品,满足消费者的口味需求。然而,使用这些辅料需要注意控制剂量和遵守相关的卫生和安全规定,以确保米酒的品质和安全性。

一、糖类:米酒的甜味原料

糖类是米酒制作中常用的甜味原料之一,它们为米酒赋予甜味和口感。除了提供甜味之外,糖类在米酒制作中还具有其他重要的作用,包括提供营养、调节酒体口感、促进发酵、影响风味特点等。适当选择和使用糖类原料可以为米酒赋予理想的口感和风味特点,并确保其正常的发酵过程。以下是一些常见的糖类原料。

(1)白砂糖、蔗糖、葡萄糖等。它们都可以作为米酒的甜味原料。它们提供了易于发酵的碳水化合物,被酵母转化为酒精和二氧化碳,并为米酒带来一定的甜味。糯米酒和日本清酒是米酒酿造中使用白糖作为添加剂的典型。白糖有助于平衡酒的口感,使其更加柔和饱满。

(2)蜂蜜。蜂蜜是天然的甜味剂,具有独特的香气和口感。它可以用作米酒的甜味原料,为米酒提供营养和复杂的风味,一般用于特殊口味的米酒酿造。

(3)果糖。果糖是水果中天然存在的糖类物质,也可以用作米酒的甜味原料。它具有高甜度和易于发酵的特性,能够为米酒带来天然的果香味道。

(4)麦芽糖。麦芽糖是从麦芽中提取的糖类,具有浓郁的甜味和丰富的风味。它常用于制作特定类型的米酒,为其增添独特的口感和香气。

在米酒的制作过程中,糖类原料被添加到发酵液中,与酵母一起进行发酵,将糖转化为酒精和二氧化碳。这样可以调节米酒的甜度,并为其带来丰富的口感和风味特点。可以根据酒的类型和个人口味偏好选择合适的糖类原料,以达到理想的甜味效果。

二、香料:米酒的风味原料

香料是米酒酿造中的重要组成部分,其作用不仅在于赋予米酒独特的香气和口感,还在于呈香呈味物质更丰富,使米酒更具吸引力。通过选择适当的香料并合理运用,酿酒师可以调整米酒的风味,使其更加丰富多样。如品牌米客米酒推出的新口味大米汽酒包括蜜桃乌龙味与青提玫瑰味。蜜桃乌龙味大米汽酒有着蜜桃的前味、乌龙的中调与糯香味的回甘;青提玫瑰味大米汽酒则有着青提味的甜爽、玫瑰味的中调与糯米香的回甘。以上都是香料的实际运用案例,有助于米酒的创新发展。

首先,香料能够为米酒注入独特的香气。不同种类的香料具有各自独特的芳香特点,如花香、果香、香草香等。这些香气能够在米酒中展现出来,给人带来愉悦的感官体验。例如,添加玫瑰花可以赋予米酒浪漫而芬芳的花香,而加入柑橘果皮则能为米酒带来清新的柑橘香气。

其次,香料还可以影响米酒的口感和口味。不同的香料含有不同的化合物,这些化合物在酿造过程中与其他成分发生相互作用,进而影响米酒的口感特征。例如,添加一些香草豆可以赋予米酒浓郁的香草味,增加口感的层次;而香料混合物如五香粉则能带来独特的辛香味,使米酒呈香呈味更加丰富。

在选择香料时,酿酒师需要考虑香料与米酒风格的协调性,以及使用量和添加时机。不同风格的米酒可能需要不同类型的香料来突出其特点,因此在配方设计时需谨慎选择。此外,也需要适度控制香料的使用量,过多或过少都可能影响米酒的平衡度和风味表现。

总的来说,香料在米酒酿造中扮演着重要的角色,能够为米酒增添丰富的香气和口感,使其更具诱人的特点。通过合理选择和运用香料,酿酒师能够创造出独特而令人难忘的米酒。

以下是一些常见的香料。

(1) 草药类香料:薄荷、迷迭香、苏子叶等,可以赋予米酒清新的草本香气。

(2) 香草类香料:香草豆、香草精、香草籽等,能为米酒带来浓郁的香草风味。

(3) 花类香料:玫瑰花瓣、茉莉花、蔷薇花等,可以赋予米酒花香。

(4) 柑橘类香料:柑橘果皮、柠檬皮、橙皮等,能为米酒带来明快的柑橘香气。

(5) 香料混合物:五香粉、肉桂粉、丁香粉等,能为米酒增添复杂的香味和辛香味。

(6) 姜类香料:生姜、干姜、姜粉等,能为米酒带来一丝辛辣和温暖的味道。

(7) 酒曲:虽然不是传统意义上的香料,但酒曲也可以为米酒增添独特的风味和香气。

可以根据具体的米酒风格和口味需求对这些香料进行选择和调配。不同的香料组合可以创造出丰富多样的香气和口感,使米酒香气更加充分的释放。在使用香料时,需要注意香料的质量和新鲜度。

三、添加剂:米酒的功能性原料

1. 功能性原料概述

功能性原料是在食品加工过程中添加的特定物质,其目的是通过特定的功能和效果来改善食品的品质、保持稳定性、增强营养价值或延长保质期等。在米酒的酿造过程中,功能性原料的运用对米酒的特性和品质产生积极的影响。

常见的功能性原料有酵母营养剂、酒石酸、抗氧化剂、防腐剂、调味剂、发泡剂、维生素等。需要注意的是,添加剂的使用应符合相关法规和标准,且在适量的范围内使用,以确保米酒的品质和安全性。

2. 功能性原料的作用

功能性原料中的酵母营养剂起着重要的作用。它们提供了酵母所需的营养物质,如氮源、维生素和矿物质等,以促进酵母的生长和发酵活性。通过提供充足的营养,酵母能够更好地发酵,产生更多的酒精和香气物质,从而改善米酒的口感和风味。

一些功能性原料如酒石酸可以调节酒液的酸碱度和pH值,适当的酸度可以提升米酒的口感,使其更加爽口和平衡;酒石酸还能影响米酒的稳定性,防止酒液的沉淀和酸化过程中产生不良反应。

功能性原料中的抗氧化剂在米酒酿造中也扮演重要的角色。抗氧化剂能够延缓米酒的氧化过程，保护其色泽、风味和营养成分不受氧气的影响。这有助于米酒保持新鲜和稳定的品质，延长其保质期。

功能性原料中的防腐剂能够抑制微生物的生长，防止米酒腐败或变质。通过抑制有害微生物的繁殖，防腐剂有助于保持米酒的卫生安全性和稳定性。

发泡剂能够促进酒液中的气体形成泡沫，并增加泡沫的稳定性；可以增加米酒的口感并平衡口味。发泡剂能够改善米酒的质感，使其更加柔顺、丰满和顺滑。同时，发泡剂还能减少米酒中的苦味或杂味，提升其口感的整体平衡性。发泡剂能够减少酒液中的气体的溢出和损失，使米酒能够长时间保留泡沫和气味，延长产品的保质期。

维生素是一类重要的功能性原料，在米酒酿造中发挥着多种作用。在米酒酿造中添加适量的维生素可以增加米酒的营养价值，使其成为一种富含维生素的饮品。不同类型的维生素具有不同的功能，如维生素 B 族在调节代谢、供能、参与机体反应等方面发挥着巨大作用。另外，维生素 B 族中的一些成员，如核黄素（维生素 B_2）和烟酸（维生素 B_3），能够促进发酵过程中的代谢反应，增加米酒的香气、丰富口感，使其更加柔和。维生素 C 和维生素 E 等抗氧化维生素的添加可以延缓氧化过程，保持米酒的稳定性和品质。一些维生素对酵母的生长和活性具有促进作用。在米酒酿造中，酵母是发酵的关键因素，维生素的添加可以提供酵母所需的营养物质，增强其生长和发酵能力，有助于更好地完成酿造过程。

功能性原料在米酒的酿造过程中具有重要的作用。它们通过各自特定的功能，改善米酒的品质和口感，保持其稳定性和新鲜度，增强其营养价值，并延长其保质期，从而使米酒更能满足消费者的不同需求。

本章小结

本章介绍了生产米酒的 3 种主要原料，酿酒用米、酒曲和水，并阐述了米酒辅助材料——糖类、香料类、添加剂等在酿造过程中扮演的角色。通过探讨米类原料的特点和后期处理过程对米酒酿造的影响，读者能够了解不同米类原料的用途和处理方法，以及提高米酒口感和品质的途径。酒曲是微生物菌种混合物，通常由多种酵母菌和其他微生物组成，能对米酒的风味、口感和品质产生极大影响。酿造米酒时，水质好坏直接影响酒的风味和品质；在酿酒过程中，水是物料和酶的溶剂，并对调节酒的 pH 值及维持胶体稳定性起着重要作用。

思考题

1. 米酒酿造的原料和辅料有哪些？请简述其主要特性。
2. 传统米酒曲有哪些特点？结合现代米酒发酵方式谈谈如何进行改良？
3. 米酒酿造用水有哪些要求？

第三章　米酒酿造的生产工艺

在米酒生产中,人们形象地将水、原辅料、曲分别喻为"酒之血""酒之肉"和"酒之骨",如此形容是不为过的。

第一节　原辅料的处理

一、水的优选

天然水与经人工处理而成的自来水及纯净水等,其品质是相对而言的。天然水包括以下几种:雨水和雪水,其水量波动很大,含溶解物质少而水质软;地表水,如江水、河水、湖泊水、浅井水、水库水,含泥沙、微生物、水生植物等悬浮物质较多,含溶解物质较少而水质较软,水温因季节变化而波动较大;地下水,如深井水及泉水,因含有机物、胶体物质、悬浮物及水生植物和微生物较少而较洁净,水温也较稳定,但通常溶解性盐类含量较高而水的硬度较高;海水,其含盐量高达0.35%以上。

1. 天然水中的杂质

自然界的水经陆地、江、河、湖、海的表面蒸发而进入大气上空,又以雨、雪、冰雹等形式降回地面,有些渗入地下。在上述循环过程中,空气、陆地和地下岩层的各种物质会溶解或悬浮于水中,人类生产活动及生活废物也会使天然水混入各种杂质。

(1)悬浮物质。悬浮物质是泥土、沙砾及动植物腐败而生成的某些不溶性物质,反映在天然水的浊度及色度上。当水源的浊度和色度超过一定限度时,处理水的离子交换剂会受到污染而影响出水的质量;若直接进入锅炉,则会沉积于锅底。

(2)胶体物质。胶体物质是分子与离子的集合体。天然胶体主要有以下两类:一类是由硅、铁、铅等矿物形成的无机胶体,另一类则是由动植物腐败后产生的腐殖质等形成的有机胶体。由于这些胶体颗粒表面大多带有同性的负电荷,故相互之间排斥而不能凝聚、下沉,若不去除无机胶体,则会沉积于设备内壁而形成胶膜,有机胶体会影响水的色度和水质。

(3)微生物。天然水中难免会混入来自各种渠道的微生物。

(4)溶解性物质。主要有三类:第一类是以分子状态存在的氧气、二氧化碳及由有机物分解产生的硫化氢等气体;第二类是溶解的盐类,以离子状态存在;第三类是经有害微生物的作用,由藻类及植物腐败而生成的饱和脂肪酸、不饱和芳香族化合物或胺类等物质,以及来自工业和生活废水的各种可溶性成分。

2. 对天然水源的要求

对天然水源的总要求是水量充沛,能满足生产使用量的要求;水质良好且较稳定,应基本上达到我国生活饮用水的标准;冷却用水的温度应尽可能低些。

(1)河水和湖水。河水和湖水一般为软水,历来用于酿酒。但由于近年来河、湖水经常被污染,故需谨慎选用。应选用未被污染、远离城镇的上游河道较宽阔的河心水或湖心水。因河边或湖边的水含有较多的微生物和有机物,故不宜采用。通常可在早上采取河流底部有沙处且流动的水,并经充分过滤后使用。在人口稠密地区,河水或湖水中含有较多的微生物及杂质,不能用于酿酒。过去酿造绍兴酒强调使用冬天的鉴湖水,因其水温低、含细菌和有机物质少而有利于发酵管理。

(2)井水。井水的硬度高于河、湖水,也可用于酿酒。通常取用深度较浅的井水,用离心泵抽取。井水一年间水温变化较小,通常比年平均气温高1～2℃。若挖掘新井,应选择距离旧井200m以外的水量充足处。硬度适宜的深井水也可用于酿制米酒。在酿造之前,应将井水的卵石或沙取出洗净,并向井中加入5～10g/100L的漂白粉进行消毒。在分析井水成分时,应待水质稳定后再取样。

(3)山中的泉水。泉水可用于酿造米酒。

(4)水库水。水库水通常较为洁净,也可用于酿造米酒。

3. 从感官上识别水质的优劣

(1)视觉。主要指目测色泽及浊度。纯洁的水是无色透明的,而含有某些杂质的水都带有不同的颜色;藻类或树叶等被微生物作用而产生的腐殖质,可使水呈浅黄色甚至棕黄色;低价铁化合物可使水呈浅蓝绿色,而高价铁化合物则使水呈黄色;硫化氢被氧化而析出的硫可使水呈浅蓝色;水生植物中分解出来的单宁若与铁化合,则呈灰黑色。

通常可将因水中含有悬浮物质而呈的颜色称为假色或表色,除去悬浮物后所呈的颜色称为真色,水质标准中规定的色度不得超过15度即指水的真色。泥沙悬浮于水中使水浑浊,若用这种水酿制米酒,则成品酒颜色发暗而清亮,工人们称其为"色光清亮"。水质标准中规定,浊度不得超过3度,是指1L水的总硬度以$CaCO_3$计,含量不得超过450mg,否则水就有浑浊感。浊度是水中悬浮物质和胶体物质以及其他化学成分的光学性质的综合反映,是衡量水质污染程度的主要指标之一。

(2)嗅觉。洁净的水应是无臭气的。若水中藻类较多或含有腐败物及工业废水等,则会产生异常臭气,如鱼腥气、腐败臭、泥腥臭、铁臭、氨臭、硫化氢臭等。

(3)味觉。味感洁净的水入口有爽快感,若水中藻类较多,则会呈霉味。水中的无机离子也有不同的呈味作用;如:氯化钠含量达165mg/L时,呈咸味;含铁量在0.3mg/L以上时,呈涩味;氯化镁含量为135mg/L、硫酸镁含量为250mg/L时,呈苦味。产生苦味的还有锰盐、硫酸铝等。铜离子和锌离子含量分别为5～10mg/L及20mg/L时,呈收敛感和苦味;水接触腐败污泥时也有涩味;水中含有碳酸气(气体二氧化碳)时具有一定的气泡感,给人一种轻盈的口感。

4. 米酒生产用水和酿造用水不同的要求差别

米酒生产用水包括酿造用水和非酿造用水两大部分,生产1t米酒耗水量为10～20t。广义而言,凡直接与成品酒的成分含量相关的用水,如原料浸泡用水、制曲用水、制酒母用水、糖化发酵及成品酒调配用水等,均应属于酿造用水,其要求因不同工序的目的和工艺条件而异。例如:原料浸渍用水,应考虑如何有利于原料的浸渍效果并减少有效成分的损耗;制曲、制酒母及糖化发酵用水,须考虑如何适应有关的有益微生物的生长,相关酶的形成、溶出和作用,以及发酵等因素。非酿造用水主要指设备洗涤用水、冷却用水及锅炉用水;通常洗涤、冷却用水要求无泥沙、悬浮物及有机物即可;锅炉用水则必须使用软水,其总硬度应低于0.04mmol/L。

5. 不合格天然水源处理方法

可根据水源的实际状况,有针对性地选用下述一种方法或两种甚至几种方法并用。

(1)砂滤法。①采用细长形的容量为400～1000L的木桶,在桶底出水口的上方置有假底,并垫上竹席,上铺一层棕垫,再依次放入小石、细沙、棕垫、木炭、粗沙、棕垫、小石。其中细沙和木炭两层需厚些。小石、粗沙及细沙的作用主要是除去水中的混杂物,使浑浊的水变为清水;木炭具有脱色、脱臭作用,因其表面有无数的细孔,故水中的有色小颗粒及臭味成分都可被吸附。但小石和沙砾间的脏物积聚多了,则过滤速度会下降;木炭的细孔也会随着水处理时间的增加逐渐达到饱和状态而被堵塞。故通常在使用10～14天后,需冲洗一次,并应准备几个桶轮换使用。②在水泥池或木桶的假底上,按下列次序自下而上装入滤材:粒径为1mm的白煤屑30cm厚;粒径为0.5mm的黄沙40cm厚;直径为5～20mm的砾石30cm厚。若在上述材料间再增加一层木炭,则经处理后的水质更好。水流量为6～10m³/h。流经40h后,将滤材取出并用清水漂洗,再重新铺置使用;也可用高压水泵将清水从容器底部压入,进行冲洗后再使用。

(2)明矾法。浑浊水的明矾用量为10～40mg/L。先将明矾用少量水溶解后加入原水中,充分搅拌并静置一夜,即可使用上层的清水。该法通常与其他处理方法联用。

(3)活性炭法。活性炭的用量为100～400mg/L。将粉状活性炭加于原水中搅拌数小时后,用过滤机过滤,将滤出的水回滤几次,即可得到洁净的水。

(4)高锰酸钾和活性炭并用法。每100L原水加入约1.5g的高锰酸钾,先将高锰酸钾用温水溶化后倒入原水中,搅拌均匀并静置3～10h。待有机物被氧化而紫色退去后,再加入20g粉状活性炭,充分搅拌、过滤即可。经此法处理所得的水,铁及氨等物质的含量大为减少。若对浑浊物的含量不明,则可酌情增加活性炭的用量。

(5)空气接触法。将原水置于高处的容器内,容器底部设有导管,由于水的位差使水从喷口射出,与空气充分接触,含铁量等较高的水,水溶性的有害物质如氢氧化亚铁等二价铁(Fe^{2+}),可氧化成难溶性的三价铁(Fe^{3+})而产生黄色沉淀物。此法通常与砂滤法等过滤法并用,沙层可用清水自下而上进行反冲,去除上层沉积物继续使用。该法可除去铁、锰及二氧化碳。但在水温或pH值较低,以及水中硅酸和腐殖质多的情况下,除铁效果较差。另外,加沸石等的接触氧化法也可去除铁及锰。

(6)其他方法。采用离子交换剂处理法、电渗析法、反渗透法等,可除去水中的各类盐离子;利用有关的滤材及滤剂可除去水中的多种杂质。例如用滤纸、细孔板等滤材,可滤除微生物或夹杂物;若添加助滤剂,可吸除其他有害成分,如压滤机、棉饼过滤剂可滤除杂物;金属滤筒、薄膜、塞里塑料过滤器可除去微生物或夹杂物;石灰石过滤可除铁;锰沸石滤材具有多孔性,可除去铁、锰等成分。滤除水中有害微生物的滤材孔径应在 $0.65\mu m$ 以下。

6.自来水水源处理方法

由于自来水以供饮用为目的,故铁、锰等含量与米酒酿造用水的标准相差较大,尤其是送水管及送水泵材质为普通钢时,更需除铁、锰后用于酿酒。

自来水中游离性余氯含量在 $0.1mg/L$(结合氯为 $0.4mg/L$ 以上)时,即有氯臭感,但在用作米酒发酵醪的投料水时,氯会在发酵过程中自行逸散而消失;若用作成品酒的调配水,则应在使用前一天用活性炭吸附、过滤以除去其氯臭。

因自来水通常采用混凝、沉淀、澄清法处理天然原水,常常加一定量的混凝剂使碳酸盐硬度(暂时硬度)转变为非碳酸盐硬度(永久硬度),处理前后水的总硬度不变。故有些自来水的硬度较高,需经软化处理后才能用于米酒酿造。

7.测定水质的方法

取 2L 水样装于玻璃瓶内,加软木塞后进行如下分析。

(1)蒸发残留物法。在白瓷蒸发皿上,加入适量上述水样后,加热蒸发。若残留物呈纯白色,则表示水中有害成分少;若残留物呈灰黄色至黄褐色,则表明水中铁等有害成分含量较多;若残留物呈黑色,则说明水中有机物含量高。

(2)次氯酸钠法。在内壁为白色的 500L 罐中装满水后,加入次氯酸钠,浓度为 $100mg/L$,静置一昼夜,若产生褐色沉淀物,则表明水中含铁量高。

(3)测定细菌酸度法。①准备细菌培养基:培养基的配方为葡萄糖 2.5%、酵母膏 1%、聚蛋白胨 0.5%、硫酸镁 0.01%、硫酸锰 0.00025%、硫酸亚铁 0.00025%、放线菌酮 0.0005%、氯化钠 0.01%,pH 值为 6.8。将上述培养基煮沸后,注入洁净试管内 $7\sim10mL$,并立即加塞,在沸水浴中放置 15min 后,用冷水冷却即可。②培养:将上述 0.5mL 水样在无菌条件下注入试管培养基内,再移至 30℃保温箱内培养 2 天。③滴定酸度:精确吸取上述培养液 5mL,用中性红-溴百里酚蓝作指示剂,用 $0.1mol/L$ 氢氧化钠溶液滴定。其消耗的毫升数的 2 倍即为细菌酸度。正常水的细菌酸度在 0.5mL 以下,以 $0\sim0.2mL$ 为好,1mL 以上表示污染了生酸菌。

二、大米的精白

大米按原料稻谷类型可分为籼米、粳米、籼糯米(长细形,多产于南方地区)和粳糯米(短圆形,多产于北方地区)四类。米酒酿造原料通常以糯米为主,也包括大米、粳米、籼糯、黑糯米、红米、黑米、山兰稻米、小米、黄米等其他食用米。由于不同原料含有的营养成分(蛋白质、淀粉、矿物质等)不同,被微生物分解利用形成的代谢产物浓度就随之存在差异,因此影响最终成品米酒中香气物质的种类和浓度。

1. 大米精白的必要性

从外至里,依次为谷皮、米糠、米胚和胚乳四部分组成。谷皮由果皮和种皮两层组织构成,它几乎不含淀粉,其主要成分为粗纤维素,灰分也较多;米糠中富含脂肪、蛋白质及灰分;米胚又称胚芽,位于米粒体积较大一端的米糠和胚乳之间,是稻谷在适宜条件下能出芽的部位;胚乳则是米粒的主体,也是淀粉的大本营,胚乳中含有多量蛋白质、脂肪、糖分及维生素等成分。众所周知,过多的蛋白质和脂肪是产生米酒臭气和异味的根源;过量的维生素和灰分也会使有益微生物营养过剩、发酵醪升温过快,并招致生酸菌大量繁殖。此外,因糙米的膨化和溶解较为困难,故大米不易蒸透,吸水慢而蒸饭时间较长,出饭率也较低,糊化及糖化效果较差,饭粒发酵也不充分。综上所述,用于米酒酿造的大米,要求精白度较高,是完全必要的。

2. 精白度

顾名思义,米的精白度是指米的精白程度。精白度越高,米中的主体成分含量越接近于胚乳的成分,即淀粉的含量随着精白度的提高而增加,蛋白质、脂肪、粗纤维及灰分则逐渐减少,因为谷皮、米糠及胚在精白过程中被相应去除。

实际上,米的精白度是个笼统的概念,可用精米率予以表示。精米率是指经精白后的白米占精白前糙米的质量百分率。即米的精白度越高,则精米率越低。那么,米酒酿造用米的精米率究竟多少才算合适呢?这不能一概而论。目前,我国米酒酿造用米的精米率通常在90%左右。米酒因含有丰富的氨基酸而呈鲜味,氨基酸则来自原料米中的蛋白质。若米粒过度精白,则不但会减少蛋白质含量,也会相应地损失淀粉,故大米的精米率不能无限制地降低,应根据不同酒种区别对待。严格地说,制曲、制酒母及发酵用米的精米率也应有所差异:制曲用米的精米率最高,酒母用米次之,发酵用米的精米率最低。有的米酒厂不大重视原料米的精米率和验收标准,有的使用精米率较低的标准二等大米为原料,故成品酒的质量较差。若将标准二等大米进行适度精白,则可明显地提高产品质量。因粳米和籼米比糯米难以蒸煮,故更应适当提高其精白度。但由于精白度越高则碎米越多,故有的专家认为,粳米和籼米以选用标准一等米为宜,糯米则选用标准一等、特等米均可。

3. 提高大米的精白度

提高大米的精白度可采用以下方法。①可采用竖型精米机将糙米精白至精米率在90%以下。米在精白时,因机械作用而升温,若立即浸米,易使淀粉损失,米粒也会结块,应装袋或入箱数天,待品温缓慢下降、米粒内部水分均匀后再浸米。刚精白的大米,应立即装袋或入箱,以免因急冷干燥而米粒爆裂。精白后的米,应筛去碎米,以利于浸米和蒸饭的工艺调整,并减少损失。②浸米之前先洗米。③浸米后用水强力冲洗。

4. 米糠的综合利用

碾米时所得的米糠,大多为带有糊粉层的谷皮及胚,通常可先将其榨取米糠油,再从米糠饼粕提取植酸钙后，用于酿制白酒或作为饲料。米糠油是一种营养价值较高的植物油，含有丰富的亚油酸，可降低人体中的胆固醇含量，有利于心血管病的防治。米糠油可进一步提取糠蜡、谷维素、谷固醇及三十烷醇等产品。

5. 陈米的缺陷和判断方法

(1) 陈米的缺陷。米在储藏过程中，其成分及性状会发生如下变化。①生命力弱化，发芽率降低。②米粒组织硬化。③米粒外层的钾、镁及磷酸盐向胚乳内部移动。④酶作用等因素使脂肪发生分解或氧化，生成游离脂肪酸和羰基化合物，以及陈米臭和苦味成分。若米粒的陈米臭明显，则在酒液贮存过程中，更易产生特殊的甘油臭或轻微的哈喇而严重影响酒质。尤其是糯米，陈化速度更快，故陈糯米浸泡后的浆水，带有苦味等异味，不宜用作投料用水。⑤其他变化。陈米的挫折刚度变小，故精白时易破碎；吸水速度降低；洗米水中全糖及浑浊物质含量减少，而粗脂肪相对增多；碱崩坏性增大；饭粒较硬，醪发酵激进；成品酒灭菌后生成特异臭。此外，陈米的色泽深于新米，气味也较差。

(2) 米的新、陈判定法。①原理。米在储藏过程中，pH 值会发生变化，且缓冲作用下降。若将两种储藏期不同的米加水后，用稀碱液滴定，则其中储藏期长的米 pH 值相对较低，故可用特定的指示剂使这两种米呈不同颜色。②试剂配制。色素原液：将溴百里酚蓝和酚红各 5mg，用 0.5mL 的 0.1mol/L 氢氧化钠溶液溶解后，再加入 4.5mL 水，使全量为 5mL。指示剂：取上述色素原液 3mL，与 7mL 的 0.01mol/L 氢氧化钠溶液混合后，再加水定容至 20mL。③判定操作。将 3g 米样装入试管，加上述指示剂 6mL。经 15min，搅拌 1 次；5min 后，再搅拌 1 次。然后，倒掉指示剂，将米粒移至滤纸或纱布上，迅速吸除染色液，再风干 2h。从米粒的颜色来判定米陈化的程度或新、陈米混合的比率。新米呈紫色，陈米呈黄色。

三、酒曲的优选

虽然米酒酿造较为广泛，但传统米酒的酿造方式一般都为典型的边糖化边发酵，高浓度、多菌种混合发酵方式，其中酿造微生物主要来源于酒曲。酒曲中的霉菌等糖化微生物分泌水解酶进行原料的糖化，同时使用酵母进行酒精发酵。

1. 分离酒曲中霉菌及酵母菌株

(1) 采集试样可从天然培养的小曲或块曲、米酒发酵醪、未经煎酒的米酒酒脚乃至米酒厂的下水道淤积物中采集各种试样。

(2) 分离用的培养皿。分离霉菌时，可使用直径为 15cm 以上的培养皿；若分离酵母，可使用直径为 9~12cm 的培养皿。

(3) 分离方法。供菌株分离用的培养基的制备、培养皿的灭菌及无菌操作和菌种保存等有关常识，可参阅相关的专著。分离方法有多种，现介绍两种如下：①先注试样液法。先测定试样液的菌数，然后，按 1 个培养皿可能生长 10~50 个菌落估计，将 0.2~1mL 试样液注入无菌培养皿内，摇布均匀，再将 45~50℃ 尚未凝固的琼脂培养基倒入上述培养皿中，分布均匀后，盖上培养皿盖，把培养皿倒置，并用无菌纸包好，移至 30℃ 的恒温箱中培养。待长出独立的菌落后，可转接至试管斜面培养基上，在保温箱中培养成菌株。然后，按分离的要求，将分离到的菌株与已有的对照菌株进行生态、生理、生化等比较试验，从中选出较理想的优良菌株。注意，若不密切关注并及时将培养皿中的霉菌菌落转接出来，则不同菌落的菌丝会相互长成一片而难以分离；另外，对于黄曲霉等霉菌，需测定其是否会产生黄曲霉毒素等物质。最好请权威机构对选出的菌株检定后再用于生产。②后注试样液法。即先将琼脂培养基注入无菌培养皿中，待凝固后，再注入试样液，并用"康勒氏棒"将其分布均匀。此后的操作步骤同①。康勒氏棒是棒端呈三角形的玻璃棒，可用酒精喷灯烧制而成，三角形与棒体成100°～120°，由三角形的底边(玻璃棒)接触试样液及培养基。

2. 米酒生产中使用的霉菌及酵母菌株要求

(1) 霉菌菌株应具有的条件。①在生、熟破碎米饭粒及麸皮上能迅速繁殖。②能分泌活性强的α-淀粉酶、糖化酶及酸性蛋白酶。③无酪氨酸酶活力，防止曲褐变和酒糟变黑。④不产生霉毒素。⑤孢子柄宜短，即为短毛菌，以免用于机械制曲时难以通风；制种曲时，易产孢子且孢子数量多。⑥具有良好的曲香。因单一菌株往往难以具备上述全部条件，故为了确保酒质及提高出酒率，通常使用两种或两种以上的混合菌株。

(2) 酵母菌株应具备的条件。①生长迅速，具有较强的抗杂菌能力。②发酵力强，发酵速度快，并具有后劲。③能产生独特而怡人的香味。

3. 品控部对酒曲的采集与质评

使用不同酒曲生产的米酒，产品品质存在一定的差异。目前关于不同地区来源的米酒曲对米酒产品品质影响的研究尚少。

(1) 以下是一个研究案例：分别从湖北孝感和四川成都地区采集米酒曲样品，使用同一原料和发酵条件进行米酒制作，并使用电子舌对其滋味品质进行评价，探讨两个地区出产的米酒曲对米酒滋味品质的影响(表3-1)。

表3-1 米酒样品各滋味指标的差异性分析

项目	酸味	苦味	涩味	鲜味	咸味	后味A	后味B	丰度
F值	150.58	17.67	5.26	138.88	1 455.23	0.44	0.49	26.53
总变异值	479.46	13.72	6.76	64.85	387.14	5.73	4.03	11.14
极差值	11.79	1.66	1.34	4.43	10.2	0.43	0.43	2.04

注：$F_{0.05}(19,40)=1.86$；$F_{0.01}(19,40)=2.4$。后味A涩味的回味；后味B苦味的回味。

由表3-1可知，该研究纳入了20个米酒样品的苦味、涩味、酸味、咸味和鲜味5个基本味觉指标和丰度。其回味指标差异均极显著($P<0.01$)，而后味A(涩味的回味)和后味B(苦味的回味)差异不显著($P>0.05$)。由总变异值的大小可知，米酒样品在咸味上的差异性最大，其次为酸味、鲜味和丰度，而苦味和涩味的差异性较小。上述5个指标的极差值均大于1，即部分米酒样品在某一个指标上的差异可通过感官鉴评也可以区分出来。经皮尔逊相关性分析发现,米酒样品的苦味与涩味呈现极显著正相关($R=0.712,P=0.0004$),酸味与鲜味的回味($R=-0.943,P<0.0001$)和鲜味的回味($R=-0.729,P=0.0003$)均呈极显著负相关,涩味与苦味的回味($R=0.459,P=0.04$)和涩味的回味($R=0.516,P=0.02$)均呈显著正相关,见图 3-1。

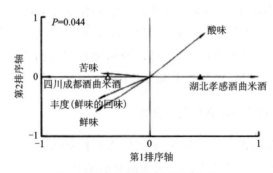

$P=0.044$ 表示蒙特卡罗置换检验值

图 3-1　RDA 双序图

(2)测定方法。①总糖的测定:将酒酿样品混匀打浆,取一滴样品滴在 HB-113ATC 型糖度计上,以读数作为酒酿的总糖度,并做 3 次平行测定。②还原糖按《食品安全国家标准 食品中还原糖的测定》(GB 5009.7—2016)规定的方法进行测定。③总酸按照《食品安全国家标准 食品中总酸的测定》(GB 12456—2021)规定的方法进行测定。④酒精度测定:分别配制体积分数为 0、0.5%、1.0%、1.5%、2.0% 的乙醇水溶液,取 10mL 于试管中,分别加入 2.5mL 质量分数 2.0% 的 $K_2Cr_2O_7$ 溶液和 10mL 体积分数 98% 的浓硫酸,摇匀,沸水浴中加热 10min,冷却,于 600nm 处测吸光度。乙醇标准曲线见图 3-2。

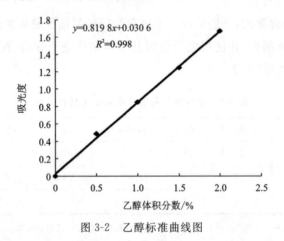

图 3-2　乙醇标准曲线图

从图 3-2 可得线性回归方程:$y=0.8198x+0.0306$,相关系数 $R^2=0.998$,y 为吸光度,x 为馏出液中乙醇的体积分数。

样品酒精度的测定:米酒酒样经纱布过滤,取 10mL 于 250mL 蒸馏烧瓶中,加 120mL 蒸馏水蒸馏,馏出液 100mL,参照上述的方法得到 y 值,并通过公式计算酒精度:

$$C/\% = \frac{x \times 100}{V} \times 100$$

式中　C——酒样中乙醇的体积分数(%)；

　　　V——酒样的体积(mL)；

　　　100——馏出液的体积(mL)。

(3)测定结果。按如上试验方法测定发酵过程中米酒成品理化指标,孝感酒曲米酒成品理化指标见表3-2。

表 3-2　孝感酒曲米酒成品理化指标

曲用量/%	总糖/[g·(100g)$^{-1}$]				总酸/[g·(100g)$^{-1}$]				酒精度(体积分数)/%			
	36h	48h	60h	72h	36h	48h	60h	72h	36h	48h	60h	72h
0.5	21.5	26.5	25.5	25.5	0.46	0.58	0.76	1.24	0.8	2.6	3.6	3.5
0.7	29.6	30.6	30.1	28.8	0.79	0.81	0.92	0.95	2.2	2.9	3.4	3.6
0.9	30.6	31.7	31.0	29.2	0.76	0.86	1.10	1.21	2.8	3.6	3.2	4.2
1.1	31.2	32.8	34.2	30.1	1.40	0.90	0.91	1.11	3.3	4.4	4.8	4.3

曲用量为0.7%孝感酒曲在36h后发酵初步完成。米酒成品糖度、酸度和酒精度随发酵时间变化比较平稳,糖度在28.8～30.6g/100g之间,酸度在0.79～0.95g/100g之间,酒精度在2.2%～3.6%之间。结合感官评定:米酒乳白色、味感柔和、纯正清香,有轻微辣嘴感,苦味、涩味和酸味不明显。

四、原辅料的改良

1. 提高米的酿造适用性

适于米酒酿造的优良品种米,应为特定品种,可简称为酿酒好适米。除前述的适当提高米的精白度外,还可采取下述措施,以提高大米的酿造适用性。

(1)使用低温、抽真空或充氮气包装等方法储藏大米,以防陈化。

(2)调整米的水分,以提高浸米时的吸水率。

(3)采用酶法或化学法处理大米,以减少其不利成分。例如,用脂肪酶处理过的米,不饱和脂肪酸含量明显减少,粗脂肪减量为20%左右。

(4)将刚蒸熟的饭粒快速脱水至原料米的含水量,以免饭粒老化,便于保存后使用。这种经脱水的饭粒,在酸性条件下也不易老化而回生。

(5)利用特殊菌种或酶制剂,生产清爽型的米酒产品。

(6)控制发酵醪中钾的含量,以调节发酵过程。

(7)对成品酒采用炭滤等方法,去除由原料米带来的杂味。

(8)选育适于酿酒的优良新米种,并研究米粒内部的组织成分及其成因。

2. 酒曲的改良

由于不同来源的酒曲具有不同的发酵特性,因此酒曲对米酒的酿造和品质有着显著的影响,甚至决定了米酒的类型。传统酿造米酒可分为低酒精度食用型和高酒精度发酵型两种主要类型。酿造这两类米酒的酒曲分别为糖化型酒曲和糖化发酵型酒曲。

根据两种酒曲中酵母数量和蛋白酶活力的差异,初始添加酿酒酵母和酸性蛋白酶都可以明显改善酒曲的发酵性能。造成这种现象的原因应该与酿酒酵母在发酵初期的增殖密切相关,而酵母含量的变化影响了整个发酵过程。由于酿酒酵母在自然酒曲中的广泛存在,而酒曲的酸性蛋白酶对于酵母的增殖具有明显的促进作用,因此,酒曲的酸性蛋白酶活力可以认为是调节酒曲发酵特性,甚至改变酒曲类型的一个关键因素。

虽然酿酒酵母的数量及其发酵特性对于酒曲的发酵性能非常重要,但是酸性蛋白酶活力可能对其发酵性能更为关键,更适用于米酒的实际生产,通过调控发酵初期 α-氨基氮水平促进酿酒酵母的增殖,进而改变酒曲的发酵特性。当然,这一结论还需要得到更多研究的验证。此外,过量的蛋白酶也会产生更高含量的 α-氨基氮,从而可能产生过多的高级醇,影响米酒的风味与品质。对酸性蛋白酶活性控制程度,仍然需要进一步研究。

第二节　大米的浸泡

一、浸米目的和物质变化

可以通过洗米操作除去附着在大米米粒表面的糠秕、尘土和其他杂质,然后加水浸渍。

1. 浸米的目的

浸米的目的是让大米吸水膨胀以利蒸煮。水是各种物质的溶剂,又是传递热量的理想媒介。要使大米淀粉蒸熟糊化,必须先让它充分吸水,使植物组织和细胞膨胀,颗粒软化。蒸煮时,热量通过水的传递进入淀粉颗粒内部,迫使淀粉链的氢键被破坏,使淀粉达到糊化程度。适当延长米的浸渍时间,可以缩短米的蒸煮时间。

2. 浸米过程中的物质变化

浸米开始,米粒吸水膨胀,含水量增加;浸米 4~6h,吸水率达 20%~25%;浸米 24h,水分基本吸足。浸米时,米粒表面的微生物会依靠溶入的糖分、蛋白质、维生素等营养物质进行生长繁殖。

3. 影响米吸水速度的因素

根据气温来决定配水的温度。加入米后水温下降,为了维持恒定的浸米温度,可在浸米室内利用蒸汽保温,使室温维持在 25℃左右,浸米时间为 8~24h,米的吸水率达 25% 以上。

二、浸泡过程控制

浸泡,是米酒酿造过程中极为关键的一步,浸泡质量将直接影响米酒品质。通常浸泡时间越长,米酒中生物胺的含量越高,这对饮用者身体健康造成了威胁;在原料上分别进行3次喷水也可实现代替大米浸泡这一过程。第一次喷洒约150mL/kg,50℃的水,对应蒸煮约7min;第2次喷洒150mL/kg,80℃以上的水,对应蒸煮约8min;第3次喷洒150mL/kg,80℃以上的水,对应蒸煮时间为10min,采用此方法酿制的米酒中酯类化合物含量增加,酒体口感更优。随着科学技术的发展,一些新兴技术应运而生。例如,膨化技术扩大了大米原料和酶的接触面积,使得酶解反应更加彻底,提高了糖化效率(40%),缩短了发酵周期;液化法也是一种新型的原料前处理方法,此方法原料利用率高,发酵时间短,米酒风味清爽,营养成分丰富,被广大消费者广为接受。

浸米时间的长短由生产工艺、水温、米的性质决定。要求达到米粒吸足水分,颗粒保持完整,手指捏米能碎即可,吸水量为25%~30%。吸水量指原料米经浸渍后含水百分数的增加值。浸米时吸水速度的快慢,首先与米的品质有关,糯米比粳米、籼米吸水快;大粒米、软质米、精白度高的米,吸水速度快,吸水率高。使用软水浸米,水分容易渗透,米粒的无机成分溶出较多;使用硬水浸米,水分渗透慢,米粒的有机成分溶出较多。浸米水温高,吸水速度快,有用成分的损失随之增多;浸米水温低,则相反。为了使浸米速度不受环境气温的影响,可采用控温浸米,当气温下降,浸米的配水温度可以提高,使浸米水温控制在30℃或35℃以下,既加快米的浸渍速度,又能防止米变质发臭(表3-3)。

表3-3 浸米时配水温度与气温的关系

气温	≥20℃	15~20℃	10~15℃	5~10℃	0~5℃	<0℃
配水温度	冷水	20℃	25℃	30℃	35℃	40℃

第三节 蒸煮与拌曲

一、蒸煮目的

(1)使淀粉糊化。大米淀粉以颗粒状态存在于胚乳细胞中,相对密度约为1.6,淀粉分子排列整齐,具有结晶型构造,称为生淀粉。浸米以后,淀粉颗粒膨胀,淀粉链之间变得疏松。对浸渍后的大米进行加热,结晶型的阳型淀粉转化为三维网状结构的α-型淀粉,淀粉链得以舒展,黏度升高,称为淀粉的糊化。糊化后的淀粉易受淀粉酶的水解而转化为糖或糊精。

(2)对原料灭菌,通过加热杀灭大米所带有的各种微生物,保证发酵的正常进行。

(3)挥发掉原料的怪杂味,使米酒的风味纯净。

二、蒸煮的质量要求

米酒酿造一般是整粒米饭进行发酵,并且是典型的边糖化边发酵。醪液呈半固态,流动性差。为了使发酵与糖化两者平衡,发酵彻底,便于压榨滤酒,在操作时特别要注意保持饭粒的完整性,所以蒸煮时,要求米饭蒸熟蒸透,熟而不糊,透而不烂,外硬内软,疏松均匀。为了检测米饭的糊化程度,可以用刀片切开饭粒,观察饭芯,并可进行碘反应试验。

蒸饭时间由米的种类和性质、浸后米粒的含水量、蒸饭设备及蒸汽压力决定。一般糯米与精白度高的软质粳米,常压蒸煮15～25min;而硬质粳米和籼米,应适当延长蒸煮时间,并在蒸煮过程中淋浇85℃以上的热水,促进饭粒吸水膨胀,达到更好的糊化效果。

清洗蒸饭车,开输送带,开蒸汽设备,蒸汽压力控制在0.4～0.5MPa,蒸饭车用蒸汽预热10min,预热结束后,开浸泡罐的下米阀门,米粒经输送带传送至蒸饭车开始蒸饭。根据米饭情况可适时调整蒸汽压力,控制米饭厚度10cm,蒸饭时间10min。蒸饭要求蒸熟而不烂,以米饭用手捏扁不碎且无硬芯为标准,不宜过分蒸煮。

三、米饭的冷却

米饭蒸熟后必须冷却到微生物生长繁殖或发酵的温度,才能使微生物很好地生长并对米饭进行正常的生化反应。冷却的方法有淋饭法和摊饭法。

1. 淋饭法

淋饭法冷却迅速,冷后温度均匀,并可利用回淋操作,把饭温调节到所需范围。淋饭冷却能适当增加米饭的含水量,促使饭粒表面光洁滑爽,有利于拌曲塔窝,维持饭粒间隙,有利于好氧菌的生长繁殖。

糯米原料含水14%左右,浸米后含量达36%～39%,经蒸饭淋水,饭粒含水量可升至60%左右。各类大米吸水率比较参见表3-4。淋后米饭应沥干余水,否则,根霉繁殖速度减慢,糖化发酵力变差,酿窝浆液浑浊。

表3-4　不同米种吸水率比较　　　　　　　　　　　　　　　单位:%

米种	浸渍吸水率	蒸煮、淋饭吸水率	总吸水率	浸渍吸水率占总吸水率比例	浸渍损失率
糯米	35～40	55～60	90～100	35.0～44.4	2.7～6.0
粳米	30～35	80～85	110～120	25～31.8	2.1～2.5
籼米	20～25	120～125	140～150	13.30～17.85	4.0左右

2. 摊饭法

将蒸熟的热饭摊放在洁净的竹簟或木板或瓷砖地面上,依靠风吹使饭温降至所需温度。可利用冷却后的饭温调节发酵罐内物料的混合温度,使之符合发酵要求。摊饭冷却,速度较慢,易感染杂菌和出现淀粉老化现象,尤其是对含直链淀粉多的籼米原料,不宜采用摊饭法,否则淀粉老化严重,出酒率会降低。表 3-5 是气温与摊饭冷却温度的关系。

表 3-5　气温与摊饭冷却温度的关系

气温/℃	摊饭要求冷却达到的饭温/℃
0～5	75～80
6～10	65～75
11～15	50～65

四、拌曲

降温后的米饭接种酒曲,酒曲须添加均匀,春夏秋季的拌曲温度为 30～33℃,冬季的拌曲温度为 31～34℃。

1. 接种案例

酒曲为安琪甜酒曲和王齐庵蜂窝酒曲按照 2∶1 的质量比配制成的混合酒曲,混合酒曲质量占干糯米总质量的 0.4%～0.6%。若混合酒曲的添加量过高,会带来发酵过度的苦涩味;若混合酒曲的添加量过低,会导致发酵太慢或发酵不充分,理化指标和感官指标都不能达到目标值。

安琪甜酒曲主要成分是根霉,参与米酒发酵过程中的糖化反应,产生较多还原糖;王齐庵蜂窝酒曲主要成分是酵母和乳杆菌,酵母参与米酒发酵过程的酒化反应,有利于提高酒精度,乳杆菌等细菌代谢产生酸及各种风味物质。将安琪甜酒曲和王齐庵蜂窝酒曲控制在该质量比范围内,能够促使甜味、酸味、酒味、酯香等风味充分融合。

2. 加酶案例

将称量好的酶制剂用纯净水溶解,均匀喷洒在冷淋后的米饭上;酶制剂为 α 淀粉酶和葡萄糖淀粉酶,按照 1∶1(0.8～1.2)的质量比配制而成的混合酶制剂。若 α 淀粉酶的比例过高,将产生较多糊精,酒汁黏度增加,口感不够清爽;若葡萄糖淀粉酶的比例过高,将产生较多还原糖,过分增加酒汁甜味,导致甜味和酒味失衡。酶制剂占干糯米总质量的 0.01%～0.015%。若酶制剂的加入量过低,则不能快速触发酶促反应;若酶制剂的加入量过高,则酶促反应太快,会导致淀粉过度酶解,不利于压榨出汁。

五、蒸煮与拌曲员工操作规程

1. 蒸米工操作规程

(1) 生产前做好设备运转(传送带、链带、水源)及卫生(蒸汽排放、清洗消毒)检查工作。
(2) 调节糯米厚度。链带变频调速表、蒸汽调节、水淋冷却、自动拌曲调节。

(3)从链带启动进料开始至拌曲处用时 20~25min,按程序适时启动各环节装置。

(4)第一时间查看蒸米效果,并据此调整蒸米时间、糯米厚度和蒸汽大小,以蒸后糯米粒熟而不烂、无硬芯,水淋后糯米粒品温在 32℃以下为标准。

(5)生产过程中不定期自检蒸米效果。生产完毕,必须上下彻底清洗蒸饭链带至无任何黏附物。

(6)防止滑倒,防止被蒸汽、汽管烫伤。

(7)打扫责任区的卫生。

2. 拌曲工操作规程

(1)班前按计划领取酒曲,做好过筛,拌匀,用专用容器存放好酒曲等准备工作。

(2)按计量配比调节好拌曲机标准,均匀撒曲。

(3)发现米饭中混有异物及时向班长反映;感觉米饭过热、未熟透及时向班长反映。

(4)保持操作台及工器具(电子天平、塑料碗、不锈钢筛、塑料盒盘)的清洁卫生,如实记录每天实际用曲数量,未用完的酒曲按储存要求存放好。

(5)打扫责任卫生区的卫生。

第四节　边糖化边发酵

无论是用传统工艺还是用新工艺生产米酒,其酒醅(醪)的发酵都是敞口式发酵,是典型的边糖化边发酵,是高浓度醪液和低温长时间发酵,这就是米酒发酵过程最主要的形式。

一、米酒发酵的主要特点

1. 敞口式发酵

米酒的发酵实质上是霉菌、酵母、细菌的多菌种混合发酵过程。发酵醅是不灭菌的敞口式发酵,即使是新工艺生产,虽然使用纯种酒母和纯种曲,但曲、水和各种工具仍存在着大量杂菌,空气中的有害微生物也随时有侵袭米酒的危险。所以,整个米酒发酵过程是一个带菌的敞口式发酵过程。为了减轻和消除有害微生物的危害,人们采取各种科学措施,确保发酵的顺利进行,防止酒醪的酸败。

(1)适温适湿发酵。发酵温度控制在 28~32℃之间,湿度控制在 60%~70%之间。发酵初期还要进行塔窝操作,使酒曲中的有益微生物根霉、酵母等在有氧条件下很好地繁殖,使其生成大量有机酸,有效地控制有害杂菌的侵袭,并净化酵母菌,使发酵顺利进行。

(2)发酵室定时消毒灭菌。通过各种科学的工艺措施来保证敞口式发酵的稳妥完成,保持生产环境的清洁卫生,做好生产设备的消毒灭菌工作是至关重要的,这样可以大幅度地减轻米酒发酵的杂菌污染。

2. 典型的边糖化边发酵

只要用根霉作为糖化菌,糖化和发酵都是同时进行的,又被称作"双边发酵"。边糖化边发酵,主要生化反应是淀粉转化为糖,糖转化为酒精,当然还伴随着其他很多生化反应,如产酸、产酯等。

(1)控制好酒醪渗透压。酒醪渗透压的高低主要与它所含的低糖分子的浓度有关,在酒醅发酵时,降低醪液的渗透压是发酵成功的重要因素。从理论上讲,当淀粉转化为可发酵性糖分时,醪液的渗透压会上升数千倍甚至一万倍以上。

(2)控制好酒精浓度。随着可发酵性糖转化成酒精,发酵液中酒精浓度的增加,酒精可以进入酵母细胞膜的疏水区,降低了疏水相互作用力(这种作用力对维持细胞膜的完整性是非常重要的)。另外,乙醇在疏水区的存在还会降低范德华力的相互作用,增加细胞膜的运动性和疏水区的极性,使细胞膜减弱对极性分子自由交换的疏水性起阻碍作用,从而破坏酵母菌正常的生理功能。

酒精含量对酵母菌的正常生长影响很大,普通酵母在酒精含量达10%左右时,发酵完全受到抑制;酒精含量在14%以上时,它大约有20%以上的可发酵性糖被转化,将严重地抑制酵母的代谢活动;当发酵液中酒精含量达到18%左右时就停止发酵了。

(3)相关酶系。糖化过程相关的主要酶系为蛋白酶类和淀粉酶类。葡萄糖淀粉酶和蛋白酶等酶与糖化过程相关酶活性呈现较为显著的正相关性。发酵初期如添加酸性蛋白酶可使糖化型酒曲的米酒发酵表现接近糖化发酵型酒曲,因为酸性蛋白酶可以通过影响酵母的增殖来促进米酒快速发酵,进而缩短糖化和发酵时间。

1)淀粉酶类

α-淀粉酶:能迅速将淀粉水解为糊精,并降低黏度,故又称糊精化酶或液化酶。该酶主要由细菌和霉菌产生,如 α-淀粉酶制剂 BF7658,就是由枯草芽孢杆菌制取的。

β-淀粉酶:可较慢地将淀粉水解成麦芽糖和少量界限糊精。芽孢杆菌、假单胞菌及链霉菌等均可产生该酶,大麦、小麦、甘薯中也含有这种酶。

葡萄糖淀粉酶:简称糖化酶,因其能将淀粉的葡萄糖一个个地切下来而得名。黑曲霉、黄曲霉、米曲霉、根霉、红曲霉等霉菌均能产生该酶。国内利用黑曲霉生产麸曲及糖化酶制剂,但这种酶制剂大多未得以精制,故带有异杂气味,若多量用于米酒酿造,则难以保证产品质量。

麦芽糖酶:能将麦芽糖分解为两个葡萄糖,属于糖化型淀粉酶之一,主要由酵母分泌,与原料出酒率有关。

转移葡萄糖苷酶:能切开麦芽糖的葡萄糖苷键,将葡萄糖转移至另一个葡萄糖或麦芽糖分子上,形成异麦芽糖或潘糖等难以发酵或非发酵性糖。当醪中葡萄糖被利用而减少时,该酶又能将非发酵性糖分解为可发酵性糖,但会影响发酵周期。此酶主要产自黑曲霉,但目前国内用于生产糖化酶制剂的优良菌株,产生转移的葡萄糖苷酶很少,而产生大量的糖化酶。根霉及红曲霉不产生转移的葡萄糖苷酶,但糖化酶的产率低于黑曲霉。

2)蛋白酶类

内肽酶:将蛋白质分解为多肽和氨基酸。

外肽酶:将肽分解为高聚肽和氨基酸。米酒生产中的蛋白酶主要来自霉菌和细菌。

酒化酶:为参与酒精发酵的各种酶及辅酶的总称,存在于酵母细胞内。

酯化酶：能将酸与醇结合并脱水而生成酯。此酶源于酵母及霉菌。

果胶酶：能将果胶分解为果胶酸和甲醇。黑曲霉能生成多量的果胶酶。

其他酶类：如脂肪酶、纤维素酶、磷酸酯酶等。

3. 酒醅(醪)的高浓度发酵

米酒醪发酵时，醪浓度是所有酿造酒中最高的。大米与水的质量比为1:2左右，这种高浓度醪液发热量大，流动性差，散热极其困难，所以发酵温度的控制就显得特别重要。常以装载发酵醪较小的容器，扩大酒醅散热面积来避免局部形成高温，防止酸败，故而习惯用塑料盒盘(目前常用规格有 400×400、420×540、400×600，单位 mm)或陶缸(600×600，单位 mm)或 304 不锈钢(ϕ600，单位 mm，槽式 600×600，单位 mm，盒)进行主发酵。酒醅分散在上述小规格酒器中发酵，使热量容易散失。相对地降低醪液浓度和渗透压是有利于发酵的，在一定范围内增加给水量对提高出酒率是有利的。

4. 短时间发酵和低酒精度酒醅的形成

黄酒发酵有一个低温长时间的后发酵阶段，短的 20～25d，长的 80～100d，醪液可形成 15% 左右的酒精含量。而甜米酒发酵时间一般为 36～54h，酒精度一般为 0.5%～3.6%，所以我们认为米酒就是黄酒的"快餐食品"。

二、发酵过程中的物质变化

酒醅在发酵过程中的物质变化主要指淀粉的水解、酒精的形成，伴随进行的还有蛋白质、脂肪的分解和有机酸、酯、醛、酮等副产品的生成。发酵过程中的物质变化大多是由酶的催化来进行的。

1. 淀粉的分解

大米含淀粉 70% 以上，小麦含淀粉约 60%。糯米淀粉几乎全是支链的胶淀粉，直链淀粉含量不到 2%；粳米淀粉一般含支链淀粉 80%，直链淀粉 20%；籼米所含的直链淀粉更多。所以，它们的性质不完全一样。淀粉的分解是由淀粉酶作用将淀粉转化为糊精和可发酵性糖。

$$[C_6H_{10}O_5]_n \xrightarrow{nH_2O} [C_6H_{10}O_5]_x \xrightarrow{xH_2O} C_{12}H_{22}O_{11} \xrightarrow{H_2O} C_6H_{12}O_6$$
$$\text{淀粉} \qquad\qquad \text{糊精} \qquad\qquad \text{麦芽糖} \qquad \text{葡萄糖}$$

米酒中霉菌以根霉菌为主，主要在糖化阶段发挥作用。根霉菌分泌 α-淀粉酶、β-淀粉酶及糖化酶等，使原料中直链淀粉和支链淀粉分解为小分子糊精和麦芽糖，最终降解为葡萄糖以供微生物生长代谢使用；酵母菌在酒化阶段起关键作用，有氧条件下酵母菌消耗葡萄糖转化为 CO_2 和水，无氧条件下转化为 CO_2 和酒精。

2. 系列生化反应过程

米酒是经过微生物酸化、糖化、酒化和酯化等一系列生化过程及其代谢的协调作用酿制而成，酿造过程中细菌、霉菌、酵母菌共同参与，其中酵母菌占主导优势。细菌以乳酸菌为主，酸味主要源于乳酸菌所产生的乳酸,还源于乙酸、琥珀酸、苹果酸等。酸类物质是形成酯类化合物的前体物质,适量的酸可消除酒体中部分苦味,使酒体更加丰满协调,回味更加悠长。尽管酸类物质必不可少,但含量过高会造成酒体粗糙,酸味过重。

酯化阶段通常在储存过程中发生,即醇类物质与有机酸发生化学反应生成具有特征香气的酯类物质的过程,最终形成淡雅香醇的米酒产品,该过程也发生于陈酿工艺中。乳酸乙酯、乙酸乙酯是小曲米酒中的主体香气成分。乳酸乙酯主要由乳酸菌消耗大量糖类物质,通过磷酸己糖途径发酵产生乳酸,乳酸在酵母酯化酶催化下形成乳酰辅酶A,再与乙醇反应而形成,可增加酒体果香和奶油香;在米酒发酵中后期,乙酸与高浓度乙醇在酵母胞内酯酶的作用下发生酯化反应生成乙酸乙酯,可增加酒体水果香味,赋予酒体怡人的香气,有助于形成米酒风味。

3. 有机酸的变化

米酒中的有机酸部分来自原料、酒母、曲和浆水或由人工调酸加入;部分是在发酵过程中由酵母的代谢产生的,如琥珀酸等;也有因细菌污染而致,如醋酸、乳酸、丁酸等,它们都由可发酵性糖转化而成。

在正常的米酒发酵过程中,糖化菌和发酵菌的代谢会产生琥珀酸、乳酸、甘油等物质。一般酒醪中以琥珀酸和乳酸为主,此外有少量的柠檬酸、苹果酸、延胡索酸等。这些有机酸对米酒的风味和缓冲作用很重要,在生产中必须加以控制。酸败的酒醪乳酸和醋酸含量特别多,而琥珀酸等减少,这是乳酸杆菌和醋酸杆菌严重污染形成的。如果酒醪的挥发酸含量明显增加,则往往是由醋酸菌污染引起的。酸败现象的发生不但会降低出酒率,而且会破坏米酒的典型风味。米酒总酸控制在 0.35~0.4g/100mL 较好,但亦应该根据酒的品种和所含糖分、酒精含量的高低加以协调,以免在口味上失去平衡。

4. 蛋白质的变化

大米中的蛋白质含量为 6%~8%,高精白米中蛋白质的含量在 5% 左右。在酒醪发酵时,蛋白质受到微生物蛋白酶的分解,形成肽和氨基酸等一系列含氮化合物。酒醪中氨基酸达 18 种之多,含量也高,其中一部分被酵母同化,合成菌体蛋白质;同时形成高级醇,其余部分残留在酒液内。由于各种氨基酸都具有独特滋味,所以能赋予米酒特殊的风味。酒醪中氨基酸除了由原料、辅料的蛋白质分解产生外,微生物菌体蛋白的自溶也是氨基酸的一个来源。米酒中含氮物质的 2/3 是氨基酸,其余 1/3 是多肽和低肽,它们对米酒的浓厚感和香醇性影响较大。

5. 脂肪的变化

糙米含有 2% 左右的脂肪,精白后,脂肪含量大幅减少。脂肪氧化后损害米酒风味,在发酵过程中,脂肪大多被微生物的脂肪酶分解成甘油和脂肪酸。甘油赋予米酒甜味和黏厚感,脂肪酸与醇结合生成酯类;酯和高级醇等都能形成米酒特有的芳香。

三、米酒发酵过程中的高级醇及酯类物质

1. 高级醇划分

米酒中高级醇合成途径如图 3-3 所示。不同米酒样品中高级醇种类不同。高级醇一般是指碳原子数大于 2 的一元醇,主要包括正丙醇、异戊醇、异丁醇、活性戊醇、β-苯乙醇、酪醇、色醇和甲硫醇等。也有学者认为米酒中的主要高级醇为 β-苯乙醇,还包括异丁醇、异戊醇、正丙醇。

高级醇是酒体中极其重要的风味物质之一,与其他风味化合物之间的适宜比例可使酒体醇厚饱满,口感柔和协调;然而含量过高,则会导致酒体出现异杂味,具有较强的致醉性,易造成饮酒后出现"打头"等现象,会对人体神经系统造成损害。

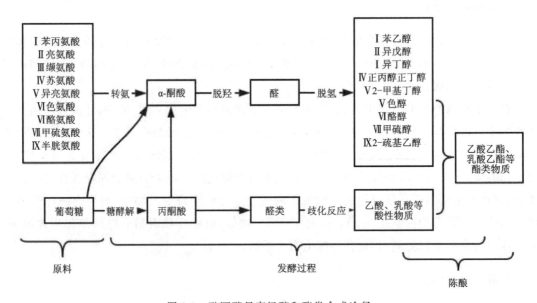

图 3-3　酿酒酵母高级醇和酯类合成途径

2. 高级醇与酯类物质含量之比(HA/E)

高级醇与酯类物质含量之比(HA/E)是评价米酒香气特征的可靠性指标(以 HA/E 较低者为佳),酯类物质的合成主要在发酵和陈酿阶段,此时高级醇与脂肪酸发生酯化反应生成酯类物质的同时也降低了米酒中高级醇含量,这有利于协调米酒中各香味组分间比例。

近年来,低产高级醇米酒的研究多数是针对酿酒酵母的筛选或通过基因改造来实现降低酒体中高级醇含量。研究者们主要通过单倍体制备、菌种诱变、从自然界分离筛选等方式筛选低产高级醇酵母,把该类型酵母运用于米酒发酵中便可得到高级醇含量较低的米酒产品。

四、米酒生产中酒精含量的调整

在米酒生产的发酵全过程以及成品酒成分调整中,应允许按产品要求及实际需要,用食

用酒精或用本厂米酒糟二次发酵所得酒精调整发酵醪或酒液的酒精含量。但所用的食用酒精应符合以下两个要求：一是必须达到国家最新规定的优级或普通食用酒精标准；二是把上述食用酒精再进行脱臭处理。以下介绍两种脱臭方法。

1. 活性炭吸附脱臭法

先将原食用酒精加入处理罐，用水稀释至浓度比所需酒精含量高 0.5%～1%。再加入质量为原食用酒精质量的 0.05%～0.3% 的酒类专用粉末状活性炭，并用酒泵进行循环，或以压缩空气搅拌 1h。经 10h 后，再如此搅拌 1h。静置 12～24h 后，用板框过滤器过滤即可。

2. 化学精制重蒸法

用 $KMnO_4$、$NaOH$，将稀释后的食用酒精予以处理后，再进行蒸馏。

(1) 原理。$KMnO_4$ 为强氧化剂，可将酒精中的甲醇、甲醛、乙醛等氧化成酸类等成分，并生成 MnO_2；再由 $NaOH$ 将甲酸、乙酸等有机酸中和，生成不挥发的盐类；最后进行蒸馏时，可将 MnO_2 等杂质残留于废液中。若在原食用酒精中加入一定量的 $KMnO_4$ 后，不经蒸馏就直接取用"上清液"，这种做法显然是不妥的。

(2) $KMnO_4$ 及 $NaOH$ 用量的测定和计算。通常，酒精含量为 65% 的原食用酒精，$KMnO_4$ 的用量为 0.01%～0.03%；$NaOH$ 的用量为 0.08%～0.09%。若 $KMnO_4$ 使用过量，则部分酒精也会被氧化而损失；若 $NaOH$ 使用过量，则酒精溶液会呈碱性。因每批原食用酒精的质量各不相同，故应采取下述方法测定并计算上述两种试剂的加量。

求 $KMnO_4$ 的加量。将 50ml 原食用酒精装入滴定管中，再在容量为 100mL 的三角瓶中加入 5mL 浓度为 0.002g/L 的 $KMnO_4$ 溶液。然后以 20～30 滴/min 的速度，匀速将上述原食用酒精滴入三角瓶中，直至瓶内液体呈淡黄色为止。最后，取 10～15 次原食用酒精耗用量的平均值，按下式算得 $KMnO_4$ 的应加量：

$$C = \frac{5mL \times 0.0002g/L \times 1000}{V}$$

式中　C——1L 原食用酒精应加 $KMnO_4$ 的质量 (g/L)；

　　　V——滴定时消耗原食用酒精的体积 (mL)；

　　　1000——1 毫升折合为升的系数。

求 $NaOH$ 的加量。将 100mL 经氧化的食用酒精，加至容量为 200mL 带有回流冷凝器的烧瓶中；再注入 10mL 浓度为 0.1mol/L 的 $NaOH$ 溶液，并加热回流 1h。待冷却后，加入 1～2 滴酚酞溶液及 10mL 浓度为 0.1mol/L 的 H_2SO_4。最后以 0.1mol/L、$NaOH$ 溶液滴定至粉红色，在 0.5min 内不消失时，即为滴定终点。以滴定所消耗的 $NaOH$ 溶液体积 (mL)，即可计算出中和该酒精中总酸所需加入的 $NaOH$ 量。

具体操作。先将原食用酒精稀释至所需的浓度，再将预先溶解好的 $NaOH$ 溶液应加量的一半加入上述酒精中，经充分搅拌后，边搅拌边加入预先用水溶解的应加量的 $KMnO_4$ 溶液，充分搅拌后静置 6h，然后加入另一半 $NaOH$ 溶液。搅拌 10～15min 后，用蒸馏塔进行间歇蒸馏。通常需摘除酒头 5%～7.5%、酒尾 7.5%～10%，取中馏部分备用。值得注意的是，不能在酒精中加入固态的 $KMnO_4$，以免局部产生大量热量而使酒精燃烧。

五、米酒生产的糖化剂、发酵剂、糖化发酵剂

1. 糖化剂

糖化剂是指能使淀粉分解为可发酵性糖的催化剂。如米酒生产中使用的不与人工酵母混合的纯根霉曲、纯种麦曲、纯种黑曲霉麸曲、纯种红曲、乌衣红曲以及淀粉酶制剂。实际上，它们所含的微生物及酶系也不是绝对纯粹的，而实际生产中所谓的糖化作用和过程，也绝非只将淀粉降解为糊精、低聚糖和单糖，而且也有蛋白质降解、脂肪降解等一系列错综复杂的反应。

2. 发酵剂

发酵剂是指生产米酒制品时所用的特定微生物的培养物。发酵剂是以酒精为主的诸多成分的一类制剂，如天然或人工菌种培养的各种液态酒母、纯种固态酵母。

3. 糖化发酵剂

糖化发酵剂即兼具糖化剂和发酵剂双重功能的一类制剂。如天然块曲、天然酒药、以酵母与根霉共同培养或分别培养后以一定比例混合而成的根霉曲。实际上，上述三者也不是截然可分的。例如，天然块曲，在白酒生产中，将其作为糖化发酵剂使用，但在米酒生产中，除了可看作糖化发酵剂外，也可视其为糖化剂，它往往与酒母并用；又如，在红曲中，往往有少量酵母与红曲霉共生，或某些红曲霉本身就有产少量酒精的功能，但按红曲的主要功能，仍将其视为糖化剂。此外，某些糖化剂或发酵剂，鉴于菌种或培养方式等因素，其菌系或酶系也往往是多元的，仅仅有主次之分而已。

六、发酵工段员工操作规程

1. 装盒盘工操作规程

（1）消毒后盒盘过热不能使用，使用时盒盘内水要倒干净。
（2）装盘时抚平米饭，盘中造一小窝；注意不要装得太满，以不超过盒盘边横线为宜；同一批盒盘尽量装得一致。
（3）发现米饭中混有异物或米饭过热、未熟透，及时向负责人报告。
（4）保持责任卫生区的卫生。

2. 进库工操作规程

（1）准备好进库所用的叉车、防护薄膜、缠绕膜、塑料垛板等。
（2）抬饭时轻拿轻放、码好，检查每盘所装米饭高度是否符合要求；不符合要求者及时整改或向负责人报告。

(3)按规定码好后在表层铺上封盒用的保鲜膜,周围用缠绕膜缠好入库。
(4)入库时注意安全,防止倒塌伤人,以免造成损失。
(5)进库摆放时合理安排间隙,离墙至少保持30cm以上间隙,每垛之间至少保持10cm距离,中间过道保持人能通行。
(6)保持责任区的卫生。

3. 发酵室员工操作规范

(1)发酵室使用前必须洗净、消毒,密闭并用紫外灯消毒2h以上。
(2)严格控制发酵温度在32~36℃之间,湿度70%以上,发酵时间36~54h。
(3)出库时必须由品控员、发酵负责人、调配负责人三人作感官评定并签署意见。合格的进入调配工序生产;不合格的,隔离停用,待由品控部、生产部共同拿出处理方案再作处理。
(4)发酵好的醪糟如果不能及时生产,必须移至冷藏室(-16℃以下)进行冷冻处理,防止发酵过度。
(5)整个发酵室及走廊不得堆积其他杂物。
(6)发酵走廊每天保持清洁卫生。
(7)下班时,发酵室的防护门必须关闭。

七、发酵工段质量控制

1. 发酵醪酸败的表现

米酒发酵醪酸败时,一般会发现以下某些现象。①在主发酵阶段,酒醪品温很难上升或停止。②酸度上升速度加快,而酒精含量增加减慢,酒醪的酒精含量达14%时,酒精发酵几乎处于停止状态。③降糖速度减慢或停止。④酒醪发黏或醪液表面的泡沫发亮,出现酸味甚至酸臭。⑤镜检酵母细胞浓度降低而杆菌数增加。酒醪酸败时,醋酸和乳酸的酸含量上升较快,醪液总酸超过0.45g/100mL,称为轻度超酸,这时口尝酸度偏高,但酒精含量可能还正常;如果醪液酸度超过0.7g/100mL,酒液香味变坏,酸的刺激明显,称为中度超酸;如果酒醪酸度超过1g/100mL时,酸臭味严重,发酵停止,称为严重超酸。

2. 发酵醪酸败的原因

米酒醪酸败的原因是多方面的,主要有以下原因。
(1)原料种类原因。籼米、玉米等富含脂肪、蛋白质的原料,在发酵时由于脂肪、蛋白质的代谢会升温升酸,尤其侵入杂菌后,升酸现象会更明显,加上这类原料直链淀粉较多,常易使α-化的淀粉发生β化而不易糖化发酵,结果被细菌利用而产酸。所以,用籼米、玉米原料酿酒,超酸和酸败的可能性较大。
(2)浸渍度和蒸煮冷却阶段原因。大米浸渍吸足水分,蒸煮糊化透彻,糖化发酵都容易;反之,就容易发生酸败,尤其在大罐发酵时,更为明显。浸渍72h的原料,发酵时发生自动翻腾,醪液的品温为33～34℃,可以避免高温引起的酸败;但在同样条件下,浸泡24～48h的米,开始自动翻腾时的醪液品温在36℃以上,酸败的可能性就大。

(3)糖化曲品质和使用量原因。米酒生产所用的曲都是在带菌条件下制备的,曲块本身含有杂菌,尤其是使用纯种通风麦曲时,空气中带入的杂菌更多。所以,米酒新工艺发酵时,酒曲的杂菌常会变成酒醪酸败的重要来源。使用糖化剂过量,酒醪的液化、糖化速度过快,使糖化发酵失去平衡或酵母渗透压升高,促使酵母过早衰老变异,抑制杂菌能力减退,酸度出现上升的机会就会增多。

(4)酒母质量原因。酒母的品质,一方面与它本身酵母的特性有关,产酸力强,抗杂菌力差的酒母易发生升酸超酸现象,另一方面酒母液中的杂菌数和芽生率也有影响,一旦酒母杂菌超标,就容易使酒醪酸败。出芽率低说明酵母衰老,繁殖发酵能力差,耗糖产酒慢,容易给产酸菌等繁殖机会,造成升酸,当酸度超过0.4～0.45g/100mL时,酒精含量上升很慢或停止,而酸度可急剧升高。

(5)前发酵温度控制太高。落罐温度太高会使醪液品温长时间处于高温下(大于35℃),酵母菌受热早衰,而醪液中糖化作用加剧,糖分积累过多,生酸菌一旦利用此环境,很易酸败,使酒醪呈甜酸味,酵母体形变小,死酵母增多而杂菌和异形酵母增加。

(6)卫生差、消毒灭菌不好。米酒生产许多环节敞开式生产,如环境卫生差,往往会遭受杂菌的侵袭,出现污染和感染。尤其是发酵设备,管道阀门出现死角,造成灭菌不透,醪液黏结停留,成为杂菌污染源,发生发酵醪的酸败,这种情况较易发生。

3. 醪液酸败的预防和处理

醪液酸败原因是多方面的,但一般根据实践经验推测,在前发酵、主发酵时发生酸败的原因多为曲和酒母造成;在后发酵过程发生酸败,大多由于蒸煮糊化不透、酵母严重缺氧死亡或醪液的局部高温所致。当然,环境卫生和消毒灭菌也应该随时注意。要解决酒醪的酸败,必须从多方面加以预防,一般可采取以下措施。

(1)保持环境卫生,严格消毒灭菌。米酒生产虽是敞口式发酵,但在工艺操作上采取了措施。自然淘汰抑制了有害微生物,使发酵时免遭杂菌污染的影响。尤其是采用新工艺发酵生产,更要注意做好清洁卫生、消毒灭菌工作。在前发酵过程中,由于酵母处于迟缓期,酵母浓度较低,而糖化作用已开始进行,造成糖分积累,一旦污染杂菌,易于利用糖分转化为酸类,进而抑制酵母的生长繁殖,发生酸败。同样在后发酵期,因酵母活性减弱,抵抗杂菌能力下降,如果不注意容器或管道的清洗灭菌工作,也会发生酸败现象。一般要求每天做好卫生,特别是容器、管道每批使用前要清洗并灭菌,以尽量消除杂菌的侵袭。

(2)控制曲、酒母品质。糖化发酵剂常带有杂菌,所以,一方面要严格工艺操作,另外要对制曲的曲箱、风道等加强清洗和消毒,严格把住曲的品质,不合格的曲不用来发酵。酒母中的杂菌比曲的杂菌危害更大,多数是乳酸杆菌,它的生存条件类似于酵母而繁殖速度又远比酵母快,因而对酒母醪中的杂菌数控制更要严格,使酒醪不受产酸菌影响。

(3)重视浸米、蒸饭品质。浸米时要保证米粒吸足水分,蒸饭时才能充分使淀粉糊化。如果生熟淀粉同时发酵,往往会使酵母难于发酵利用的生淀粉转让给细菌作为营养,在发酵过程中产酸,所以浸米吸水不足时(尤其在寒冬季节)常会发生酸败。由于籼米原料的结构紧密,不易在常温下被水浸透,在浸渍阶段,其自然吸水率反而比糯米低1/3,而浸渍损耗大,所以,籼米蒸煮时要多补充热水,促使淀粉糊化,避免发酵时生酸。

(4)控制发酵温度,协调好糖化发酵的速度。米酒发酵是边糖化边发酵,糖化速度和发酵速度之间建立好平衡关系后,发酵才能正常进行,这主要依靠落缸(罐)工艺条件。如果糖化快、发酵慢,糖分过于积累,常易引起酸败;反之,糖化慢,发酵快,易使酵母过早衰老,发酵后期也易升酸。人们常通过控制发酵温度来协调两者的酶活力,尽量在30℃左右进行发酵,避免出现36℃以上的高温;在后发酵时,必须将品温控制在15℃以下,以保证发酵正常进行。

(5)控制酵母浓度。米酒醪发酵必须有足够的酵母细胞数,如遇到酵母生长繁殖过慢或发酵不力,可添加淋饭酒醅或旺盛发酵的主发酵醪,以促进发酵。也可增加酒母用量,以弥补发酵力和酵母数的不足,保证酵母菌在发酵醪中占有绝对优势,抑制杂菌的滋生。为了增强酵母的活力,可以适量提供无菌空气,加速酵母在发酵前期的繁殖,提高后期的存活率。传统发酵是在缸、坛中进行的,容器的透气性良好,散热也较容易。而大罐发酵缺乏这些条件,每小时能提供每克酵母0.1mg溶解氧。

(6)添加偏重亚硫酸钾。每吨酒醪可加入100g偏重亚硫酸钾,这对乳酸杆菌有一定的杀灭效果,而不影响酒的品质。

(7)酸败酒醪的处理。在主发酵过程中,如发现升酸现象,可以及时将主发酵醪液分装至较小的容器,降温发酵,防止升酸加快,并尽早压滤灭菌;成熟发酵醪如有轻度超酸,可以与酸度偏低的醪液相混,以便降低酸度,然后及时压滤;中度超酸者,可在压滤澄清时,添加Na_2CO_3、K_2CO_3溶液或$Ca(OH)_2$清液,中和酸度,并尽快煎酒灭菌。对于重度超酸者,可加清水冲稀醪液,采用蒸馏方法回收酒精成分。

对于酒醪酸败的问题,应强调预防为主,严格工艺操作流程,做好菌种纯化工作,保持环境卫生,防止异常发酵,杜绝酸败现象。

第五节 调配工段

一、调配与添加功能材料

发酵好的米醪与经处理的功能性材料在调配罐中进行合理调配,适时掌握温度、比例与pH值,保持合成米酒的均质度、清亮度、口感。一般在调配罐中加好底水,边搅拌边加入酒酿、糖水、悬浮剂和功能材料。调配时温度一般控制在40~50℃之间,搅拌转速在20r/min以下,否则米粒粘连或打烂,香气溢出而损失。

二、调配班岗位职责及操作规范

1. 称糟工职责及操作规范

(1)使用前检查称糟所用的计量器是否正常,做好所用器具的清洗消毒工作。
(2)各种调配用料计量准确无误。
(3)感官检测酒糟的品质,如感官品评有品质问题(如有苦、涩等异味及混有沙子、稗子、其他异物等)及时向负责人报告。
(4)操作过程注意安全,避免酒糟洒落,以免造成损失。
(5)完成负责人分配的其他工作。
(6)保持责任区的卫生。

2. 煮糟工职责及操作规范

(1)做好所用调配锅、管道及工作器具的清洗、消毒工作,准备好灌装清洗设备所需沸水并与灌装班衔接,做好生产前的清洗消毒工作。
(2)按产品标准要求进行用料计量、严格按操作工艺要求次序适时在调配锅里加料进行调配。生产过程中按要求不间断适时调配。
(3)注意不要被热水、调配锅及管道烫伤,注意控制蒸汽阀门开启大小。
(4)操作过程中不让酒糟洒落,以免造成损失。
(5)调配中发现酒糟有品质问题及时向负责人报告。
(6)保持责任区的卫生。

第六节　典型米酒生产工艺流程

一、清汁型米酒生产工艺流程

清汁型米酒是经过滤去除酒糟后的米酒,可作为调配米酒风味饮料的原料,也可精制加工成低酒精度的发酵料。清汁型米酒的生产工艺流程如下:

选米→洗米→泡米→蒸米→降温→拌曲→加酶→发酵→压榨过滤→清汁型米酒

(1)选米:将糯米进行验收并通过烘干的方式控制糯米水分含量≤14.5%,米粒经过磁选机、去石机去除杂质,经过色选机去除异色米。
(2)洗米:处理好的糯米经定容后传递至泡米罐后上输送带,开始洗米。泡米罐提前注入罐容积1/3的水,手动打开淋米带水阀,再启动斗米提升机将计量后的糯米随水流冲洗至泡米罐。待所需浸泡糯米全部提升完后,向罐中持续注水,使其溢流,直至溢流出的水清澈为止。
(3)泡米:洗米结束后,关水阀开始浸泡,浸泡6h,糯米能捏成粉末、无硬芯。
(4)蒸米:蒸饭要求熟而不烂,以米饭用手捏扁不碎且无硬芯为标准,不宜过分蒸煮。清洗蒸饭车,开输送带,开蒸汽,蒸汽压力控制在0.4~0.5MPa之间,蒸饭车用蒸汽预热10min,

预热结束后,开启浸泡罐的下米阀门,米粒经输送带传送至蒸饭车开始蒸饭。根据米饭情况可适时调整蒸汽压力,控制米饭厚度10cm,蒸饭时间10min。

(5)降温:蒸熟米饭用纯水降温,经水刀冷淋后,保证米粒松散均匀。米饭温度应匹配相应季节拌曲温度。

(6)拌曲:降温后的米饭接种酒曲,酒曲须添加均匀。春夏秋季的拌曲温度为30~33℃,冬季的拌曲温度为31~34℃。其中,酒曲可用安琪甜酒曲与王齐庵蜂窝酒曲按照(1.8~2.2):1的质量比配制而成的混合酒曲,混合酒曲的质量占干糯米总质量的0.5%左右。

(7)加酶:将称量好的酶制剂用纯净水溶解,均匀喷洒在冷淋后的米饭上。酶制剂为α-淀粉酶和葡萄糖淀粉酶按照1:(0.8~1.2)的质量比配制而成的混合酶制剂。

(8)发酵:拌曲后的米饭经自动称重系统称重并装盒,每盒装米饭20.5kg,米饭表面抹平(以防水分流失太多),每托盘一竖列米饭中间塔窝(以便观察出酒),由人工整齐码放在托盘上。提前2h,设置好发酵室的发酵参数,采用电加热发酵。拌曲并码放完毕的米饭应安排专人于5min内拖入发酵室发酵。采用三段法发酵,一段30℃,24h,二段28℃,24h,三段26℃,24h。二段、三段发酵时,若发酵室内环境温度高于设定值,应关闭加热器,适时开门降温,必要时也可开启风循环制冷,维持工艺所需温度。

(9)压榨过滤:压榨过滤结束后,待米酒明显分层,过滤取米酒汁进行超声波处理5~45min,超声波的功率为200~400W,超声波处理时温度为15~30℃。随后将米酒汁进行离心处理,离心器的转速为3500r/min,离心时间为10min。取上清液,得到澄清后的米酒汁。将米酒汁冷存,控制米酒原汁温度为0~5℃,密封。

二、深度发酵型米酒生产工艺流程

深度发酵型米酒生产工艺流程如下:

清洗→磨浆→加酶→糖化→混合发酵→冷处理→陈酿→过滤→灌装杀菌

(1)清洗:取新鲜大米用清水淘洗后,再将大米与水按1:1.5~2的比例进行搅拌混合,浸泡8~12h,直至米粒吸饱水且大米无硬芯为止,然后沥干水分,装入蒸煮锅中蒸煮30~60min,至熟透。

(2)磨浆:将上述蒸煮好的大米按1:1的比例加入凉水,温度降至25~30℃后,利用胶体磨进行研磨,得到米浆。

(3)加酶:将米浆泵入液化罐中,如淀粉酶活力为40 000u/g,可按每克新鲜大米中加入10~15U的淀粉酶,搅拌均匀,在80~90℃的温度下反应30~60min,得液化液。

(4)糖化:液化液冷却至55~60℃时泵入夹层锅中,往夹层锅中加入1%的米根霉曲,温度控制在55~60℃进行糖化直至糖度达到20%~22%,糖化结束得到糖化液,然后将糖化液泵入发酵罐内备用。

(5)混合发酵:将糖化液接入0.1%的清酒酵母进行发酵,起酵至发酵罐的罐压达到0.5MPa后,立即降温,温度控制在17℃±1℃,发酵7天。当酒精度达到4%~5%时,向发酵罐中接入0.1%的葡萄酒活性干酵母,控制温度在17℃±1℃,继续发酵7天。当酒精度达到8%~9%时,发酵停止,得到清米酒。

(6)冷处理:将制得的清米酒进行冷冻处理7天,冷冻温度为1~2℃。在冷冻处理时进行排渣处理,每天排渣一次。

(7)陈酿:将上述发酵原酒上清液泵入储酒罐,装至满罐,在17℃左右的温度条件下,储存3个月。

(8)过滤:将存储3个月的清米酒加入0.1‰的硅藻土,混匀后用板框过滤机过滤。

(9)灌装杀菌:将制得的清米酒用灌装机进行罐封,然后进行巴氏杀菌得到灌装清米酒。

三、饮料型(无醇)孝感米酒生产工艺流程

饮料型(无醇)孝感米酒生产工艺流程如下:

糯米→筛选→浸泡→清洗→沥水→蒸煮
酒曲的质检→粉碎→活化↓
原酒←后发酵←一次发酵←接种←淋水冷却
琼脂→浸胀→溶解↓ ↓溶解←经处理后的功能性原材料
白糖→溶解→过滤→调配→灌装→封灌→杀菌→冷却→保温观察→检验→喷码→包装→入库→成品

(1)原材料的选择与质量要求:对米酒原辅材料作上游处理,如对糯米采购、原料贮存等环节及生产用水、酒曲、保健功能性材料等材料进行严格管理,对潜在性的危害采取相应控制措施,保证原辅材料的质量要求。

(2)浸泡:使用无菌水,水的硬度3~5,pH值约为7;水位高于米面约20cm;水温25~30℃;浸泡过程中不宜翻动;浸泡时间6~8h;米吸水量45%~50%;糯米变成完整米酥;用手指掐米粒成粉状,无硬芯。

(3)蒸煮:采用自制甑,蒸汽压力控制在0.1~0.2MPa范围内,汽压达标后保压15~20min;采用立式蒸饭机,中心管蒸汽压力略小于表层蒸汽压力,压力控制在0.08~0.15MPa之间,上汽后一般保压10~15min。蒸煮后对米粒的要求:外硬内软、内无白芯、均匀一致。

(4)发酵工段:环境温度控制在25~28℃之间。使用瓷盆,直径500~1000mm,高度200~300mm为宜。瓷盆因米饭与空气接触面积大,可免除传统的"塔窝"。一次发酵时间控制在36~40h为宜。使用不锈钢发酵罐时应保持米酒发酵机理的两个合理条件:一是便于控制温度,罐体应有夹套,夹套可走水或冷媒;二是分前发酵罐和后发酵罐,前发酵罐体中间设置中心管,使好氧的根霉、毛霉迅速繁殖,便于各种霉与嫌气菌(厌氧菌)定时繁殖。发酵总时间控制在48~50h为宜。

(5)添加功能材料与调配:经处理的保健原材料一般与发酵好的米汁在调配罐中进行合理调配,须适时掌握温度、比例与pH值,保持合成米酒的均质度、清亮度、口感舒适度。一般在调配罐中加好底水,边搅拌边加入酒酿、糖水、悬浮剂和功能材料。调配时温度一般控制在40~50℃之间,搅拌转速在20r/min以下,否则米粒粘连或打烂,香气溢出而损失。

(6)杀菌与冷却:灌装后的米酒必须立即杀菌。传统的杀菌常采用定量定容在100℃水浴中灭菌。现代工业化生产一般使用淋水式高压杀菌锅。不管是杀菌或冷却,必须注意温度梯度,尤其是玻璃瓶、易拉罐,瞬时温差要小于30℃,否则玻璃瓶易炸碎,易拉罐易扁。杀菌温度一般控制在95~100℃之间,杀菌时间控制在30min内。杀菌时间过长,产品易变黑变黄;温

度控制不当,易造成生产损耗(若调配成中性饮料,则杀菌温度应调至121℃为宜)。

四、吸吸袋包装米酒生产工艺流程

吸吸袋包装米酒生产工艺流程如下(图3-4):

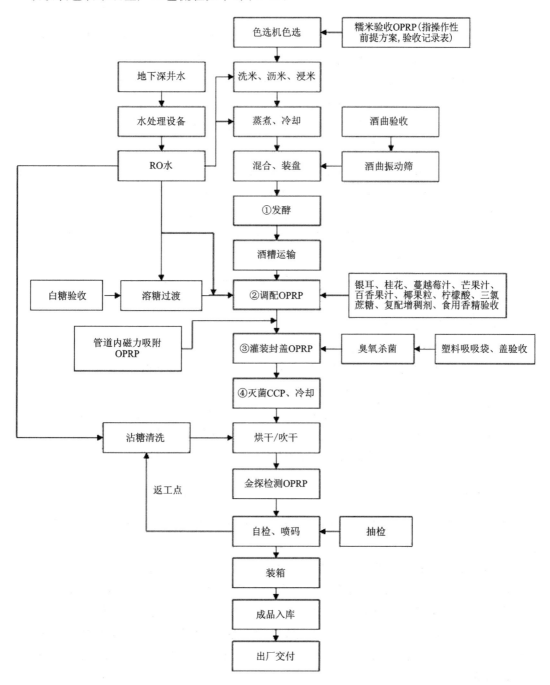

图3-4 吸吸袋包装米酒生产工艺流程图

第七节 压滤、澄清、煎酒和包装

一、压滤

生产清米酒,为了及时把酒醅中的酒液和糟粕加以分离,必须进行压滤。压滤以前,首先应该检测发酵酒醅是否成熟,以便及时处理,避免发生"失榨"现象。

米酒醅黏稠成糊状,滤饼呈糟板需要回收利用,一般不得添加助滤剂。它不能采用一般的过滤、沉降方法取出全部酒液,必须采用过滤和压榨相结合的方法来完成固、液的分离。

压滤过程一般分为两个阶段,酒醅开始进入压滤机时,由于液体成分多,固体成分少,主要显示过滤作用,称为"流清"。随着时间延长,液体部分逐渐减少,酒糟等固体部分的比例增大,过滤阻力愈来愈大,必须外加压力,强制性地把酒液从沾湿的酒醅中榨出来,这就是压榨,无论是过滤还是压榨过程,酒液流出的快慢基本符合过滤公式,即液体分离流出速度与滤液的可透性系数、过滤介质两边的压差及过滤面积成正比,而与液体的黏度、过滤介质厚度成反比。因此,在酒醅压滤时,压力应缓慢加大,才能保证滤出的酒液自始至终保持清亮透明,故米酒醅的压滤过程需要较长的时间。

压滤时,要求滤出的酒液要澄清,糟板要干燥,压滤时间要短。要达到以上要求,必须做到以下几点:

(1)过滤面积要大,过滤层薄而均匀。

(2)滤布选择要合适,既要流酒爽快,又要使糟粕不易黏在滤布上,要求糟粕易与滤布分离。另外要考虑吸水性能差、经久耐用的滤布。在传统的木榨压滤时,都采用生丝绸袋,而现在的气膜式板框压滤机,常将36号锦纶布作为滤布。

(3)加压要缓慢,不论何种形式的压滤,开始时应让酒液依靠自身的重力进行过滤,并逐步形成滤层,待清液流速因滤层加厚、过滤阻力加大而减慢时,才逐级加大压力,避免加压过快。最后升压到最大值,维持数小时,将糟板榨干。

二、澄清

压滤流出的酒液称为生酒,应集中到澄清池(罐)内让其自然沉淀数天,或添加澄清剂,加速其澄清速度。澄清的目的:

(1)沉降出微小的固形物、菌体、酱色中的杂质。

(2)让酒液中的淀粉酶、蛋白酶继续对高分子淀粉、蛋白质进行水解,变为低分子物质。例如在澄清期间,每天可增加0.028%左右的糖分,使生酒的口味由粗辣变得甜醇。

(3)澄清时,挥发掉酒液中部分低沸点成分,如乙醛、硫化氢、双乙酰等,可改善酒味。

经澄清沉淀出的"酒脚",其主要成分是淀粉糊精、纤维素、不溶性蛋白、微生物菌体、酶及其他固体物质。

在澄清时,为了防止发生酒液再发酵出现泛浑及酸败现象,澄清温度要低,澄清时间也不宜过长,一般在3d左右。澄清设备可采用地下池,或在温度较低的室内设置澄清罐,以减少气温波动带来的影响。要认真做好环境卫生和澄清池(罐)、输酒管道的消毒灭菌工作,防止酒液染菌生酸。每批酒液出空后,必须彻底清洗灭菌,避免发生上、下批酒之间的杂菌感染。

经数天澄清,酒液中大部分固体物质已被除去,但某些颗粒极小、质量较轻的悬浮粒子还会存在,仍能影响酒液的清澈度,所以,澄清后的酒液还需通过棉饼、硅藻土或其他介质进行过滤,使酒液透明光亮。现代酿酒工业已采用硅藻土粗滤和纸板精滤来加快酒液的澄清。

三、煎酒

把澄清后的生酒加热煮沸片刻,杀灭其中所有的微生物,以便于贮存、保管,这一操作过程称为"煎酒"。

1. 煎酒的目的

(1)通过加热杀菌,使酒中的微生物完全死亡,破坏残存酶的活性,基本上固定米酒的成分;防止成品酒酸败变质。

(2)在加热杀菌过程中,加速米酒的成熟,除去生酒杂味,改善酒质。

(3)利用加热过程促进高分子蛋白质和其他胶体物质凝固,使米酒色泽清亮,并提高米酒的稳定性。

2. 煎酒温度的选择

目前各厂的煎酒温度均不相同,一般在85℃左右。煎酒时间与煎酒温度、酒液pH值和酒精含量的高低都有关系。如煎酒温度高,酒液pH值低,酒精含量高,则煎酒所需的时间可缩短;反之,则需延长。

煎酒温度高,能使酒的稳定性提高,但随着煎酒温度的升高,酒液中尿素和乙醇会加速形成有害的氨基甲酸乙酯。据测试,氨基甲酸乙酯主要在煎酒和贮存过程中形成,煎酒温度愈高,煎酒时间愈长,则形成的氨基甲酸乙酯愈多。同时,由于煎酒温度的升高,酒精成分的挥发损耗加大,糖和氨基化合物反应生成的色素物质增多,焦糖含量上升,酒色会加深。因此,在保证微生物被杀灭的前提下,适当降低煎酒温度是可行的。这样,可使米酒的营养成分不致被破坏许多,生成的有害副产物也可减少。日本清酒仅在60℃下杀菌2～3min,而我国米酒的煎酒温度普遍为83～93℃,要比清酒高得多。

在煎酒过程中,酒精的挥发损失为0.3%～0.6%,挥发出来的酒精蒸汽经收集、冷凝成液体,称作"酒汗"。酒汗香气浓郁,可用于勾兑酒或制作甜型米酒。

四、包装

就目前市面上的米酒产品包装来看,有小袋装米酒、果冻杯米酒、杯装米酒、桶装米酒、玻璃瓶装米酒。其中,玻璃瓶装米酒大多采用冠形瓶盖封口(具体包装设备见第四章)。

1. 包装班员工总要求

(1)穿戴好工作服、帽、口罩。

(2)按时上班,服从负责人及领导安排,按照操作规范努力做好工作。

(3)注意安全,不要违规触摸和使用蒸汽、电扇等电器设备,防止热(开)水烫伤。

(4)注意节约水、电、气。

(5)积极参与班组集体活动,处理好与同事的关系,具有班组团队精神。

2. 洗瓶工操作规范

(1)上班时检查洗瓶机运转是否正常,做好洗瓶前的各项准备工作。

(2)根据生产速度调整洗瓶机速度,不得过快或过慢;调节好蒸汽预热温度。

(3)检查瓶子的品质,发现有质量问题(如瓶口缺口、不平,瓶发裂,内有其他异物等)及时挑出,问题较严重时停机并向负责人报告。

(4)注意安全,防止设备伤人;及时清理地上玻璃碎片以防扎伤人。

(5)保持洗瓶区的卫生;完成负责人分配的其他工作。

3. 灌装机操作工操作规范

(1)上班时检查灌装机及传送带运转是否正常,做好灌装前的清洗消毒等准备工作。

(2)根据工艺要求调整灌装速度,具体操作以满足杀菌工艺要求为准。

(3)仔细检查瓶子的质量,发现有质量问题(如瓶口缺口、不平,瓶发裂,内有其他异物等)及时挑出,问题较严重时停机并向负责人报告。

(4)注意安全,防止设备伤人;及时清理地上玻璃碎片以防扎伤人。

(5)按产品标示做好净含量(标示超重 $1‰\sim3‰$)及容量(内容物离瓶口 $6\sim8mm$)调节工作,如有异常应停机向负责人报告,直至调整正常。

(6)保持责任区的卫生;完成负责人分配的其他工作。

4. 旋盖工操作规范

(1)上班时检查旋盖机运转是否正常,并检查旋盖机内有无余盖,按产品规格上好当班使用盖,做好旋盖的各项准备工作。

(2)留意旋盖前的容量,发现过多(严禁溢出)或过少及时向负责人报告。

(3)发现有品质问题(如瓶口缺口、不平,瓶发裂,内有其他异物等)及时挑出,问题较严重时停机并向负责人报告。

(4)随机抽检旋盖质量,翘盖过多或密封不严及旋盖不紧密及时向负责人报告,调整至正常。

(5)注意安全,防止设备伤人;及时清理地上玻璃碎片以防扎伤人。

(6)保持责任区的卫生;完成负责人分配的其他工作。

5. 碗、杯灌装机操作工操作规程

(1)上班时开动灌装机,检查运转情况,将封口温度调至最佳温度,做好灌装的各项准备工作。

(2)根据生产品种换装好封口膜,调整打码机的日期,调节容量(满口无溢出)及净含量。

(3)调试封口机:缓慢开动封口机,调整膜的位置、封口温度、生产日期及其位置,检查封口情况,调整至最佳。

(4)待调试正常后开始生产,合理调整封装速度(以满足杀菌工艺要求为准),随机检查封口、日期、外观等情况,发现异常时停机调整,不能解决时应及时向负责人报告。将由此产生的不合格产品隔离起来,待品控部、生产部出具处理方案。

(5)生产过程中保持20min左右检查一次,确保产品容量及净含量标准、切边整齐、封口平整无残存米粒,覆膜图案位置标准、日期清晰准确。

(6)做好设备的保养清洁工作,禁止用水冲刷电器电路部位。

(7)注意安全,防止设备伤人,防止高温烫伤。

(8)保持责任区的卫生;完成负责人分配的其他工作。

本章小结

本章按米酒生产流程对原辅料的处理、大米的浸泡、蒸煮与拌曲、发酵的特征及调配工段进行了逐一讲解,并展示了清汁型米酒、深度发酵型米酒、饮料型(无醇)孝感米酒、吸吸袋包装米酒这些典型的米酒生产工艺流程,最后对米酒后序压滤、澄清、煎酒、包装工段和操作规程作了归纳。

思考题

1. 米酒生产原辅料要作哪些上游处理?如何选择合适的原辅料?
2. 生产米酒的糯米如何选择合适的精白度?精白度过高和过低都有何种影响?
3. 简述米酒发酵过程中各物质的变化。
4. 深度发酵型米酒和吸吸袋包装米酒加工生产的特点有哪些?
5. 试结合本章的内容,设计一款新型米酒,并介绍其生产工艺流程。

第四章　米酒酿造的机械设备

第一节　米酒行业酿造设备的发展与技术进步

一、米酒行业酿造设备的发展

米酒行业酿造设备的生产技术在不断发展,主要体现在以下几个方面。
(1)以不锈钢大罐代替陶瓷缸浸米,原料采用气流输送。
(2)蒸饭设备由木桶甑改为卧式网带(或立式网带)连续蒸饭机,实现连续蒸饭,大大降低劳动强度。
(3)米酒的压榨以气膜式板框压滤机代替木榨,提高了压榨效率和出酒率。
(4)20世纪50年代初煎酒设备为能回收酒气的锡壶煎酒器,20世纪50年代末为蛇管加热器,20世纪60年代发展为列管式煎酒器,20世纪80年代开始采用薄板式换热器。现在已普遍采用薄板式换热器煎酒,显著降低酒的损耗和蒸汽消耗量。
(5)药曲的生产采用传统手工成型的方法,现在均采用压块机成型的方法。压块机成型的药曲酶活力与传统手工成型的药曲酶活力差不多。
(6)米酒的包装从传统手工包装发展到机械化、自动化连续式包装,实现了米酒工业数字化、智能化转型升级,取得了较好的发展成绩。

二、米酒行业酿造设备的技术进步

现在,酶制剂和活性干酵母也在一些米酒企业中得到了广泛应用。
(1)以金属大罐发酵代替陶缸、陶坛发酵,目前最大的前发酵罐容积为 $71m^3$,后发酵罐容积为 $130m^3$。
(2)部分或全部采用纯种培养药曲和纯种培养酒母的方法作糖化发酵剂,保证糖化发酵的正常进行,并缩短了发酵周期。
(3)从输米、浸米、蒸饭、发酵到压榨、灭菌、煎酒的整个生产过程均实现了机械化操作。
(4)采用冷冻机制冷技术,自动调控发酵温度,改变了千百年来米酒生产一直受季节温度波动影响的局面,实现了长年生产。
(5)采用立体布局,整个车间布局紧凑合理。如采用露天发酵罐,大大减少了发酵厂房的占地面积。

(6)澄清剂、冷冻和膜过滤技术的应用,提高了米酒的非生物稳定性。因为采用了保温、冷凝及错流膜过滤新技术(速冷机制冷后进保温罐),使冷冻能耗和膜过滤成本大大降低。

(7)应用无菌过滤灌装技术。以膜过滤除菌和无菌灌装技术代替传统的热灭菌,有利于保持米酒的风味和非生物稳定性。

三、米酒生产设备及流程图(图 4-1)

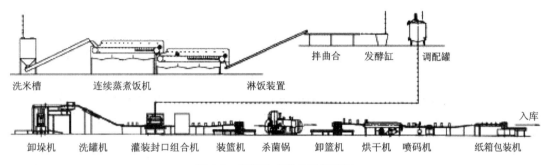

图 4-1 米酒生产设备及流程图

第二节 原料的输送及预处理设备

原料一般由运输机送到料仓,再通过输送设备把料仓的原料进行筛选、除杂后进入储仓,再投料进入投料罐。在米酒生产中,原料输送系统和预处理设备的选择关系到工厂的总体布局和结构形式,而输送系统的合理选择又取决于生产工艺流程,所以在考虑生产工艺流程时应当把生产主体设备和输送预处理系统的设备密切结合起来。本节主要介绍常用的几种机械输送设备、气流输送设备,以及淀粉质原料常用的锤式粉碎机、辊式粉碎机等原料预处理设备。

一、带式运输机

带式运输机(简称皮带机)是一种连续运输机械。它可用于输送块状和粒状物料(如糯米、小麦、谷物等),也可用于输送整件物料(如麻袋包、瓶箱等)。带式运输机可进行水平方向和倾斜方向的输送。

带式运输机的工作原理是利用一根封闭的环形带,由鼓轮带动运行,物料放在带上,依靠摩擦力随带前进,到带的另一端(或规定位置)靠自重(或卸料器)卸下。

带式运输机的优点是结构比较简单,稳定可靠,输送能力强,动力消耗低,适应性广;缺点是造价较高,若改向输送,需多台机器联合使用。

1. 带式运输机的应用和分类

带式运输机是酿造厂广泛应用的一种运输机械。

物品在带式运输机上的运送方向,既可以是水平的,也可以是倾斜的,但倾斜角度受物料和带的物理性质、两者间的摩擦力以及物料的自然滑落程度所限。为使物料能稳妥放在带上,又能倾斜上运,倾斜角度一般不大于22°。

带式运输机按结构不同,可分为固定式运输机、运动式运输机、搬移式运输机三类;按用途不同,可分为一般的运输机和特殊的运输机。酿造工厂多采用固定式的带式运输机。

2. 带式运输机的构造

带式运输机是一条环形带,绕在相距一定距离的两个滚轮上。这两个滚轮,一个是连接动力的启动轮,另一个是从动轮。启动轮由传动装置带动旋转,由于启动轮的旋转带动环形带运动,放在带上的物料就沿着带的运动方向而被运送出去。一般启动轮放在卸料端,以便用来平衡所受到的压力。从动轮的作用是支承运输带,但单靠它来支承是不够的,故在带的下面安置了许多托辊,用以支承运输带不致下坠,托辊固定在运输机的机座上。此外,还有张紧装置使运输带有一定的张紧力,以利正常运行。带式运输机结构如图4-2所示。

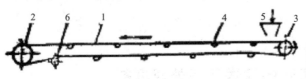 

1.环形带；2.主动轮；3.从动轮；4.托辊；5.加料斗；6.张紧装置

图4-2 带式运输机结构及实物图

作为运输机的带必须满足下面几个基本要求:强度高,本身质量轻,相对伸长小,弹性高,柔软,耐磨,耐用。常见带式运输机的带有橡胶带、尼龙塑料带、钢带等几种,以橡胶带的使用最为普遍。橡胶带是用几层棉织物,中间夹胶,在外面再涂一层胶而构成。胶带的棉织层使带具有坚固性及纵向抗张能力,棉织层数愈多,所能承受的托力愈大,棉织层数随带的宽度而定。中间夹胶主要是黏结棉织层。外面涂胶是用以保护棉布不受潮湿及各种机械损伤。

3. 带式运输生产能力及功率消耗计算

(1)生产能力

带式运输机的生产能力以 Q 表示,由下式计算:

$$Q = 3.6F \cdot u \cdot \rho \cdot \sigma \tag{4-1}$$

式中　F——物料在运输机上的横断面积(m^2);

　　　u——运输带移动速度（m/s）;

　　　ρ——松散物料的平均密度（kg/m^2）;

　　　σ——输送系数(可取 0.80～0.85)。

运输带移动速度 u 取决于运输物料的性质,带的形状以及设备的用途。一般情况下:

输送大麦、高粱、稻谷:$u = 1.5 \sim 2.5 m/s$;

输送小麦、玉米、大米:$u = 2.5 \sim 3.0 m/s$;

输送煤、煤渣：$u=2\sim2.5\text{m/s}$；

输送成品物品：$u=0.8\sim1.2\text{m/s}$。

物料在运输机上的横断面积 F 按以下方式求取。

平带：

$$F_{平}=0.5b \cdot h \cdot c \tag{4-2}$$

式中　b——物料在带上的宽度(m)，一般取 $b=0.8B$，B 为平带宽(m)；

　　　h——物料在带上堆放的高度(m)，$h=0.4B\tan\theta_1$（图4-3），θ_1 为运输带上物料的底角；

　　　c——考虑带式运输机倾斜度的修正系数。

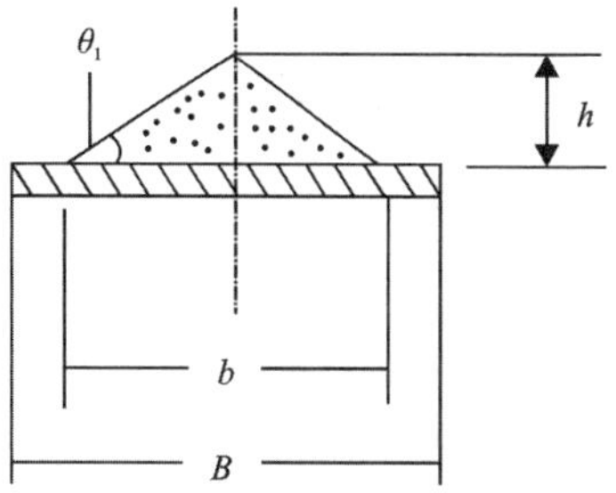

运输机的倾斜角 β 与 c 的对应关系如下：

$\beta=0\sim10°$ 时，$c=1.00$；

$\beta=10°\sim15°$ 时，$c=0.95$；

$\beta=15°\sim20°$ 时，$c=0.90$；

$\beta\geqslant20°$ 时，$c=0.85$。

图 4-3　运输带上的物料

θ_1 计算公式如下：

$$\theta_1=(0.35\sim0.36)\theta_0 \tag{4-3}$$

式中　θ_0——物料在静止时堆放在带上形成的底角，一般为 $40°\sim50°$，取平均值 $\theta_0=45°$。

因此，$\theta_1=15.8°\sim16.2°$，取 $\theta_1=16°$。

综上所述，得：$F_{平}=0.5\times(0.8B)\times(0.4B\tan\theta_1)\cdot c=0.16B^2\cdot c\cdot\tan(16°)$

则：

$$B_{平}=\sqrt{\frac{Q_{平}\times10^3}{163u\cdot p\cdot\theta_1\cdot c}} \tag{4-4}$$

(2)消耗功率

带式运输机消耗功率 N（单位：kW）按下式计算：

$$N=\frac{(N_1+N_2+N_3+N_4)K}{\eta} \tag{4-5}$$

式中　N_1——提升物料消耗的功率(kW)，$N_1=\dfrac{QH}{367}$，Q 为运输机的生产能力，H 为提升高度(m)；

　　　N_2——克服输送物料时的摩擦阻力所耗的功率(kW)，$N_2=\dfrac{R_1QL}{367}$，L 为运输机的长度(m)，R_1 为阻力系数（表4-1）；

　　　$N_3=\dfrac{R_2uL}{367}$，N_3 为输送带停止时的功率消耗，u 为移动速度(m/s)，R_2 为阻力系数（表4-1）；

　　　N_4——使卸料设备运转所消耗功率（由实际生产决定）(kW)；

　　　η——传动效率，$\eta=0.7\sim0.85$；

　　　K——考虑到运输机工作条件的系数，$K=1.1\sim1.2$，与带的长度有关，当 $L<15\text{m}$ 时，$K=1.2$。

表 4-1　带的宽度与阻力系数

带宽/mm	400	500	650	800	1000
R_1	0.063	0.059	0.055	0.051	0.046
R_2	2.16	2.70	3.60	4.75	6.25

二、斗式运输机

斗式运输机(简称斗提机)是一种垂直升送(也可倾斜升送)散状物料的连续运输机械(图 4-4)。它用胶带或链条作牵引件,将一个个料斗固定在牵引件上,牵引件由上下转鼓张紧并带动运行,物料从运输机下部加入料斗内,提升至顶部时,料斗绕过转鼓,物料便从斗内卸出,从而达到将低处物料升送至高处的目的。这种机械的运行部件均装在机壳内,以防止灰尘飞出,在适当的位置装有观察口。目前,米酒生产企业用斗式运输机来输送小麦和大米。

图 4-4　斗式运输机

1. 斗式运输机的应用和分类

斗式运输机是将物料连续地由低处提升到高处的运输机械。所输送的物料可为粉末状、颗粒状或块状,如小麦、大米、谷物、薯粉、煤等。按物料的运送方向不同,它可分为垂直的斗式运输机和倾斜的斗式运输机,但倾斜角一般都在 70°以上;按照牵引构件的形式不同,它又可分为带式的斗式运输机和链式的斗式运输机;按工作速度不同,它可分为高速的斗式运输机和低速的斗式运输机。带式的斗式运输机仅用于负荷不大的物料运输(提升高度不大,且物料较轻的),由于其运转平稳,故工作速度可达 3m/s;而链式的斗式运输机的提升高度较高,工作速度一般为 0.5~1.0m/s。

2. 斗式运输机的构造

斗式运输机的结构如图 4-5 所示。斗式运输机主要由传动的滚轮、张紧的滚轮、环形牵引带或链、斗子、机壳、装料装置、卸料装置等部分组成。它是一个长的支架,上、下两端各安装一个滚轮,上端是启动滚轮,连接传动设备,下端是张紧滚轮,运输机的带或链则缠绕在两个滚轮上,运输机带上每隔一定的距离就装有斗子。

物料放在斗式运输机的底座内,当运输机运转时,机带随之被带动,斗子经过底座时将物料舀起,斗子渐渐提升到上部,当斗子转过上端的滚轮时,物料便从卸料槽内倒出。

传动滚轮的转速及直径的选择很重要。若选择不当,物料很可能在离心力的作用下超过卸料槽而被抛到很远的地方;或者未到卸料槽口即被撒落于运输机上段的机壳内。传动滚轮的直径 D 与速度 u 的关系可按下式计算:

图 4-5 斗式运输机结构及实物图

$$u=(1.8-2)\sqrt{D} \tag{4-6}$$

在运送碎料时,速度不超过 1.2m/s;运送小块物料时,速度不超过 0.9m/s;运送大块而坚硬之物时,速度不超过 0.3m/s。盛斗有深斗和浅斗两种。深斗的前方边缘倾斜 65°,浅斗的前方边缘倾斜 45°。深斗和浅斗的选择取决于物料的性质和装卸的方式。输送干燥、容易流动的粒状和块状物料时,常用深斗;输送潮湿和流动性不良的物料时,由于浅斗前缘倾斜角小,能更好地卸料,故一般采用浅斗。

斗式运输机的优点是横断面上的外形尺寸小,有可能将物料提升到很高的地方(可达 30~50m),升送的范围也很大(50~160m³/h);缺点是动力消耗较大。

3. 计算

1)速度

对于不同的物料,斗式运输机的运行常采用不同的速度(表 4-2)。

表 4-2 斗式运输机提升速度

物料的大小/mm	40	50	50~70	更大的物料
最大速度/(m·s⁻¹)	250	200	1.55	1.25

2)生产能力

斗式运输机的生产能力 Q 由下式计算:

$$Q=3.6\times\frac{V}{h}\cdot u\cdot\rho\cdot\varphi \tag{4-7}$$

式中　V——料斗的容量(m³);
　　　h——料斗间距(m);
　　　u——运输机移动速度(m/s);
　　　ρ——物料密度(kg/m³);
　　　φ——料斗装填系数(与物料相关,见表 4-3)。

表 4-3 不同物料装填系数

物料形状	物料粒径/mm	装填系数
粉状物料	—	0.7～0.9
小块物料	20～50	0.6～0.8
中块物料	50～100	0.5～0.7
大块物料	≥100	0.3～0.5
湿物料	—	0.3～0.5

3）功率消耗

轴功率 $N_{轴}$ 按下式计算：

$$N_{轴} = \frac{Q \cdot H}{367 \times \eta} \tag{4-8}$$

式中　Q——生产能力；

　　　H——提升高度（m）；

　　　η——传动效率，$\eta=0.5\sim0.8$。

电机功率 $N_{电机}$ 按下式计算：

$$N_{电机} = 1.2\, N_{轴} \tag{4-9}$$

式中　1.2——启动时，克服惯性力的阻力系数。

三、螺旋运输机

螺旋运输机是酿造工厂应用较为广泛的一种运输机械，用于米酒厂醪液及制曲麦料的输送，还可用于加料、混料等操作。它是利用旋转的螺旋，推送散状物料沿金属槽向前运动。物料由于重力和与槽壁的摩擦力作用，在运动中不随螺旋一起旋转，而是以滑动形式沿着料槽移动，就好似不能旋转的螺母沿着旋转的螺杆做平移运动一样。

螺旋运输机的优点是构造简单紧凑，密封性好，便于装料和卸料，操作安全、方便。它的缺点是输送物料时，由于物料与机壳、螺旋间都存在摩擦力，因此单位动力消耗较大；物料易被粉碎及损伤，螺旋叶及料槽也易受磨损；输送距离不宜太长，一般在 30m 以下（个别情况下可达 50～70m）。

螺旋运输机的结构较为简单，它由外壳、一个旋转的螺旋、料槽和传动装置构成，如图 4-6 所示。当轴旋转时，螺旋把物料沿着料槽推动。物料由于重力和对槽壁的摩擦力作用，在运动中以滑动的形式沿料槽移动，而不随螺旋旋转。

螺旋是由转轴与装在轴上的叶片构成，酿造工厂常用的螺旋有全叶式和带式两种。全叶式的结构简单，推力和输送量都很大，效率高，特别适用于松散物料的输送。对黏稠物料的输送则可用带式螺旋。

螺旋的轴用圆钢或钢管制成。为减轻螺旋的质量，以钢管为好，一般选用直径为 50～100mm 的厚壁钢管。螺旋大多用厚 4～8mm 的薄钢板冲压成型，然后互相焊接或铆接，并用

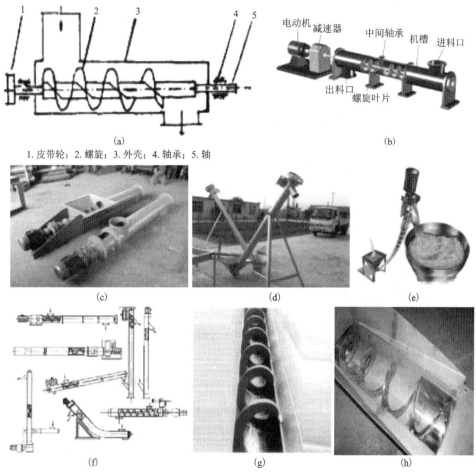

(a)常见结构示意图；(b)常见装配示意图；(c)两种驱动方式示意图；(d)圆筒型倾斜式安装示意图；
(e)圆筒型弯曲式安装示意图；(f)多形式的变化示意图；(g)实心轴形式；(h)空心轴形式。

图 4-6 螺旋运输机结构

焊接方法固定在轴上。螺旋的直径普遍为 150mm、200mm、300mm、400mm、500mm 和 600mm。

螺旋的转数一般为 50～80r/min(也可达 120r/min)。螺旋的距离一般为螺旋直径的 0.5～1.0,对易损伤物料取小值,对松散的料取大值。螺旋与料槽之间要保持一定的间隙,一般为 5～15mm,间隙小,阻力大,运输效率低。

料槽为半圆形,常用 5～6mm 厚的钢板制造,为使搬运、安装、修理方便,多由数节连成。每节长约 3m,各节连接处和料槽边都有角钢做成的边,以便安装和增强强度。料槽两端的槽端板可用铸铁制成,它也是轴承的支座。进料口开在料槽一端的盖上,口上装设漏斗;卸料口开在料槽另一端的底部。

螺旋运输机的生产能力 Q 可由下式近似计算：

$$Q = 60 \times \frac{\pi}{4} \times D^2 \cdot s \cdot n \cdot \rho \cdot \varphi \cdot c \approx D^2 s n \rho \varphi c \tag{4-10}$$

式中　D——螺旋的直径(m);

　　　s——螺距(m);

　　　n——螺旋转速(r/min);

　　　ρ——物料密度(t/m³);

　　　φ——料槽装填系数,$\varphi=0.125\sim0.4$;

　　　c——倾斜系数,倾斜角0~20°时,$c=0.65\sim1.00$。

螺旋运输机的消耗功率N(以kW计)可由下式计算:

$$\begin{cases} N_{轴}=\dfrac{Q}{367}(L\cdot R+H) \\ N_{电机}=1.2\dfrac{N_{轴}}{\eta} \end{cases} \quad (4\text{-}11)$$

式中　Q——生产能力(t/h);

　　　L——运输机长度(m);

　　　H——运送高度(m)(水平运送,$H=0$);

　　　R——阻力系数(粉料取1.8,谷物取1.4);

　　　η——传动效率,$\eta=0.6\sim0.8$。

四、气流输送设备

气流输送又称风力输送,是借助空气在密闭管道内的高速流动,使物料在气流中被悬浮输送到目的地的一种运输方式,目前已被广泛应用。米酒厂利用气流输送砂糖、大米,具有良好效果。气流输送与其他机械输送相比,具有以下一些优点:①系统密闭,可以避免粉尘和有害气体对环境的污染;②在输送过程中,可以同时对输送物料进行加热、冷却、混合、粉碎、干燥和分级除尘等操作;③占地面积小,可垂直或倾斜安装管路;④设备简单,操作方便,容易实现自动化、连续化操作,能有效改善劳动条件。

气流输送的缺点是所需的动力较大,风机噪声大,物料的颗粒尺寸限制在30mm以下,对管路和物料的磨损较大,不适于输送黏结性和易带静电且有爆炸性的物料。对于输送量少而且是间歇性操作的物料,不宜采用气流输送。

1. 气流输送流程

气流输送方式按输送气源的压力不同,可将气流输送分为吸引式和压送式两种。

1)吸引式气流输送流程

吸引式气流输送又称真空输送。如图4-7所示,吸引式气流输送装置是将风机(真空泵)安装在整个系统的尾部,运用风机从整个管路系统中抽气,使管道内的气体压力低于外界大气压力,即处于负压状态。由于管道内外存在压差,气流和物料从吸嘴被吸入输料管,并沿输料管向真空泵方向悬浮输送,经旋风分离器使物料和空气分开,物料从分离器底部的卸料器卸出,含有细小物料和尘埃的空气再进入除尘器净化,然后经风机排入大气。

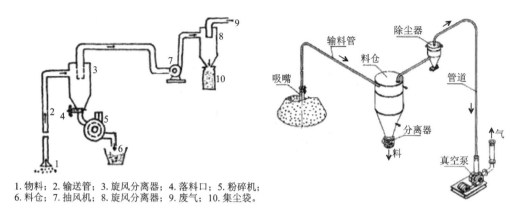

1. 物料; 2. 输送管; 3. 旋风分离器; 4. 落料口; 5. 粉碎机;
6. 料仓; 7. 抽风机; 8. 旋风分离器; 9. 废气; 10. 集尘袋。

图 4-7 吸引式气流输送装置

2) 压送式气流输送流程

压送式气流输送装置工作流程(图 4-8),是将风机(压缩机)安装在系统的前端,风机启动后,空气即压送入输料管路内,输料管道内压力高于大气压力,即处于正压状态。从料斗下来的物料,通过加料管与空气混合后输送至旋风分离器,分离出的物料由卸料器卸出,空气则通过除尘器净化后排入大气。

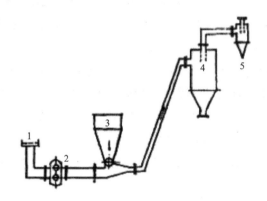

1. 空气粗滤器; 2. 罗茨鼓风机; 3. 料斗; 4. 分离器; 5. 除尘器。

图 4-8 压送式气流输送装置

因压送式气流输送装置造成较大压差,故其输送距离和生产能力都比吸引式大。

3) 混合式气流输送流程

把吸引式和压送式输送结合起来,可组成混合式气流输送系统,如图 4-9 所示。混合式流程中,其风机一般安装在整个系统的中间。风机前,物料靠管道内的负压进行真空输送,即吸送段;而在风机后,物料靠空气的正压来输送,即压送段。

混合式装置兼有吸引式和压送式的特点,可从加料处吸入物料并压送至较远、较高的地方,但由于在中途需将物料从压力较低的吸送段转入压力较高的压送段,使得装置结构较为复杂,同时风机的工作条件较差(因为从分离器来的空气含尘较多)。

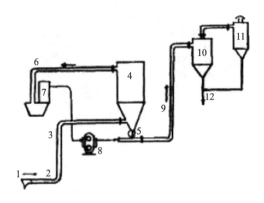

1. 吸嘴；2. 软管；3. 吸入侧固定管；4. 分离器；5. 旋转式卸(加)料器；6. 吸出风管；
7. 过滤器；8. 风机；9. 压出侧固定管；10. 压出侧分离器；11. 二次侧固定管；12. 排料口。

图 4-9　混合式气流输送装置

2. 三种气力输送的流程比较

当从几个不同的地方向一个卸料点送料时,采用吸引式(真空)气流输送系统最适合;而当从一个加料点向几个不同的地方送料时,采用压送式气流输送系统则最适合。

真空输送系统的加料处不需要安装加料器,但排料处则需要安装封闭性较好的排料器,以防止在排料时发生物料反吹。与此相反,压送式气流输送系统在加料处需装有封闭性较好的加料器,以防止在加料时发生物料反吹,而在排料处就不需安装排料器,可自动卸料。当输送量相同时,压送式系统较真空输送系统采用较细的管道,因为它的操作压强差为负压系统的 1.5 倍左右,压送式系统若能在加料处封住物料反吹,则其最大的操作压强可在 6.86×10^4 ~ 8.34×10^4 Pa(表压)之间,但负压系统通常最大操作压强为 5.33×10^4 Pa。在选用气流输送装置时,必须对输送物料的性质、形状、尺寸、输送距离等情况进行详细了解,并与实际经验结合起来综合考虑。

3. 气流输送系统的计算

1) 气流速度

在气流输送系统中,气流速度过低,被输送的物料不能悬浮或不能完全悬浮;气流速度过高,则浪费动力和增加颗粒的破碎率。所以,确定适合的气流速度是一个重要的问题。然而,这个问题到目前为止还没有从理论上得到解决。

物料在垂直管中的气流输送,对单个颗粒来说,只要气流速度大于颗粒的悬浮速度,就可以进行气流输送。但实际上,由于物料颗粒间的碰撞,颗粒与管壁间的碰撞,以及气流速度沿管截面上分布的不均匀性等因素,要获得良好的气流输送状态,使用的气流速度应比颗粒的悬浮速度大,超出的系数应通过试验来确定。水平管中的颗粒悬浮机理与垂直管完全不同,其气流速度与颗粒悬浮速度之间的关系尚未找到合适的答案,气流速度的确定方法常采用试验或经验的方法。

从降低系统的阻力、减小风机的功率消耗、减少管路磨损来讲,气流速度应该是小一些好,因此,气流速度就有一个适宜值的问题,实际选用时,应根据输送物料的物性、固气混合比、供料情况、输送距离等因素加以考虑(表 4-4～表 4-6)。

表 4-4　各类谷物的输送气流速度

物料	密度/(kg·m^{-3})	沉降速度/(m·s^{-1})	气流速度/(m·s^{-1})
大麦	1300～1350	8.7	15～25
小麦	1240～1380	6.2～9.8	15～24
玉米	1300～1400	8.9～9.6	25～30
糙米	1120～1220	7.7	15～25
高粱	1250～1350	8.9～9.5	15～25
麦芽	700～800	0.8～1.2	20～22

表 4-5　气流速度与输送距离

距离/m	气流速度/(m·s^{-1})
60	20
150	25
360	30

表 4-6　混合比参考值

物料	气流速度/(m·s^{-1})	混合比
细粒状物料	25～35	3～5
颗粒状物料(低真空吸引)	15～25	3～8
果粒状物料(高真空吸引)	20～30	1.5～2.5
粉状物料	16～22	1～4
纤维状物料	15～18	0.1～0.6

2) 混合比

气流输送系统中,单位时间物料的输送量 W_s 与单位时间空气的需要量 W_a 的比值 μ_s 称为混合比。

$$\mu_s = \frac{W_s}{W_a} \tag{4-12}$$

式中　W_s——单位时间物料的输送量(kg/h);
　　　W_a——单位时间空气的需要量(kg/h)。

式(4-12)表示了单位质量的空气所能输送的物料质量。混合比愈大,同样质量的空气所能输送的物料质量就越大,即输送能力越强。但混合比过大时,在同样的气速下,容易产生管路堵塞、压力降增大,即需要压力较高的空气。混合比受物料性质的影响。松散颗粒物料可选用大混合比;潮湿而易结块的物料、粉状物料宜选用小的混合比。真空气流输送的混合比选小一些;压送式输送的混合比可选大一些。计算时,可参考经验数据。例如,原料装卸,$\mu_s=7\sim 14$;米,$\mu_s=4$;小麦,$\mu_s=3\sim 10$;面粉,$\mu_s=4\sim 6$。

3. 空气的输送量和输送管径的计算

1)空气的输送量

空气的输送量 V_a(单位:m^3/h)按下式计算。

$$V_a = \frac{W_a}{\rho_a} = \frac{W_s}{\rho_a \cdot \mu_s} \tag{4-13}$$

式中　ρ_a——空气的密度(kg/m^3)。

为保证空气量不受漏气和其他因素的影响,实际空气量可比上述计算值大 10%～20%。

2)输送管径

在已知输送气流速度 u_a(单位:m/s)时,输送管的内径 D(单位:m)按下式计算。

$$D = \sqrt{\frac{4V}{3600\pi u_a}} = \sqrt{\frac{4W_s}{3600\rho\mu_s\pi u_a}} \tag{4-14}$$

由上式算得管径,再依据国家的管材规格,选用标准管径。

输料管要求具有足够的强度和耐磨性,一般采用无缝钢管,也可采用普通的水煤气管、不锈钢管或硬质聚氯乙烯管等。

五、原料储存设备

为节约存放场地,把通过处理的原料(如大米、小麦)通过斗式运输机、刮板运输机输入筒仓中存放备用,利用通风设备使筒内原料不变质。目前,机械化米酒生产主要采用标准化筒仓技术储存,主要设备包括镀锌钢板仓、刮板运输机和通风设备。以标准化筒仓技术储存原料糯米代替散装(简易袋子包装),减少粉尘量,提高密闭性能,防渗、防潮,避免生物污染,提高原料储存质量。自动控制原料筒仓输送系统(图 4-10)能提高原料调节水平,加快原料周转,降低成本。

图 4-10　自动控制原料筒仓输送系统

第三节　原料筛选与分级设备

在加工生产原料前,必须先将其中的杂物除去。若像铁片、石子那样的杂物混入原料,会给后续加工带来困难,如在粉碎过程中,容易使粉碎机的筛板磨损,使机器发生故障,机械设备的运转部位会由于磨损而损坏。有些杂质会使醪泵、研磨机等设备的内部机械零件遭到损坏,严重影响正常生产。如有大量或大块的夹杂物时,甚至会堵塞阀门、管道和泵,使生产停顿。

一、磁力除铁器

磁力除铁器(磁选设备)的主要作用是利用磁性除去原料中的含铁杂质,其主要部件是磁体。磁体有永久磁体和电磁体两种。磁选设备分永磁溜管和永磁滚筒。

1. 永磁溜管

永磁溜管(图 4-11)的永久磁体安装在溜管上边的盖板上。一般在溜管上设置 2~3 个盖板,每个盖板上装有两组前后错开的磁铁。工作时,原料从溜管上端流下,磁性物体被磁铁吸住。工作一段时间后进行清理,可依次交替地取下盖板,除去磁性杂质。

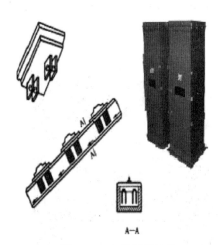

图 4-11　永磁溜管结构

2. 永磁滚筒

永磁滚筒(图 4-12)主要由进料装置、滚筒、磁芯、机壳和传动装置等部分组成。磁芯由锶钙铁氧体永久磁体和铁隔板按一定顺序排列成圆弧形并安装在固定的轴上,形成多极头开放磁路。磁芯圆弧表面与滚筒内表面间隙小而均匀(一般小于 2mm),滚筒由非磁性材料制成,外表面敷有无毒而耐磨的聚氨酯涂料作保护层,以延长使用寿命。通过蜗轮蜗杆,滚筒由电动机带动旋转,磁芯固定不动。滚筒质量小,转动惯量小。永磁滚筒能自动地排除磁性杂质,

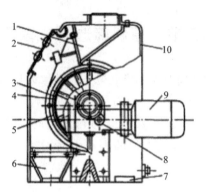

1.进料斗；2.观察窗；3.滚筒；4.磁芯；
5.隔板；6.出口；7.铁杂质收集盒；
8.变速机构；9.电动机；10.机壳。

图 4-12　永磁滚筒结构

除杂效率高（98％以上），特别适用于去除粒状物料中的磁性杂质。

二、筛选设备

筛选是谷物等生物质原料清理除杂最常用的方法。筛面上配备适当的筛孔，使物料在筛面上做相对运动。振动筛是原料加工中应用最广的一种筛选与风选结合的清理设备，多用于清除小及轻的杂质。振动筛主要由振动器、筛箱、支承或悬挂装置、传动装置、吸风除尘装置和支架等部分组成，如图 4-13 所示。

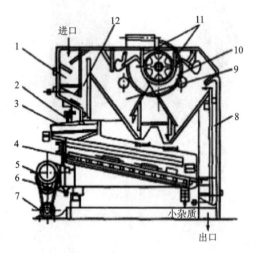

1.进料斗；2.吊杆；3.筛体；4.筛格；5.自衡振动器；6.弹簧限振器；
7.电动机；8.后吸风道；9.沉降室；10.风机；11.风门；12.前吸风道。

图 4-13　振动筛结构

振动器的作用是保证进入筛面的物料流量稳定并沿筛面均匀分布，以提高清理效率，进料量可以调节。进料装置由进料斗和流量控制阀门构成，按其构造不同，分为喂料辊和压力进料装置两种。

筛体是振动筛的主要工作部件，由筛框、筛子、筛面清理装置、吊杆、限振机构等组成。筛体内有三层筛面。第一层是接料筛面,筛孔最大,筛上物为大型杂质,筛下物为粮粒及小型杂物,筛面反向倾斜,以使筛下物在集中落到第二层的过程中筛条的棱对料产生切割作用,厚度约为筛孔的1/4,一层料及其中的细粒被棱切割而被筛下。筛的分级粒度大致是筛孔尺寸的1/2,但随着筛条棱的磨损,通过筛孔的粒度将减少。

振动筛是一种平面筛,常用的有两种:一种是由金属丝(或其他丝线)编织而成的;另一种是冲孔的金属板。筛板开孔率一般为50%～60%,开孔率越大,筛选效率越高,但开孔率过大会影响筛子的强度。目前使用的筛选机,筛宽为500～1600mm,振幅通常取4～6mm,频率可在200～650次/min范围内选取。

圆筒分级筛如图4-14所示。筛筒的倾斜角度为3°～5°;筛筒直径与长度之比为1:(4～6);圆周速度为0.7～1.0m/s,若速度太快,粒子反而难以穿过筛孔,使生产率下降。圆筒用厚1.5～2.0mm的钢板冲孔后卷成筒状筛,整个圆筒往往分成几节筒筛,布置不同孔径的筛面,筒筛之间用角钢连接作加强圈。圆筒用托轮支承在用角钢或槽钢焊接的机架上,圆筒一般以齿轮传动。筛分的原料由分设在下部的两个螺旋运输机分别送出,未筛出的原料从最末端卸出。

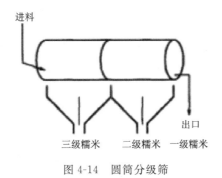

图4-14 圆筒分级筛

第四节 大米原料的处理设备

精白大米加工流程一般为:稻谷→碾磨脱壳→糙米→再碾磨去部分糠皮→胚芽米→经多次碾磨、抛光除掉所有糠皮胚芽→精白米。因米粒的内部组织比外皮部硬,因此,为了得到精白度高的大米,必须利用摩擦碾白的方法。日本清酒生产中使用的精米机是利用削去的方法,对硬米、脆米进行精白,差不多百分之五十的米粒外层都会被削去,并可以得到任意的白米粒形状。我国目前还没有类似的酿酒专用精米机,如能在精米机上打磨分级,则可以提高大米的精白度,有利于开发出口感清爽的米酒新产品。

一、精白的目的

糙米表面是一层含粗纤维较多的皮层(糠层)组织,皮层含有粗蛋白14.8%、粗脂肪18.2%、粗纤维9.0%。糙米米层含有较多的蛋白质和脂肪,是米酒异味的来源,会影响成品酒的质量,应尽量精白碾除。使用糙米或粗白米酿米酒时,植物组织的膨化和溶解受到限制,米粒不易浸透;蒸饭的时间长,出饭率低,糊化和糖化的效果较差;色味不佳,饭粒发酵也不易彻底;糠层富含的蛋白质和脂肪又易导致米酒发酸和产生异味。糙米精白时,大部分的糠层和胚被擦离、碾削除去,一般以粒面留皮率为主,并辅以留胚率,用以评定大米的加工精度。精白过程中的化学成分变化规律是:随着精白度的提高,白米的化学成分接近胚乳;淀粉的含量比例随着精白度的提高而增加,其他成分则相对减少,见表4-7。

表4-7 不同精白度粳米的化学成分比较

名称	水分含量(%)	蛋白质含量(%)	脂肪含量(%)	无氮抽提物含量(%)	灰分含量(%)	粗纤维含量(%)	钙含量(mg/100g)	磷含量(mg/100g)
粳糙米	14	7.1	2.4	75	0.8	1.2	13	252
粳米标准二等	14	6.9	1.7	76	0.4	1.0	10	200
粳米标准一等	14	6.8	1.3	77	0.3	0.8	8	164
粳米特等二级	14	6.7	0.9	78	0.2	0.6	7	136
粳米特等一级	14	6.7	0.7	78	0.2	0.5	—	120

但是,从发挥经济效益的角度来衡量,加工精度又牵涉到大米的价格级差:标准一等大米的酿酒效果较令人满意;标准二等大米则质量较差,不过价格也较低。一般尽可能选用标准一等大米。

二、精白度和糙米出白率

大米的加工精度越高,其碾减率越大,出白率(出米率)就越低。糙米出白率是衡量稻米品质的一个重要指标。过去我们忽视了这一重要指标,长期偏重于以稻谷产量为亩产标准。而国外大多以糙米产量为亩产考核标准,故注重糙米出白率(日本称为精米率)。

$$糙米出白率 = \frac{白米产量}{糙米产量} \times 100\% \qquad (4-15)$$

日本酿造清酒,因酒母用米的质量要求比发酵用米的质量要求高,故一般规定酒母用米的糙米出白率为70%,发酵用米的糙米出白率为75%。经长期实践证实,精白度的提高有利于蒸饭和发酵,有利于提高酒的质量和改善风味。所以,在日本,全国平均的糙米出白率已逐渐降低至73%。

在我国,有的米酒酿造厂不太注意米的精白率和大米的验收标准,还大多选用精白度较低的标准二等大米,因而在不同程度上影响了米酒的质量。有的工厂将标准二等大米再经适当精白以后投入生产,以提高米酒的质量。粳米和籼米较糯米不易蒸煮和糊化,更应提高精白度。但由于糙米籽粒的形态特征,精白度提高,则碎米大量产生,糙米出白率降低,价格级差大,因此,粳米和籼米的精白度以选用标准一等为宜,糯米的精白度则选用标准一等、特等二级都可以。大米加工精白的副产品——米糠,大多先用于榨取米糠油,糠饼可先提取植酸钙,然后酿制白酒或作饲料;米糠油可提取糠蜡、谷维素、谷固醇、卅烷醇等。标准二等大米再上机精碾的副产品,称为三机糠,其所含胚乳(淀粉)较多,脂肪则相应减少。

常用的小型精米机有 LTJM-2008 精米机,6NF-1000 型高效四分离精米机。大型精米机又分为动力强进验精米机和比重式玉米精选机。

碾米机又分为横式碾米机(摩擦式)、金刚砂碾米机(碾削式)和喷风碾米机三种类型。图 4-15 为金刚砂碾米机。

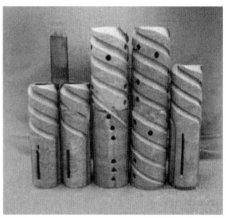

图 4-15 金刚砂碾米机

三、浸米设备

1. 洗米

大米通常附着一定数量的糠秕、米牺、尘土及其他夹杂物。为了提高品质及回收糠秕、米牺,避免它们因浸渍而流失,可通过筛米机筛分回收。也有少数厂家采用洗米机洗米,洗到淋出的水无白浊为宜,但糠秕、米牺也随之流失到米泔水中。目前,我国部分米酒酿造企业采用洗米和浸米同时进行的方式,有的取消洗米而直接浸米。日本酿造清酒是先洗米,然后浸米。洗米可用自动洗米机或回转圆筒网式洗米机,有的厂家还使用特殊泵(如固体泵),兼有洗米和输送米的作用。淋水洗米装置有以下特点:①材质为不锈钢。②上装 3~4 根平行自来水管,打眼,可放水冲淋。③洗米床可采用振荡结构,长 3m,宽 0.4m,床板打筛眼以沥水。④洗米床微倾斜,以利于落米至蒸饭机。⑤床下砌瓷砖槽,承接米浆水,集至米浆水储罐。

2. 浸米

浸米是为蒸饭服务的,目的是清除大米表面的糠秕与杂质,使米吸收水分,便于蒸米。浸米时间与米质、气候有关,直接影响蒸煮糊化的质量。传统米酒生产大多采用陶缸浸米,酿造米酒用的陶缸可浸米 300kg 左右。目前大多数厂家已改用浸米池或浸米罐,机械化米酒生产一般采用敞口、圆柱锥底浸米罐浸米,并采取恒温浸渍。浸米罐大多设置在车间最高层,通过真空负压输送,将米送至中间储罐,再将米放到每一个浸米罐中;也有企业将浸米罐设置在车间底层,则需通过斗式运输机将浸渍后的大米送至蒸饭机。

3. 浸米设备和操作

传统工艺大多用缸浸米,容量为 300L 的传统陶缸每次可浸米 300kg 左右。浸米的缸洗净后还需用石灰水消毒,然后在缸内盛放清水,倒入筛选过的洁净大米,水以漫过米层 6cm 为宜。米酒一般浸 12~24h,取米前,可先用竹丝撩斗捞除或用水冲出麸皮,验证浸米适度可用手捏米粒能成粉状。浸渍后的大米用竹箩盛起,再以少量清水,淋去米浆,待淋干后再蒸饭。

传统工艺的浸米设备大多用缸或坛,但目前不少企业已改用浸米池、浸米罐。浸好的湿米取出也宜采用机械或水力输送,这样既可减少场地和降低劳动强度,又可提高劳动生产率。新工艺米酒生产,大多在厂房最高层设置浸米罐,用真空负压提升大米,输送入浸米罐,并采用保温浸米。也有的企业由于厂房的基建条件差,浸米罐放在底层,这样就需将浸渍后的大米用斗式运输机输送至蒸饭机。

1)浸米罐

浸米罐(图 4-16)一般采用敞口式矮胖形的圆筒锥底不锈钢或碳钢大罐,设有溢流口、筛网、排水口及排米口等部分。若用碳钢,则需在内层涂上环氧树脂或 T-541;若不锈钢材质,虽然一次性投资大,但节省了维护费用,而且安全卫生。

图 4-16 浸米罐

浸米罐浸米时,先在浸米罐中放好水,然后由气流输送设备将大米送入浸米罐中。在气流的作用下,米、水、气泡在罐内不断地翻转循环,最终使米粒均匀分布于罐内。罐的锥底装设沥水用的筛网,以便排水时阻止米粒的排出。锥底底部设有放料口,打开排料阀,浸渍大米就自行滑下,落入带式运输机,送往蒸饭机。浸米罐上部侧面设有溢流口,以供大米漂洗、除杂、排水之用。浸米罐的主要技术参数：①材质为304不锈钢板，厚6mm。②数量为36个浸米罐，每个浸米罐24t，浸米时间12～24h。③容积为50m³，直径5000mm，高2000mm，锥底高1500mm。④给水管内径为150mm，排米管阀门采用Q41SA-16-65。⑤装置加热蒸汽管，以调节水温。⑥装置罐口溢流管，使表层糠秕废水流入下水道，以利于卫生。⑦浸米罐外应有保温层，浸米罐间应能密闭保温。⑧排米口应装自来水管，放米时先将米层用自来水冲松，以免堵塞。

2）工艺流程

大米→带式运输机→斗式运输机→自平衡振动带→斗式运输机→括板式运输机→筒仓→米水混合罐（水环真空泵）→输米管道→浸米罐（浸渍）

输送和浸米自动控制系统流程见图4-17。

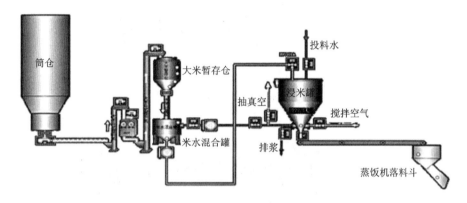

图4-17 输送和浸米自动控制系统流程

3）浸米操作方法

筒仓操作：①设备操作应先启动括板式运输机、斗式运输机，再启动振动筛、斗式运输机，然后启动各控制阀门、除尘风机，最后开启带式运输机，检查机器设备能否正常运行后，开始往筒仓送米。②正常运行时控制好运输机流量，保持输送平稳。③停车时，先停止进料，再继续运行1～3min，将设备内的存料排空，才可关机。

浸米（大罐）操作：①设备操作应先启动通往储米罐的斗式运输机、括板式运输机，检查机器设备能否正常运行后，再开筒仓底下的出米阀开始送米、浸米。②在投料时若发现不合格大米，应立即拣出，保证投料质量，无杂物、霉烂米混入。③停车时，先停止进料，再继续运行1～3min，将设备内的存料排空，才可关机。④控制好运输机流量，保持输送平稳，每罐投料数量正确。⑤保证浸米透彻、疏松。⑥车间主任根据气温、水温、米质的不同，合理调整浸米时间，操作工控制好浸米水温和室温。⑦浸米完毕，拣平米面，使米不露出，并捞出悬浮杂质。⑧一般浸渍3天后，米中淀粉已充分吸水膨胀，达到工艺要求，就可放浆沥干，沥浆时间一般应在12h以上。

四、浸米中控操作

1. 浸米罐进米

浸米罐进米作业流程见图 4-18。

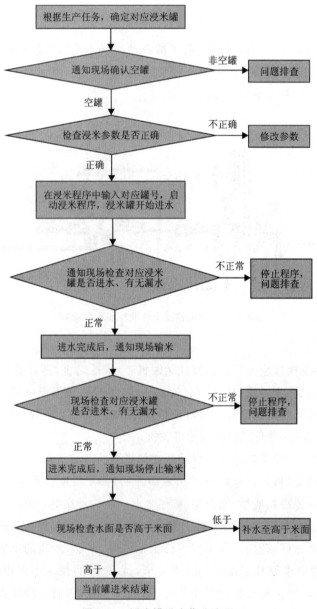

图 4-18 浸米罐进米作业流程

浸米的操作方法:①根据生产任务,确定对应浸米罐,通知现场确认空罐。②检查浸米参数是否正确,在浸米程序中输入对应罐号,启动浸米程序,浸米罐开始进水。③通知现场检查对应浸米罐是否进水、有无漏水。④进水完成后,通知现场输米,并检查对应浸米罐是否进米、有无漏水。⑤进米完成后,通知现场停止输米,检查水面是否高于米面,如果低于米面,则补水至高于米面。⑥进米结束。

2. 浸米罐出米

1)工艺流程

浸米罐出米作业流程见图 4-19。

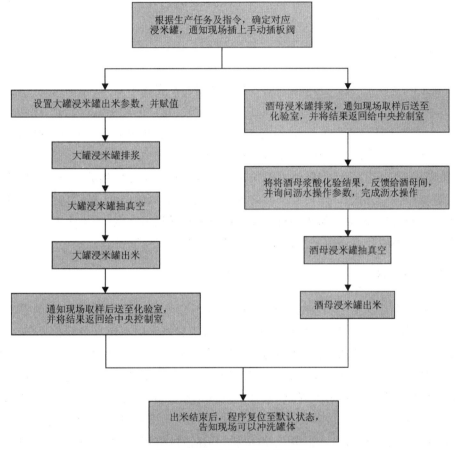

图 4-19 浸米罐出米作业流程

2)操作方法

浸米罐出米的操作方法:①根据生产任务及指令,确定对应浸米罐,通知现场插上手动插板阀。②设置大罐浸米罐出米参数,并赋值。③浸米程序进入出料步骤后,通知现场取样后送至化验室,并将结果返回给中央控制室。④出米结束后,程序复位至默认状态,告知现场可以冲洗罐体。

3. 酒母浸米罐出米

酒母浸米罐出米的操作方法:①根据生产任务及指令,确定对应浸米罐,检查电磁门开关是否在手动位上。②在蒸酒母饭前,完成排浆、沥水、抽真空作业,保证生产进度。③酒母浸米罐排浆时,通知现场取样后送至化验室,并将结果返回给中央控制室。④将酒母浆酸度化验结果反馈给酒母间,并询问沥水操作参数。⑤出米结束后,程序复位至默认状态,告知现场可以冲洗罐体。

第五节 蒸饭、冷却与拌曲设备

蒸饭是米酒生产的主要操作工序之一。蒸饭质量的优劣,不仅关系到发酵效率和酒的质量,而且是影响出酒率的重要因素。

一、蒸饭的定义

蒸和煮是两个意义不同的字,但人们习惯于将蒸和煮连在一起,在米酒酿造工艺上,蒸煮二字,南方的酒厂把它理解为蒸,北方的酒厂把它理解为煮。事实上,以大米为原料的酒厂是只蒸不煮;以黍米为原料的酒厂又是反过来的,只煮不蒸。因此,以大米为原料酿造米酒的"蒸煮"说得确切一些应该是"蒸饭",此即"约定俗成"。

蒸,是靠水蒸气作为传热的载体将淀粉糊化;煮,是靠水作为传热的载体将淀粉糊化。我们知道,淀粉糊化的先决条件是要有足够的水分,如果采取蒸的办法,被蒸的原料就必须含有充足的水分,否则就会发生因加热导致水分不足而引起糊化不完全;如果采取煮的办法,对水分就没有这样严格的要求,原料的水分随时可以从加热过程中取得。

二、蒸饭的目的

大米中的淀粉是以淀粉颗粒的状态存在的,淀粉颗粒的相对密度约为1.6,在冷水中不溶,加热时逐渐膨胀,称为淀粉的膨化。这主要是由于热能作用而使水及淀粉分子运动加剧,此时纤维素也膨化,细胞间的物质和细胞内的物质部分溶解,使植物组织的坚固性减弱。当米粒外部三维网构成能不及运动能大时,三维网组织一部分被溶解而生成间隙,水分渗入淀粉颗粒内而使淀粉分子结合力下降,以致全部三维网组织完全破坏,使直链淀粉和部分分支短的支链淀粉自由地溶于水溶液中。如不断增加温度与延长时间,则三维网组织将受到更大的破坏,分支大的支链淀粉吸水更多,呈海绵状,并逐渐被破坏,进入水中,进一步形成单分子而呈溶解状态。淀粉只有在溶解的状态下,才能有效地被淀粉酶作用,生成糖和糊精。这种溶解过程,称为糊化。糊化的淀粉与酶作用快,而生淀粉与酶的作用则极其缓慢。

蒸饭的目的,首先就是通过加热膨化,使植物组织和细胞破裂,水分渗入淀粉颗粒内部。淀粉经糊化后,三维网组织张开,削弱了淀粉分子之间的组合程度,并进一步形成单个分子而呈溶解状态,使它易受淀粉酶的作用,迅速进行加水分解,把淀粉水解成可发酵性糖。米酒酿造要经过淀粉的糊化、糖化、发酵过程(生淀粉糖化发酵目前仅在白酒、酒精行业试用较多,在米酒生产中较少使用),而蒸饭正是为了使大米的淀粉受热吸水糊化,使米的乳胚淀粉结晶构造被破坏而α(β)化,以利于糖化、发酵的正常进行。其次,由于原料表面附着大量的微生物,如果不将这些微生物杀死,会引起发酵过程的严重污染,使发酵醪酸败,所以,蒸饭的第二个目的是灭菌,以保证发酵的正常进行。由此可见,蒸饭是对酒的质量和产量影响颇大的一个重要工序。

三、蒸饭的时间和米饭的质量要求

大米经过蒸煮,原料内部的淀粉膜破裂,变成可溶性淀粉,这一过程叫作糊化。整个蒸饭糊化过程,可分两步进行:第一步是淀粉颗粒吸收水分而膨胀;第二步是当加热到一定温度时,细胞破裂,内容物流出而糊化。蒸饭压力、温度、时间对糊化率的影响很大,其中米酒酿造对大米蒸饭和糊化的要求不同于酒精生产。

由于米酒酿造是糖化、发酵同步进行,要求发酵醪液的黏稠度低,以利于酵母活动,促进酵母的增殖和发酵,同时也有利于榨酒。因此,采用整粒大米发酵,较易达到上述要求。所以,不论是传统操作的淋饭、摊饭、喂饭法,还是新工艺大罐发酵,都是整粒大米蒸饭后直接投入醪液中糖化和发酵。淋饭酒母、喂饭酒等许多品种,还需要经过拌药塔窝的微生物培养繁殖过程。为了拌药塔窝做酒母,要求饭粒蒸熟、蒸透、无白芯,使菌类繁殖有充分的氧气供应。饭太糊太烂不但不利于拌药繁殖根霉,也不利于发酵的正常进行。

米酒酿造蒸饭时间的长短,因米质、浸米时间、蒸汽压力和蒸饭设备等不同而异。一般对糯米和精白度高的软质粳米,常压蒸饭15~20min就可以了。对糊化温度较高的硬质粳米和籼米,要在蒸饭中途追加热水,促使饭粒再次膨胀,同时适当延长蒸饭时间(使用立式或卧式蒸饭机应放慢机器运转速度,以延长蒸饭时间),使米饭蒸熟软化,达到较好的蒸饭效果。

对蒸饭的质量要求:饭粒疏松不糊,透而不烂,没有团块。成熟度均匀一致,蒸饭没有死角,没有生米,饭熟透,饭粒外硬内软,吸足水分,内无白芯。如果饭蒸得不熟,饭粒里面就有白芯或硬粒。这些白芯就是生淀粉,这部分半生半熟的淀粉颗粒最易导致糖化不完全,还会引起不正常的发酵,使成品酒的酒度降低或酸度增加,不仅浪费粮食,而且影响酒的质量。解决白芯的办法为:对于糯米,要在浸米时多吸收水分,如果米没浸透,则可在蒸饭时在饭面上喷淋适量温水以补充水分,如果米已浸透或米质过黏,就不必再浇水;对于粳米和籼米,则必须采用"双淋、双蒸"的蒸饭操作法。

如果在蒸饭时出现蒸饭死角,会使一部分饭粒有白芯,甚至会有较多的整粒生米混入。因为蒸饭是蒸汽透过米层把饭粒蒸熟,从而令淀粉糊化的,只有当蒸汽均匀地通过米层,才能使整个蒸饭桶里的米粒受热一致,达到成熟度均匀一致的目的。因此,在用传统的蒸桶蒸饭时,必须随时注意和调整蒸汽的压力、流量,以及上汽情况,随时用小竹帚耙动蒸桶面上的米粒,盖住先透气的部分,浅耙慢透气部分,直到全面透气,饭粒才能均匀一致。

米饭蒸得过于糊烂也不好。米饭糊烂、黏结成饭团以后,成为烫饭块,即使经过水喷淋,也不易冷却,既不利于发酵微生物的发育和生长,又不利于糖化和发酵。同时这些发糊的饭块,有一部分在发酵后期成为僵硬的回生老化饭块。这些回生老化的饭块,即使再经过一次蒸饭,仍旧不容易蒸透,不易糖化,日后榨酒时,会造成堵泵,堵塞管路或滤布,不仅增加榨酒困难,而且会降低酒的质量和出酒率。所以,对蒸饭的质量,要求达到饭粒疏松,不糊不烂。用粳米或籼米酿制米酒,因其含有大量的直链淀粉(尤其是籼米的直链淀粉更多,糯米则几乎全部是支链淀粉),在蒸饭过程中糊化效果较差,所以,籼米黏性小于粳米,糯米黏性最大。

由于粳米和籼米在浸米时的吸水率都较低,故在蒸饭时都易发生米粒吸收水分不足、饭粒膨胀不足、糊化不完全、白芯生粒多等毛病。唯一的解决办法是采用"双淋、双蒸"的蒸饭操作,就是在采用蒸桶蒸饭时,在蒸饭上汽后,在饭面上浇淋一次热水后再蒸,待全面均匀透气后,将饭倒入打饭缸再浇淋一次热水后翻拌均匀,保温闷缸,使饭粒充分吸收水分;然后装入蒸桶,开始第二次蒸饭。经过上述两次浇淋热水、两次蒸饭以后,饭粒已充分吸水膨胀,糊化质量较好,这就是"双淋、双蒸"名称的由来。

蒸饭是米酒生产中的重要环节,蒸饭质量的好坏,不仅影响糖化和发酵,而且直接关系到酒的质量。传统工艺生产的米酒,一直沿用蒸桶蒸饭,劳动强度大,生产效率低。随着米酒生产工艺的发展,机械化程度不断提高,从1966年开始已逐步使用卧式连续蒸饭机或立式连续蒸饭机,但仍有很多企业还在继续使用蒸桶蒸饭。例如,以糯米为原料的淋饭酒母的蒸饭是浸米经沥干后,装入木制蒸桶中用蒸汽蒸饭。经过浸渍吸水后的淀粉颗粒,由于蒸汽的加热而开始膨化,并随温度的逐渐上升,淀粉颗粒各类大分子间的联系解体,而使全部淀粉颗粒糊化。待蒸汽全部透出饭面,再用浇花壶浇水,增加饭粒的含水率,使它充分糊化,稍加闷盖,就能熟透,达到饭粒外部不糊烂、内部无白芯的要求。淋饭酒母的糯米蒸饭所需的时间见表4-8。

表4-8 淋饭酒母的糯米蒸饭时间

过程	时间/min
上蒸桶至透气时间	26~27
闷盖时间	5~6

以糯米为原料的摊饭法蒸饭操作,是将经过浸渍、抽去浆水沥干备用的糯米盛入竹箩,称重调整后装入蒸桶内蒸饭。当蒸汽从饭面大量冒出时,用浇花壶浇入约8%的温水,均匀地浇淋在饭面上。由于摊饭法浸米时间长,米质比较松软,因此,稍行闷盖,便能熟透。但如果米质过黏,则不宜浇水。蒸饭与摊饭过程中各项参数测定结果见表4-9。

表4-9 蒸饭与摊饭过程中各项参数测定结果

参数	蒸饭法	摊饭法
浸渍前米重/kg	144.00	144.00
浸渍后米重/kg	198.00	201.00
蒸汽透面所需时间/min	11.50	12.00
浇水量/kg	11.00	11.00
蒸饭时间/min	23.50	20.00
摊冷时间/min	35.00	30.00
摊冷后饭重/kg	218.50	222.25
蒸饭后饭含水率/%	49.42	50.54
气温/℃	11.00	8.00

续表 4-9

参数	蒸饭法	摊饭法
摊冷后饭温/℃	60.00	65.00
下缸后品温/℃	24.50	25.00

蒸饭质量的判定标准即"外硬内软,内无白芯,疏松不糊,透而不烂,均匀一致"。简易的理化测定是,将饭粒用双面刀片剖开,观察米芯,并做碘反应试验,判定糊化质量。一般为了方便起见,生产上仍沿用感官鉴定法(用眼看、口尝和手捏)和计算出饭率的方法。传统木蒸桶蒸饭的出饭率可用下式计算:

$$出饭率 = \frac{蒸后米饭的质量}{白米的质量} \times 100\% \quad (4\text{-}16)$$

出饭率的高低,因米的质量、浸米时间的长短、蒸饭中途浇淋温水的数量和冷却方法的不同而存在差异。在同等条件下的试验数据对比,有助于控制和调整生产工艺,具有一定参考意义。

四、蒸饭设备

过去多少年来,一直沿用的是蒸桶间歇式蒸饭。蒸桶大多是上口径比下口径略大的木制、水泥制或薄铁皮制圆筒型容器,近下口处铺设筛板(箅子),把浸过的白米放入圆桶内的筛板上,蒸汽从下部的桶底进入,穿过米层进行蒸饭。每一次白米的加入和米饭的取出,都用手工操作,劳动强度大,并且蒸桶的容积很小,所以,生产效率低,蒸饭的质量因受各种因素的干扰而不稳定。为了降低劳动强度和提高生产效率,随着米酒生产工艺的发展和提高,各个工序的单元机械设备不断改进和完善。

1. 卧式连续蒸饭机

卧式连续蒸饭机的主要部件为不锈钢网带(或尼龙网带)及蒸汽室。蒸饭机总长 8~10m,由两端的鼓轮带动不锈钢网带回转。在上层网带上堆积一层 20~40cm 高的米层,米层高度通过下料口的调节板控制。网带下方隔成 6 个蒸汽室,室内装有蒸汽管,蒸汽通过米层后,由上方的排汽筒排放。在蒸饭机尾部设有冷却热饭的鼓风机或冷水喷淋装置。在蒸饭机出料端的鼓轮下方,设有刷子,用于清理卸料后不锈钢网带的网孔。出料口配有投料水、酒母、麦曲等配料及用于输送物料的螺杆泵。卧式连续蒸饭机的结构如图 4-20 所示。

卧式连续蒸饭机的运行过程是:由鼓轮带动不锈钢网带运动,在带的下部隔成几个蒸汽室,蒸汽室内装有直接蒸汽管,在蒸饭机的尾部附有冷却装置。用鼓风机风冷或用喷水淋冷都是为了使米饭冷却,从而很好地控制熟饭品温,以便送入前发酵罐发酵。卧式蒸饭机的操作是将浸渍好的白米,经水冲洗、淋干后(也有采用只沥干浸米水,不用清水冲洗的带浆蒸饭工艺),从进料口的一端进入蒸饭机,通过米层高度的调节板,控制米层的厚度为 20~40cm,大多为 30cm 左右,由不锈钢网带缓慢向前方移引,各蒸汽室输出的蒸汽将网带上的白米蒸熟

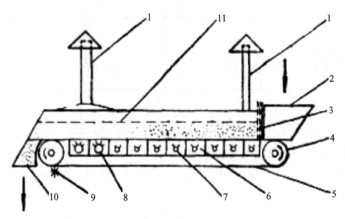

1.排气筒；2.进料口；3.米层高度调节板；4.鼓轮；5.不锈钢网带；
6.蒸汽室；7.蒸汽管；8.冷风管；9.刷子；10.出料口；11.米层。

图 4-20　卧式连续蒸饭机结构

成米饭，网带移引的时间为 25～33min，大多约为 30min。熟饭在尾部经过风冷或水冷后，经出料口排出，再依次加麦曲、酒母，输送入前发酵罐发酵。为了达到米饭的膨化要求和控制米饭的软硬程度，一般在蒸饭机的近中部处设有喷淋热水和搅拌装置，以便在蒸饭途中追加热水喷淋，并进行搅拌翻动，促使饭粒再次膨胀。蒸饭机前部米层上的余热废汽经排汽筒排空，放至室外。风冷管送入的空气和蒸饭机尾部的余热废汽经尾部的排气筒排空，也放至室外。卧式连续蒸饭机的总长度为 8～10m，其不锈钢网带加工制作较为困难。浙江台州地区某些企业为提高早籼米蒸饭质量，增加网带上蒸汽的有效孔率，改善网带非孔眼部位积液引起的底层烂饭，或以尼龙网带代替不锈钢网带，虽使用期较短，但替换方便。全封闭自动化蒸饭机见图 4-21。

2. 立式连续蒸饭机

为了解决卧式连续蒸饭机存在的结构复杂、造价较高、蒸汽和电能消耗较大、机件和不锈钢带容易损坏、操作较麻烦等缺点，在 1978 年，无锡轻工业学院（现江南大学）参照日本资料，试制了一台大米容量约 450kg 的单汽室立式连续蒸饭机，从此开创了采用立式连续蒸饭机的新途径。

单汽室立式连续蒸饭机对糯米的效果很好。实践证明，它比卧式连续蒸饭机有更多的优点，如结构简单、制作容易、造价低、能源消耗低及操作简便等。但单汽室立式连续蒸饭机对粳米和籼米的效果则很差，这是由于它缺乏追加热水、促进第二次膨化的条件，而且总高度只有 1800mm，由上而下的流程很短，因而总的蒸饭时间不足，蒸饭后饭粒生硬，米饭的质量不符合米酒生产的工艺要求。

1979 年以后，上海和浙江在原型的基础上，相继设计了两种双汽室立式连续蒸饭机。一种是总高度 2750～3800mm，米容量达 1t 的双汽室立式连续蒸饭机。另一种是串连两台高度仅 2000mm 的双汽室立式连续蒸饭机，在这两台立式蒸饭机的连接处，有的用绞龙输送连接，

图 4-21　全封闭自动化蒸饭机

中间喷加热水,有的用泡饭桶或泡饭车连接,将第一台输出的熟饭用热水迅速浸泡后,立即排放出热水,输送入第二台立式蒸饭机复蒸,达到追加热水促进饭粒第二次膨化的目的。图 4-22 是立式连续蒸饭机的实物图。

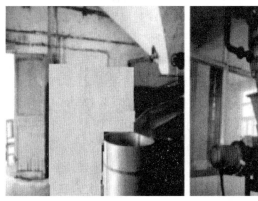

图 4-22　立式连续蒸饭机

上述设计改进后的第一种加长的双汽室立式连续蒸饭机,在表面上虽未能直接看到追加热水的装置,但实质上由于大多数酿造米酒的工厂中蒸汽的带水量大,在蒸饭的同时,向饭粒输送进去了水分,实际上也起了第二次膨化的作用。

双汽室立式连续蒸饭机的蒸饭过程,大体可分成三个阶段。第一阶段:米从料斗到筒体上部插温度计处,使筒体中部蒸饭的蒸汽向上排放,起余热利用的作用,所以,属于预热阶段。第二阶段:大米进入测温口以下,开始受蒸汽加热,直至下汽室最底下一排汽眼为止,是蒸饭的主要加热过程,称为蒸饭阶段。第三阶段:从下汽室的汽眼以下到锥形出口,是米饭的后熟阶段,这一阶段为焖饭过程,对促进米饭膨胀和进一步糊化有一定的作用。双汽室立式连续蒸饭机的设备构造、使用方法及优点如下。

1) 设备结构

本设备主要利用蒸汽穿透米层蒸熟米饭。它由接米口、筒体、汽室、菱形预热器及锥形出口等部分组成,如图4-23所示。

(1) 接米口:主要用来储米、接米,与筒体相交呈约48.5°夹角。

(2) 筒体:主要用来蒸熟米饭。

(3) 菱形预热器:为了防止中间米饭不熟,在筒体中间装置两只菱形预热器,一只在上汽室上面1/3处,另一只在下汽室之间,菱形下端均匀分布着汽眼。

(4) 汽室:在筒体的部分设有上、下两个夹层汽室,每个汽室上有汽眼469个,共7行,交错布置,下端设有冷凝水排污口。

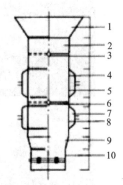

1.接米口;2.筒体;3、6.菱形预热器;4.汽室;
5、8.汽眼;7.下汽室;9.锥形出口;10.出料口。

图4-23 双汽室立式连续蒸饭机结构

(5) 锥形出口:此部位米饭已基本蒸熟,主要是用于储存米饭,起后熟作用。

(6) 出料口:与冷却部分相接,斜板开口与水平呈45°,利用手动齿轮齿条开启,以控制出饭量的大小。

设备外形尺寸按每天投料米20 000kg设计。总高$H=2750$mm,

各部尺寸如下:接米口($\Phi1300$mm)$H=300$mm;筒体($\Phi850$mm)$H=1700$mm;汽室($\Phi950$mm)$H=350$mm;上、下汽室间距离为300mm;上汽室与筒口距离700mm;汽眼左右、上下间距均为40mm;汽眼为$\Phi2$mm;菱形预热器3200mm×100mm;锥形出口($\Phi850\sim600$mm)$H=350$mm;筒体与锥形出口夹角$\alpha\geqslant70°$。

设备性能数据如下:有效容积1.20m^3;蒸饭速度在正常情况下15min即可蒸熟;工作压强一般为0.147~0.196MPa;蒸米量在正常条件下,糯米为约2700kg/h,粳米为约3000kg/h;耗能量在0.147~0.196MPa气压下,以每小时蒸饭3000kg粳米计,耗汽量每小时约400m^3(理论计算)。加工筒体材料:该设备可由厚6mm的铝板12m^2加工而成,重约200kg;也可由厚3~4mm的不锈钢板加工而成,重约280kg。配套设备为供米饭冷却用的两台离心鼓风机,用不锈钢带传送,全长5m。

2) 设备操作流程(工艺)

进料前,先关闭出料门,放尽汽室冷凝水,然后将浸渍好的大米经冲洗、沥干后,送入接米口,一般加到筒体为止,然后开蒸汽阀,使蒸汽从汽室夹层的汽眼进入筒体,穿透米层。若蒸糯米,只开下面汽室和上面菱形预热器;若蒸粳米,则开上、下汽室及上、下菱形预热器。蒸饭15min左右,待底部出料口冒汽几分钟后,饭已蒸熟,即可开启出料门出饭。同时从接米口继续加米,使筒体内保持一定厚度的米层,连续蒸饭,连续出饭。在蒸饭过程中,视米饭的品质和蒸汽的变化情况,及时调节出饭量。正常情况下,保持0.147MPa左右的蒸汽压强,蒸出的米饭品质较好,出饭率约为140%。

在蒸饭操作时尚需特别注意以下几点：①开机最初出来的米饭若有夹生,可返回料斗重新蒸饭。蒸饭过程中,应密切注意米饭的蒸熟程度和温度、压力的变化,及时调节出料口的大小及蒸汽量。②立式蒸饭机是依靠米饭自身的质量和筒体周边冷凝水的润滑作用,使米饭顺利地自然落下,从出料口排出。所以,要求筒体内壁光滑,并应磨光打汽眼引起的毛口,防止米饭黏阻汽眼,结焦成锅巴。③筒体直径不宜过大,如欲增加产量,则可适当增高筒体,并增大汽室。因为从汽眼中冲出的蒸汽,限于压力和阻力,筒体最中心处米粒受热困难,若筒体直径过大,会有夹生米存在。④筒体与锥形出口的夹角 α 要大于 $70°$,才能保证米饭能顺利下落。如果筒体周边的米饭流动不畅,或中间部分的米饭流速过快,就会发生米饭夹生不熟的现象。⑤菱形预热器极易黏住米饭,结焦成锅巴,阻挡蒸汽,阻碍米饭顺利下落,如筒体直径较小,也可以考虑取消不用。⑥立式蒸饭机的筒体外部四周应包扎保温的泡沫塑料或石棉等绝热材料,以保证筒体内部周边的米饭蒸熟、蒸透。⑦蒸饭结束后,应将蒸饭机立即洗刷干净,清除结焦的锅巴或黏住的饭粒,以便于下次蒸饭时蒸汽通畅,并避免间歇生产阶段的杂菌污染。

3）立式蒸饭机的主要优点

（1）糯米、粳米均可蒸饭,蒸饭质量稳定,无生米、烂饭,达到了蒸饭熟而不烂、软而不糊、内无白芯的要求。

（2）能源消耗少,蒸汽几乎全部被利用,可以比卧式蒸饭机煤耗节约 $20\%\sim30\%$。

（3）无传动装置,可节省动力。

（4）构造简单,材料省,造价低廉。

（5）操作简单,不易损坏,移动方便。

（6）占地面积小,该蒸饭机占地面积 $2m^2$,而一台卧式蒸饭机需占地 $12m^2$。

目前酿造米酒的设备正在不断开发改进中。除传统的蒸桶以外,新的工艺和新的设备正在不断出现。例如,连续蒸饭机不仅有卧式、立式,而且有卧式加压连续蒸饭机、立卧式结合加压连续蒸饭机、立式加压间歇蒸饭机等;对于原料米,有整粒米蒸饭的,也有浸渍后先磨碎成粉,然后蒸饭的。上述这些蒸饭的设备各有优缺点,且都还存在一些有待改进提高的地方,需要继续不断地探索。

五、蒸饭

1. 蒸饭操作流程

目的：使大米淀粉受热吸水糊化,有利于糖化菌及淀粉酶的作用和酵母菌的生长繁殖；同时进行原料灭菌。

要求：外硬内软,内无白芯,疏松不糊,透而不烂,均匀一致。

工艺流程：

```
浸好大米→沥干→平面皮带输送→蒸饭机受料斗→蒸饭机→冷饭机
           加曲  酒母  水
            ↓    ↓   ↓
              ↓
→出料口→落料(螺杆泵)→输料管→前发酵罐(酒母罐)
```

2. 操作方法

(1)蒸饭前需将蒸饭机、螺杆泵、输料管、发酵罐、酒母罐等容器进行冲洗消毒,并检查机械设备能否正常运行。

(2)了解当天的生产情况、产品种类,根据产品种类确定投料水罐与具体物料、发酵罐罐号。

(3)联系中控人员,核实水、电、气的供应是否正常;联系浸米人员,核实湿米是否准备就绪;联系加曲人员,核实酒曲、酒母的输送是否准备就绪。

(4)在一切准备就绪的情况下,通知中控开蒸汽,预热蒸饭机,后按中控自动控制程序来控制运行。开启洗钢带水与毛刷电机,及时向中控人员报告运行情况。

(5)当饭到蒸饭机落口时,通知中控加酒曲、酒母、投料水,中控开启米饭输送泵,把混合料送入前发酵罐。换罐时间快到时,通知中控人员,准确切换。

(6)落罐前先在发酵罐内放入500L清水、25kg酒曲、50kg酒母醪。

(7)根据米质调节好米层高度(20~30cm)、饱和蒸汽压力、蒸饭时间(15~30min),保证蒸饭熟透,无生米落罐。

(8)根据投料水温,调节好鼓风机的风量大小,控制好冷却后的米饭温度,保证落罐温度达到工艺要求,以及发酵罐上、中、下温度一致。

(9)按照配方,清水、酒曲、酒母以一定的速度(定时定量)均匀落入罐内,切忌忽多忽少。

(10)蒸饭过程中密切注意传动部件(钢带)运行情况、蒸饭质量、落罐温度。调节好饱和蒸汽加水阀,防止钢带结焦;调节好蒸汽室汽凝水的出水量;对钢带走偏情况做适度的调整。

(11)蒸饭落罐结束时,对输料管路进行冲洗。

(12)蒸饭作为能耗关键控制点,应把握好蒸饭时间,每次蒸好后应检查米饭质量,在保证质量的前提下,尽可能缩短蒸饭时间,以节约蒸汽。图4-24为蒸饭和投料自动控制结构。

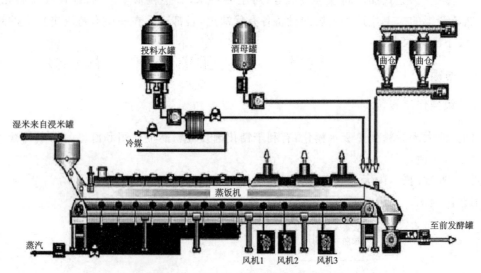

图4-24 蒸饭和投料自动控制结构

3. 蒸饭中控操作

以某企业生产米清酒、清米酒为例,蒸饭操作流程见图 4-25。

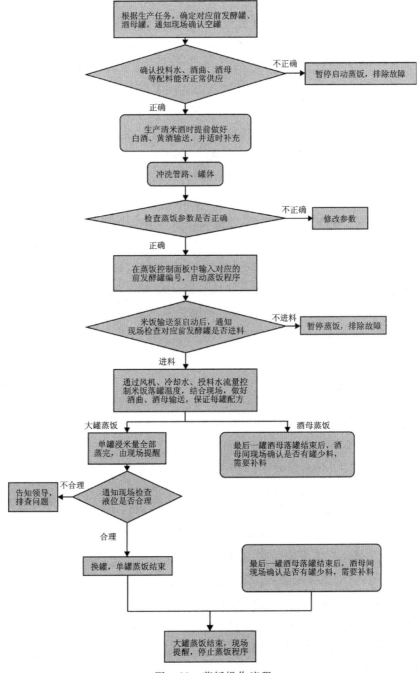

图 4-25 蒸饭操作流程

六、米饭的冷却设备

1. 米饭的冷却方式

蒸熟后的米饭,必须经过冷却,迅速地把品温降到适合微生物繁殖的温度。这是因为蒸饭以后熟饭的温度很高,在气温比较高的时候,如果要靠自然冷却的方法,把品温降到适合微生物繁殖的温度,将要经过较长的时间。在这段较长的时间里,熟饭在自然环境下很容易被有害微生物侵袭,导致酸败。传统的冷却方法按其用途不同,可分成淋饭冷却和摊饭冷却。

卧式或立式蒸饭机都采用机械鼓风冷却,冷风从不锈钢网带向上吹;也有风冷和水冷结合型的,即先鼓风冷却,再加适当冷水淋洒冷却,且大多已实现了蒸饭和冷却的一体化。摊饭冷却从自然冷却发展到风冷和水冷,是工艺上的一大改革。风冷或水冷可以使熟饭迅速冷却并且均匀,不产生热饭块,防止因冷却慢而被有害微生物侵袭,引起酸败及老化回生现象的发生。淀粉老化后不易被淀粉酶水解,会造成淀粉的损失。特别是粳米和籼米原料,因其直链淀粉含量较多,更容易发生老化回生现象,故应确保达到迅速冷却这一要求。

冷却米饭输送的传统工艺为人抬和车运,搬送入缸发酵。而卧式或立式蒸饭机的新工艺大罐发酵,都已利用不锈钢网带或橡胶输送带输送至发酵罐,或利用溜管通过位差将米饭和水一起流放入蒸饭机室下层的发酵罐中。目前自动化程度较高的企业则采用螺杆泵自动控制输送入前发酵罐。日本酿造米酒,冷却米饭的输送采用带式运输机,或利用高压风机的气流输送。国内也有人正在研究用真空抽吸使风冷和气流输送成为一个单元,以简化工序和节约能源。

2. 米饭拌曲输送设备

饭水混合物管道输送过程的压力检测与控制系统主要由螺杆泵、搅拌装置、管路、压力测试装置等组成。蒸饭工段到前发酵工段,实际的物料输送泵送系统由以下几部分组成(图4-26):蒸饭机出饭口,酒曲、投料水混合罐,搅拌斗,螺杆泵,输送管道,前发酵罐。

配比后的药曲、酒母和投料水先在混合罐内混合均匀,再定量投入蒸饭机配料口中的搅拌斗,与米饭混合,然后由螺杆泵推送,通过输送管道自动输送至前发酵罐。投入发酵罐的醪液温度由自动控制系统通过调节热水和冷水的加入比例来确定;酒母量是用自动控制输送泵来定时匀速控制;通过按蒸饭时间平均、脉冲等方式,加上整个过程中的微调,将酒母、药曲、投料水均匀添加到米饭中。通过该闭环

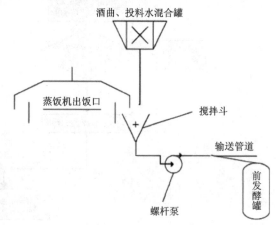

图4-26 螺杆泵管道输送系统

控制模型，形成数据库，正确配置米饭、投料水、药曲、酒母的配方比例。自动化米酒酿造的配方严格按照传统工艺配置。图 4-27 为药曲、酒母自动配料控制界面。图 4-28 为蒸饭机自动配料口。图 4-29 为螺杆泵结构示意图。

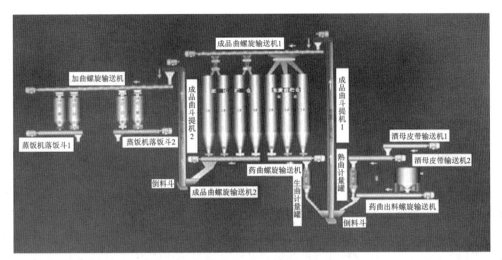

图 4-27　药曲、酒母自动配料控制界面

图 4-28　蒸饭机自动配料口

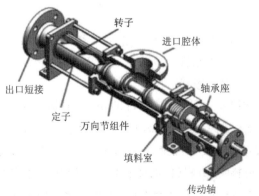

图 4-29　螺杆泵结构示意图

第六节 米酒发酵设备

一、酒母罐

米酒酒母一般为纯种培养。纯种培养的酒母是由试管菌种开始,逐步扩大培养而成的,因制法不同又分为速酿酒母和高温糖化酒母。速酿酒母和高温糖化酒母需要纯种培养,所用的设备必须做到严密、无杂菌感染、能维持适宜的培养温度,保证酵母的旺盛生长,以达到生产的要求,因此,需要采用专用的培养设备。

1. 酒母罐的构造

制作酒母的主要设备有高压蒸汽锅和酒母罐。高压蒸汽锅的作用主要是对培养基和相关器皿进行灭菌,确保无菌条件。酒母罐主要用于制作生产用酒母,目前大多采用不锈钢制作。其中,制作速酿酒母的酒母罐一般为圆柱形或锥底形,外加夹套用于冷却或保温,罐盖采用铝平盖[图 4-30(a)]。而制作高温糖化酒母的酒母罐常采用蝶形封头,内装搅拌器,并装有夹套或蛇管作为冷却和保温系统,如图[4-30(b)]所示。

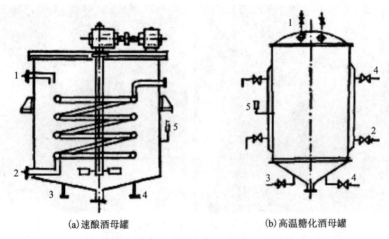

(a)速酿酒母罐　　　　　(b)高温糖化酒母罐

1.糖液;2.冷水;3.压缩空气;4.蒸汽;5.温度计。

图 4-30　酒母罐

当酒母培养液放在酒母罐内加热灭菌时,槽内必须有加热装置,通常以罐内的冷却蛇管代替,即既是冷却蛇管,又是加热蛇管。冷却水从下部进入,上端排出;加热蒸汽则在蛇管上端进入,下部排出;进出一般由电磁阀门控制。

有的酒母罐内装有搅拌器,用以加速酵母的繁殖,使培养液的糖分能被酵母充分吸收。无菌空气由压缩空气管通入罐内,以供给酵母繁殖过程中所需的氧气,同时起到搅拌的作用。

酒母罐要求密闭,故罐盖上安有视镜,便于操作者观察罐内的液面及酵母繁殖情况。此外,还附有 CO_2 排出管、进料管、放料管、取样管和温度计等附属设备。

由于重金属离子对酵母的生长有抑制作用,故酒母罐忌用铜等重金属材料制造。若用铜制,则需要在表面镀以锡层。通常,酒母罐多用不锈钢板制成,厚度2~3mm。

2. 酒母罐的主要计算

1)酒母罐的主要尺寸

酒母罐常用的主要尺寸比例:

$$\begin{cases} H=(1\sim 2)D \\ h=(0.12\sim 0.15)D \end{cases} \quad (4\text{-}17)$$

式中　D——酒母罐的直径(m);

　　　H——酒母罐圆柱部分的高度(m);

　　　h——酒母罐锥底部分的高度(m)。

酒母罐的装填系数 $\eta=0.70\sim 0.75$,则罐的总容积 V 为

$$V=\frac{V_1}{\eta} \quad (4\text{-}18)$$

式中　V_1——罐的有效体积(m^3)。

2)酒母罐的数量

酒母罐的数量 N 可按下式计算:

$$N=n\times\frac{\tau}{24}+1 \quad (4\text{-}19)$$

式中　τ——酒母罐的周转时间(h);

　　　n——每天需用酒母罐数量;

　　　1——安全备用罐数。

3)酒母罐搅拌所需空气量

轻微搅拌:每立方米液体每分钟需消耗的空气为 $0.4m^3$。中等程度的搅拌:每立方米液体每分钟需消耗的空气为 $0.7m^3$。强力搅拌:每立方米液体每分钟需消耗的空气为 $1m^3$。所用空气的压强为 $0.1\sim 0.15$MPa(表压)。

3. 酵母扩培生产

通过自动进料程序,将蒸饭机出来的米饭(或米汁)均匀分至 N 个酒母罐中。按照酒母制作工艺参数,在酒母罐控制面板上设定搅拌时间和搅拌温度,自动控制酒母发酵过程。酒母发酵结束,通过自动加酒母程序,将每罐酒母均匀地加至指定的蒸饭机出饭投料处,实现酒母制作自动控制。这样做的目的就是将少量米酒酵母菌种在酿造初期进行扩大培养,以提供米酒发酵所需的大量酵母。该步骤同时还起到驯养酵母菌的作用。酒母是酿造米酒的发酵剂,酒母醪液老嫩适中,酒精度大于 8.5%Vol,酸度在 4.8g/L 以下,酵母数大于 0.9 亿个/mL,出芽率大于 8.0%,杂菌在 3 个以下为好。酒母生产操作的设备有三角瓶、高压蒸煮罐、酒母罐等。

1)工艺流程

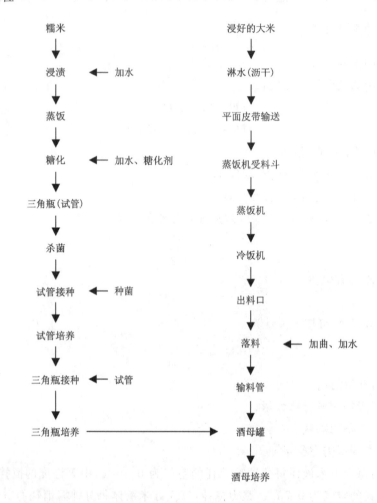

2)操作方法

制糖液→灭菌→接种→酒母扩培(具体步骤从简)。图 4-31 为酒母培养自动控制界面。

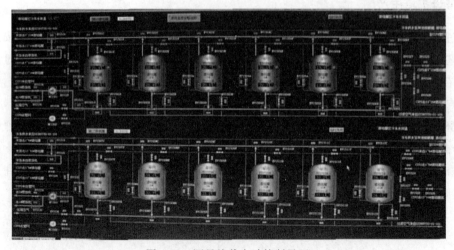

图 4-31 酒母培养自动控制界面

二、发酵设备

传统米酒发酵设备主要是陶缸、塑料盒盘,而机械化生产米酒主要在不锈钢或碳钢(内衬防腐涂料)发酵罐中进行酿造,主要设备有前发酵罐、后发酵罐以及 CIP 清洗系统。近年来,米酒发酵罐向大型、露天和联合方向发展。

1. 发酵罐的型式及构造

机械化生产米酒企业所用的发酵罐通常可分为敞口式和密闭式两种。敞口式(图 4-32)一般体积比较小,采用碳钢(内衬防腐涂料),早期应用比较多,新建企业现采用不锈钢来制作。

图 4-32 敞口式前发酵罐

现代密闭式发酵罐的分类如下:①按罐型不同,可分为瘦长型和矮胖型两种。瘦长型的罐,直径与高度之比一般为 1:2.5 左右。它有利于液体对流,使发酵醪上、下翻腾,目前较为普遍。②按罐口型不同,可分为直筒敞口式和焊接封头小口可密闭式两种。如采用压缩空气输送醪液,应采用后者。③按冷却方式不同,可分为内列管冷却式、外夹套冷却式和外围导向槽钢冷却式三种。外夹套冷却式的冷却面积极大,冷却的速率较高,但冷却水利用率不高。也可采用三段夹套式,分段装进水与出水管,按照罐体的上、中、下三段不同控温要求使用冷却水。目前趋向于采用外围导向槽钢冷却,其优点是能合理使用冷却水,但冷却面积比夹套冷却小,冷却的速率也要低一些。图 4-33 和图 4-34 为现代密闭式发酵罐结构。

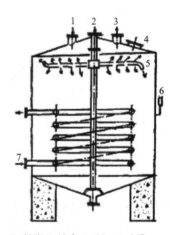

1.料液;2.洗水;3.CO_2;4.人孔;
5.旋转洗涤器;6.温度计;7.冷水。

图 4-33 密闭式发酵罐结构

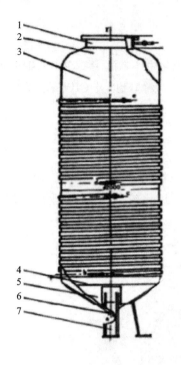 

1.进料口法兰;2.上封头;3.筒体;
4.下封头;5.加强封头;6.出料口法兰;7.支架。

图 4-34 未加保温的密闭式发酵罐结构

2. 发酵罐的主要计算

1）发酵罐的基本尺寸

发酵罐的总体积 V：

$$V = \frac{V_1}{\eta} \tag{4-20}$$

式中 V_1——发酵罐内醪液的体积(m^3)；

η——装填系数，$\eta=0.80\sim0.88$。

发酵罐各部分尺寸的比例关系：

$$\begin{cases} H=(1.1\sim1.5)D \\ h_1=(0.1\sim0.3)D \\ h_2=(0.08\sim0.1)D \end{cases} \tag{4-21}$$

式中 H——发酵罐圆柱部分的高度(m)；

D——发酵罐的直径(m)；

h_1——发酵罐底部圆锥部分的高度(m)；

h_2——发酵罐顶部的高度(m)。

发酵罐底部圆锥部分的面积 $F_{锥}$：

$$F_{\text{锥}} = \pi \cdot r \sqrt{r^2 + h^2} \tag{4-22}$$

式中　r——发酵罐底部圆锥部分的半径(m)；

　　　h——发酵罐底部圆锥部分的高度(m)。

发酵罐顶部半球形部分的面积 $F_{\text{球}}$：

$$F_{\text{球}} = \pi \left[\left(\frac{D}{2}\right)^2 + h^2 \right] \tag{4-23}$$

式中　h——发酵罐顶部半球形部分的高度(m)。

2) 发酵罐数量

间歇式发酵时发酵罐数量 N 为

$$N = \frac{n \cdot \tau}{24} + 1 \tag{4-24}$$

式中　τ——发酵罐周转时间(h)；

　　　n——每天使用发酵罐数量；

　　　1——备用发酵罐数量。

3) 冷却面积

发酵罐所需的冷却面积取决于维持发酵罐温度不超过某一规定的数值。发酵罐内所交换的热量主要是发酵过程中产生的热量，所需冷却面积 F（单位：m^2）可按下式计算：

$$\begin{cases} F = \dfrac{Q}{K \cdot \Delta t_m} \\ Q = Q_1 - (Q_2 + Q_3) \end{cases} \tag{4-25}$$

式中　Q——冷却面积的传热量(kJ/h)；

　　　Q_1——发酵最旺盛时每小时放出的总热量(kJ/h)；

　　　Q_2——通过发酵罐壁向周围空间辐射损失的热量(kJ/h)；

　　　Q_3——CO_2 带走及蒸发损失的热量(kJ/h)；

　　　Δt_m——平均温差(℃)；

　　　K——传热系数[kJ/($m^2 \cdot h \cdot ℃$)]。

第七节　米酒压滤设备

压滤机是传统的固液分离设备之一。中国早在两千多年前汉朝淮南王刘安（公元前179年—公元前122年）发明豆腐时就有了最原始的压滤机。改革开放以来，压滤机在滤板材质、结构形式、高效能过滤介质、分离效率、自动化水平、功能集成、产品质量和可靠性方面发展迅速，与欧洲发达国家产品的性能差距越来越小。尤其是近十年来，高压隔膜压滤机的研发成功，使得我国压滤机的生产数量跃居世界第一。

近年来，国家对各行各业的环境保护和资源利用要求越来越高，大力提倡节能减排、清洁生产、绿色制造。压滤机作为环保应用领域的主要使用设备，化工、冶金、煤炭、食品等行业的重要工业装备和后处理设备，市场需求预计将会有较大幅度的增长。板框式压滤机出现后，又陆续出现了厢式压滤机、厢式隔膜压滤机等,进一步推动了米酒过滤、压榨技术的发展。它们虽然较过去传统的木榨等过滤手段有了质的飞跃,但自身仍存在许多缺陷。如由于过滤板采用的是铸铁材料,造成酒液中含铁量较多,酒液混浊、沉淀,影响酒的储存;另外,滤饼含水较多、过滤速度慢都会影响过滤效果。

一、全自动压滤机

米酒全自动压滤机是一种压榨脱水设备(图4-35)。它采用液压压紧、自动保压、隔膜充气压榨,是专为酿酒行业开发的新产品,具有滤布不易损坏、密封性能好、滤饼含液量低、操作方便、生产效率高等特点。

米酒/糯米酒压榨过滤机(图4-36)是出汁率高、挤压最干净的压滤机,也适合于酒类生产的固液分离或液体浸出工序,是资源回收和环境治理的理想设备。

图4-35 全自动压滤机

其特点有:①与传统的脱水设备相比,具有连续生产、处理能力大、脱水效果好的特点。②结构科学合理,自动化程度高,劳动强度低,操作维修方便。③主要部件采用不锈钢制作,具有良好的防腐性能。④挤压辊全部(包括端板)包胶,保证了挤压脱水的效果,延长了滤带的使用寿命。⑤采用独特的网带张紧、调偏机构,灵活可靠,保证自动正常运行。⑥设计独特的浓缩一体化大大提高了脱水效果,并使滤饼剥离好。⑦配套设备和系统配套工艺合理先进,化学剂二次利用,且用量少、成本低。

图4-36 压榨过滤机

二、双螺旋式压滤机

双螺旋式压滤机(图4-37)为可移动双螺旋连续式压滤机,又名连续式螺旋压滤机。它与物料接触的材料均为优质耐酸碱不锈钢,适用于米酒、糯米酒、含纤维较多的水果和蔬菜的汁液榨取,是中小型果蔬汁或果酒生产企业的必备设备之一。

图4-37 双螺旋式压滤机

该机由机架、传动系统、破碎系统、进料部分、榨汁部分、液压系统、护罩、电气控制部分等组成。压榨螺旋与主轴一起旋转,物料输送螺旋套在主轴上,与压榨螺旋做反向旋转。液压系统由柱塞式油泵提供压力油,通过压力可调式溢流阀控制液压系统压力的高低;两个油缸固定于尾部支承座,通过活塞杆伸出控制物料出口的大小,排渣的干湿可根据要求随时控制(1.5T 双螺旋压滤机由手动调节压力,无液压系统)。

破碎式压滤机为可移动双螺旋压滤机,它是在 1.5T 压滤机基础上,根据客户需要,经技术研制开发,在进料箱口处加配一套破碎式挤压辊,使物料先破碎后压榨,更好地提高榨汁效果,特别适合于大枣、杏、梨等水果汁液榨取。

双螺旋式压滤机的工作过程:输送螺旋将进入料箱的物料推向压榨螺旋,通过压榨螺旋的螺距减小和轴径增大,并在筛壁和锥形体阻力的作用下,使物料所含的液体物(果汁)被挤压出。挤出的液体从筛孔中流出,集中在接汁斗内。压榨后的果渣,经筛筒末端与锥形体之间排出机外。锥形体后部装有弹簧,通过调节弹簧的预紧力和位置,可改变排渣阻力和出渣口大小,调节压榨的干湿程度。

双螺旋式压滤机的进料箱和筛筒及螺旋一般采用优质耐酸碱 304 不锈钢材料制成。

三、板框式压滤机

米酒行业普遍采用板框式气囊压滤机。其最大缺点是间断式压榨,卸槽劳动强度大,每台压滤机的占地面积也较大。开发连续板框式压滤机(图 4-38)是米酒生产向高效率发展的一个关键工序。压滤机由于适应性很强,因此从 20 世纪中叶以来,便广泛地应用于米酒行业。但是过去由于采用手工操作,工人劳动强度大,效率不如连续式真空压滤机高。

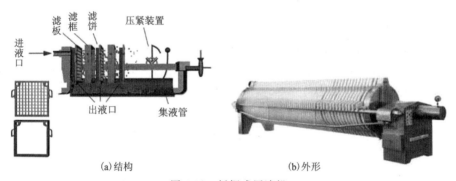

图 4-38 板框式压滤机

1958 年,全自动压滤机研制成功。从此以后,板框式压滤机逐渐发展成为成熟又完善的基本压滤机机种。现代的压滤机分为滤布行走型、滤布固定型,或卧式、立式,其中,又以凹板型结构最多。由于近代压滤机的操作是自动进行的,加上有了压榨隔膜,压滤机的应用领域更广了。现在大型压滤机的滤室数为 200 个,过滤面积达 $1400m^2$。国外还研制出一种全聚丙烯的压榨用凹板,用来代替带有橡胶膜的凹板。

四、隔膜式压滤机

1. 隔膜式压滤机概述

隔膜式压滤机(图 4-39)是滤板与滤布之间加装了一层弹性膜的压滤机。使用过程中,待入料结束,可将高压流体或气体介质注入隔膜板中,整张隔膜就会鼓起并压迫滤饼,进而实现滤饼的进一步脱水。这就是通常讲的压榨过滤。隔膜式压滤机具有压榨压力高、耐腐蚀性好、维修方便、安全可靠等优点,广泛应用于各种悬浮液的固液分离,适用于医药、食品、化工、环保、水处理等领域。

图 4-39　隔膜式压滤机

2. 隔膜式压滤机的工作原理

隔膜式压滤机与普通板框式压滤机的主要不同之处在于滤板与滤布之间加装了一层弹性膜。其工作原理如下。

先进行正压强压脱水,也称进浆脱水,即一定数量的滤板在强机械力的作用下被紧密排成一列,滤板面和滤板面之间形成滤室,过滤物料在强大的正压下被送入滤室,进入滤室的过滤物料的固体部分被过滤介质(如滤布)截留,形成滤饼,液体部分透过过滤介质而排出滤室,从而达到固液分离的目的。随着压强的增大,固液分离更彻底,但从成本方面考虑,过高的压强不划算。

进浆脱水之后,在配备了橡胶挤压膜的压滤机中,压缩介质(如气、水)从挤压膜的背面推动挤压膜,挤压滤饼,使其进一步脱水,叫挤压脱水。进浆脱水或挤压脱水之后,压缩空气进入滤室,从滤饼的一侧透过滤饼,携带液体水分从滤饼的另一侧透过滤布,从而使滤饼脱水,叫风吹脱水。若滤室两侧都敷有滤布,则液体部分可透过滤室两侧的滤布排出滤室,为滤室双面脱水。

脱水完成后,解除滤板的机械压紧力,逐步拉开滤板,分别敞开滤室进行卸饼。根据过滤物料性质不同,压滤机可分别设置进浆脱水、挤压脱水、风吹脱水或单双面脱水,目的就是最大限度地降低滤饼水分含量。在压力的作用下,滤液透过滤膜或其他滤材,经出液口排出,滤渣则留在滤框内形成滤饼,从而实现固液分离。

3. 隔膜式压滤机的技术特点

隔膜式压滤机最大的优势就是对滤饼含水率的处理。隔膜式压滤机最大的特点就是在每一次间隙循环中,当设备中滤饼达到设计的分量时,停止进料过滤,它不会马上拉开滤板进行卸料,而是将滤板膨胀起来,进行对滤饼的二次挤压。

由于隔膜式压滤机的滤板采用的是两层拼合而成的空心结构,而且中间存储两块滤板,能承受很高的压力。只要向其中通入膨胀介质(一般情况下为抗压液压油),滤板就会膨胀起来,然而由于过滤室的空间是固定的,当滤板的所占空间增大,自然滤饼的空间就会减小,这样就会造成滤饼中更多的水分和不稳定的水结构物被压出来,使滤饼的水分流失。也就是说:滤饼缩小的体积是通过减少水分来实现的。这样,就造成了隔膜式压滤机过滤后的滤饼含水率更低。板框式压滤机为20%左右,而隔膜式压滤机一般都能控制在12%左右,最低的时候可以控制在9%左右。

4.隔膜式压滤机的优点

隔膜式压滤机在单位面积处理能力、降低滤饼水分、对处理物料性质的适应性等方面都表现出显著的效果,已被广泛应用于存在固液分离的各个领域。由于隔膜式压滤机采用的是隔膜充气压榨,所以相较于别的压滤机,隔膜式压滤机有着更独特的优点:①它采用低压过滤、高压压榨,可以大大缩短过滤周期。②采用 TPE 弹性体,最大过滤压力可以达到25MPa,从而使滤饼含水率大大降低,节省烘干成本,提高效率。③节省操作动力,在过滤后期,流量小,压力高。④隔膜压榨功能,在极短的时间完成这一过程,节省了功率消耗。⑤提升滤饼干度,降低滤饼含水率,隔膜压榨对静态过滤结束后的滤饼进行二次压榨,使滤饼的结构重组,密度加大,从而置换出一部分水分,提高了干度。⑥抗腐蚀能力强,基本适用于所有固液分离作业。⑦可配置 PLC 及人-机界面控制。⑧隔膜滤板具有抗疲劳、抗老化、密封性能好等特点。

五、滤板与滤布

1.压滤机隔膜滤板

一般隔膜滤板应能满足高效脱水的过滤工艺要求,能达到令人满意的过滤效果,并能保障压滤机的负荷运行。隔膜滤板为隔膜镶嵌在基板内框,可不受压紧压力的影响,被称为膜片可换式组合膜板,具有抗疲劳、抗老化、密封性能好等特点。

隔膜滤板的目的:在进料过程结束后,通过对滤饼进行压榨,来提高整机的脱水效率,增加滤饼的干度,减少污染和减小劳动强度,可免去干燥工艺。隔膜滤板的滤饼洗涤性能优良,并可在压榨前和压榨后增加吹风操作,进一步降低滤饼含水率并节约洗涤水。隔膜滤板最大规格为 2000mm×2500mm,过滤压强为 1.2MPa,规格齐全,能适应多种固液分离场合。

隔膜滤板多是增强聚丙烯滤板,采用点状圆锥凸台设计,模压成型,过滤速度快,滤饼脱水率高,洗涤均匀彻底,防腐及密封性能好。压滤机滤板多为厢式滤板。板框式压滤机的滤板、滤框一律采用高强度聚丙烯材料一次模压成型,强度高,质量轻,耐腐蚀,耐酸碱,无毒无味。高强度聚丙烯滤板化学性能稳定,抗腐蚀性强,耐酸、碱、盐的侵蚀,无毒、无味、质量轻,力学性能好,强度高(耐高温、高压),操作省力。隔膜滤板分橡胶隔膜滤板与塑料(合金)隔膜滤板两种,耐高压(水压或气压),鼓膜效果好,压榨效果明显,能大大缩短过滤周期,降低滤饼含水率。

2. 米酒滤布

针对不同行业，不同过滤物料的固液分离情况，应配置适合的滤布。米酒滤布的选择对过滤效果的好坏起到关键作用。在压滤机使用过程中，滤布是固液分离效果的直接影响因素，其性能的好坏、选型的正确与否直接影响过滤效果。目前所使用的滤布中，最常见的是合成纤维经纺织而成的滤布，根据材质的不同，可分为涤纶滤布、丙纶滤布、锦纶滤布、维纶滤布、单丝滤布、单复丝滤布等几种。

为了使截留效果和过滤速度都比较理想，在滤布的选择上，还需要考虑料浆的颗粒度、密度、化学成分、酸碱性和过滤的工艺条件等。

第八节 米酒调配、澄清和过滤设备

一、米酒调配系统

将发酵好的米酒由管道或人工送入调配工段进行调配，调配系统设备有调配罐、溶糖系统、夹层锅等。溶糖系统主要用于溶解食糖，由冷热缸、高速料液混合泵、双联过滤器等组成。食糖由料液混合泵的料斗加入，食糖与热水在混合泵内混合，经高速旋转的叶轮充分拌和，食糖迅速溶化，糖液送回冷热缸。循环操作，糖液的浓度不断增加，糖液经双联过滤器除去杂质后送入调配罐。夹层锅主要用来蒸煮滋补品，调配时加入定量的糖液、滋补品及定量的酿造水，然后，往调配罐通入冷却水，启动搅拌，当其混和冷却至常温时加入米酒，搅拌使之充分混和。调配的时间不能太久，调配罐的转速必须合适，搅拌既要使物料充分混和均匀，又要不打烂酒酿（醪糟）为最好，且混和时间越短越好。

1. 调配罐

调配罐又名拌料缸、混料缸，有节能、耐腐蚀、生产能力强、清洗方便、结构简单等优点，主要用于醪糟与食糖和各种保健药材及其他元素再配合后进行搅拌均匀。

该设备一般分缸体、缸盖、搅拌桨、进料口、出料阀，均由进口不锈耐酸钢 1Cr18Ni9Ti 制成，缸体内抛光，内有搅拌桨，起搅拌作用。顶部有摆线针轮行星减速器，带动搅拌桨，并可装拆与清洗，并有两扇可开式缸盖供清洗用；缸底为斜度，便于放空；另外两个进料口，可与管道连接，便于连续进各种配料；下面带有出料口，可装上旋塞阀，等搅拌均匀后，旋转旋塞阀手柄 90°即可放料，放料完毕即关闭。

部分结构技术参数：搅拌器的密封采用进口卫生级机械搅拌密封或磁力全密封搅拌装置，搅拌转速可调；管口设有液位计口（静压式、电容式、无触点式）、空气呼吸口、温度计（数显式或表盘式）、CIP 清洗口、视镜、防爆视灯（视镜视灯一体化）、SIP 灭菌口、进出液口及卫生人孔等；容积有 100~10 000L 等规格。常见调配罐有立式（固定）调配罐（图 4-40）和可倾式夹层锅调配罐（图 4-41）。

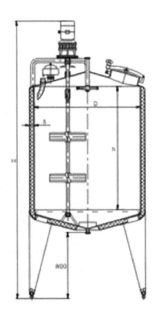

图 4-40　立式(固定)调配罐

图 4-41　可倾式夹层锅调配罐

2. 溶糖系统

糖是构成米酒的主要成分之一,蔗糖溶于水制成单糖浆的过程称为溶糖操作。溶糖(又称研磨混合乳化过滤)系统通常包括糖粉输送、糖粉溶解、糖浆灭菌、糖浆过滤和冷却、糖浆储存等单元。特殊情况下,还需要对糖浆进行脱气处理。典型的热法溶糖工艺参数是85℃、10min,然后分段冷却至使用温度(40℃以下)。

自动溶糖系统主要用于砂糖的溶解,亦适用于奶粉、椰精、淀粉和其他仪器添加剂等粉状或颗粒物料的定量溶解,同时发挥溶解、加热(或冷却)和过滤三种作用,速度快、效率高,是食品饮料生产必备的工艺设备。溶糖系统由水粉混合泵、无菌溶糖罐、双联过滤器、机架以及连接管件组成(图 4-42)。

图 4-42 溶糖系统

二、澄清和过滤设备

1. 澄清设备

米酒成分相当复杂,酒体是一个极不稳定的胶体。不同品种、同一品种不同批次米酒,都有其各自稳定的 pH 值及其相应的等电点,以达到胶体平衡。当这些米酒重新勾兑时,酒体原有的胶体平衡被破坏而呈不稳定状态。因此,瓶装米酒在勾兑后必须有一定时间的澄清期,通过某些成分的析出沉降,使酒体重新达到胶体平衡,以提高成品米酒的非生物稳定性,改善其风味。米酒的澄清可以采用自然澄清法、冷冻澄清法和添加澄清剂澄清法。

1)自然澄清法

米酒勾兑后,即可在一底部有锥体的澄清罐中进行自然澄清。在澄清期内,各种悬浮粒子在本身重力以及粒子间相互电荷吸附、化学键等作用下形成较大颗粒后析出,并沉降于容器底部,进行二次"割脚"。自然澄清的效果取决于酒体温度的高低、澄清时间的长短、各种勾兑用原酒性状的融合性(即 pH 值、等电点较接近)等因素。

2)冷冻澄清法

冷混浊是米酒胶体不稳定性的重要表现之一。米酒的冷混浊与米酒非生物性沉淀物的形成有着密切的内在联系。经研究,米酒的冷混浊物是形成米酒永久性混浊沉淀的前驱体。因此,在较短时间内使酒体温度下降,会加速引起米酒不稳定性物质的析出沉降,有利于提高米酒的非生物稳定性。其方法是将米酒冷却至 $-6\sim-2℃$,并维持一段时间(一般为 $2\sim4$ 天)。

米酒的冷却方式主要有以下三种:①在冷冻罐内安装冷却蛇管和搅拌设备,用冷媒对酒直接冷却。此方法适用于产量较小的企业。②将澄清罐内的米酒通过制冷机循环冷却,直至所需温度。③通过制冷机一次性将酒冷却到所需温度。以上三种方法各有优缺点,且电耗较大,建议可在夜晚用低谷电制冷,以节约电费,降低生产成本。由于冷冻处理对延长瓶装米酒稳定期的效果明显,且可改善米酒的风味,目前有许多米酒厂正在积极引进冷冻处理方法。

3) 添加澄清剂澄清法

添加适量的澄清剂,预先除去引起酒类不稳定的物质,这在啤酒、葡萄酒、果酒等酒类中应用比较普遍。酒类澄清剂种类较多,其针对性与处理效果也各不相同,米酒中常用的澄清剂有单宁、明胶、皂土、"101"澄清剂等。澄清剂使用效果易受用量、酒体成分、pH值、作用时间等因素的影响,如果使用不当,不仅会对米酒的风味、理化指标产生一定的影响,而且会造成酒体的二次混浊,因此各米酒生产企业在利用澄清剂处理法提高米酒稳定性上还比较谨慎。如果确需使用,必须要先对澄清剂的特性有较好的了解,并在使用前先做好详细的小试工作。当然,澄清剂一旦使用得当,其效果也是相当明显的。

2. 过滤设备

勾兑后的清米酒,虽然大部分沉淀物在澄清罐中析出后沉降于容器底部而被除去,但仍有一部分悬浮粒子存在于酒体中,影响酒液的澄清透明度,因此必须通过过滤的方法将它除去。

清米酒的过滤方法

清米酒的过滤方法有棉饼过滤法、硅藻土过滤法、板式过滤法、微孔膜过滤法。一般前三种为粗滤,而膜过滤由于孔径较小,可作为精滤。当前较先进的工艺为两种过滤方法联用,即粗滤与精滤相结合的工艺,如棉饼过滤+膜过滤、硅藻土过滤+膜过滤等。目前米酒企业最常用的过滤方法为硅藻土过滤或硅藻土过滤+膜过滤。

(1) 棉饼过滤法。棉饼过滤的介质是由精制木浆添加1%~5%的石棉组成的。棉饼过滤法除了阻挡作用和深度效应外,还包括石棉的吸附作用。石棉吸附性很强,又因棉饼中含有很多石棉,则棉饼吸附力强,但滤速慢,因此在选择滤棉时应考虑其中石棉的含量。

棉饼过滤的操作过程如下:①洗棉。新棉和回收棉都要先经过漂洗,然后用80~85℃的热水灭菌45~60min。对于回收棉,因为滤棉使用后纤维会变短而流失,因此每次洗棉时应添加1%~2%的新棉做补充,增加滤棉强度与滤速。滤棉如经长时间使用,色泽污暗,则可利用盐类、碱类处理,而后以适量漂白粉或重亚硫酸钠漂白约30min,再以清水漂去残留的酸、碱、漂白剂等,即可使滤棉洁白如新。但这一方法对滤棉损伤也较大,故不常采用。②滤棉压榨。滤棉经洗涤、灭菌后,利用压棉机压榨,压棉机压强为0.35~0.5MPa。棉饼厚度应与滤框深度一致,一般为4.0~4.5cm。压好的棉饼最好当天使用,久置易被杂菌污染,影响酒质。放置时应用清洁的布将棉饼盖好,放置时间最长不得超过48h。③过滤。棉饼过滤机清洗干净后,将棉饼装入滤框(同时检查橡胶垫是否损坏、放好),并按顺序装好滤框后用螺杆顶紧备用。将棉饼过滤机与清洗干净的其他设备连接后,开启酒泵,进行过滤。因棉饼中含有清水,因此要先送酒液顶残水5~10min,再开始正常的滤酒。在过滤过程中要不断调节过滤压力,以保证滤液的澄清及过滤速度。过滤结束,用压缩空气顶出残酒后,取出滤棉,并将棉饼过滤机、管道、阀门等清洗干净后备用。

(2)硅藻土过滤法。硅藻土过滤的介质是一种较纯的二氧化硅矿石。其过滤特点是可以不断添加助滤剂,使过滤性能得到更新、补充,因此,其过滤能力很强,可以过滤很混浊的酒,而且没有像棉饼那样有洗棉和拆卸的工序,省气、省水、省工,酒损也较低。目前米酒企业大多采用硅藻土过滤来代替棉饼过滤。

硅藻土过滤系统主要有硅藻土混合罐、硅藻土过滤机及硅藻土计量泵组成。硅藻土过滤机型号很多,根据其关键性部件——支承单元的不同,可分为三种类型:板框式过滤机、加压叶片式过滤机(垂直式和水平式)、柱式(烛式)过滤机。目前米酒企业多使用前两种,其结构如图4-43所示。

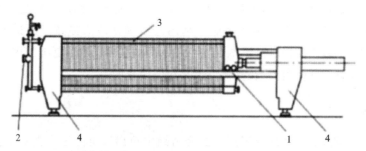

1. 板框支承轨;2. 混酒入口;3. 板和框;4. 基座。

(a)板框式硅藻土过滤机结构

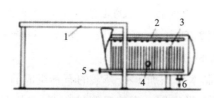 

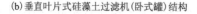

1. 机台框架;2. 摆动喷水管;3. 过滤叶片;
4. 米酒进口;5. 清酒出口;6. 滤渣出口。

(b)垂直叶片式硅藻土过滤机(卧式罐)结构　　(c)垂直叶片式硅藻土过滤机(立式罐)

图4-43　板框式和加压叶片式硅藻土过滤机结构

硅藻土过滤的大致操作工艺如下。

①过滤前准备。过滤前必须对接触酒液的过滤机、阀门、管路、储罐等进行十分严格的清洗,在确认无异物、异气后,连接好管路并关闭相关阀门。

②预涂。硅藻土过滤机的预涂分两层。第一层预涂为粗粒硅藻土助剂,其粒度略大于过滤机支承的孔径,可避免细粒进入支撑介质深层空间,造成孔隙阻塞。第一层预涂质量可直接影响周期过滤产量及过滤介质的使用寿命。第二层为粗细混合的硅藻土(其中细硅藻土含量为60%～75%),为高效滤层,对米酒澄清度的提高有重要作用。预涂用的硅藻土量一般为0.8～1.5kg/m²,预涂厚度为1.8～3.5mm。具体操作时,先将硅藻土在添加槽中按一定比例(硅藻土:滤清液＝1:8～1:10)配成预涂浆,开启预涂循环泵循环15min左右,直至视镜中液体澄清透明。在过滤过程中补添的硅藻土其粗、细土比例同第二次预涂用硅藻土相似。硅

藻土的预涂工艺如图4-44所示。

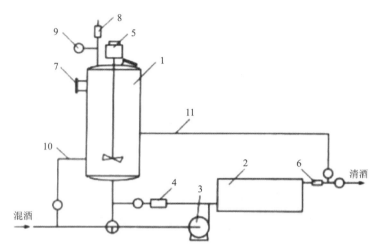

1.硅藻土混合罐;2.硅藻土过滤机;3.黄酒泵;4.硅藻土供料泵;5.搅拌电动机;
6.视镜;7.硅藻土进料口;8.通风;9.压力表;10.进酒管;11.循环管。

图4-44 硅藻土过滤预涂工艺

③过滤:预涂结束后,就可以开始正式过滤。在过滤过程中,为维持滤层的通透能力,需不定时地添补预涂层20%左右的新硅藻土。随着过滤的进行,滤层中积累的固形物越来越多并最终占满滤网(柱)之间的空间,使过滤的阻力迅速增大,主要表现为过滤压力急剧升高,流量急剧下降,此时必须停止过滤,并排出废硅藻土,更换新土。

由于硅藻土过滤的原理是通过硅藻土粒子之间的"搭桥"作用形成滤网,一旦过滤压力超过滤网能承受的力量,就会产生漏土现象。因此,为保证过滤质量,最好在硅藻土过滤机后设置精过滤器或硅藻土捕集器。

(3)微孔膜过滤法。微孔膜过滤是以用生物和化学稳定性很强的合成纤维、高分子聚合物制成的多孔膜作为过滤介质。微孔膜过滤由于具有分离效率高、除浊效果好、自动化程度高、操作简单、使用费用低廉等优点,因此在葡萄酒、啤酒行业中应用相当普遍。近年来,米酒行业由于企业技术改进速度的加快,用微孔膜过滤机(图4-45)替代传统过滤方式将是大势所趋。

图4-45 微孔膜过滤机

微孔膜过滤分为并流过滤和错流过滤两种方式。并流过滤指料液垂直于膜表面通过滤膜,对于比较混浊的米酒,容易造成膜通量快速衰减;错流过滤指料液以切线方向通过膜表面,以料液快速流过膜表面时产生的高剪切力为动力,在实现固液分离的同时,将沉积于膜表面的颗粒状混浊物不断扩散回主体流,从而保证膜表面不会快速形成污染层,可有效遏制膜通量的快速衰减。两种过滤模式的过滤效果如图 4-46 所示。

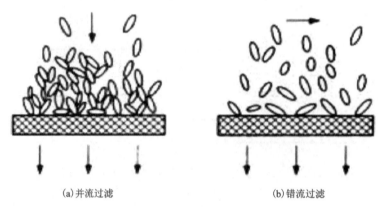

(a)并流过滤　　　　　　　(b)错流过滤

图 4-46　两种过滤模式

以错流中空微孔膜过滤系统为例,一般该过滤系统由袋式预过滤器、滤膜、膜后保护过滤器、液体输送系统及智能控制电气系统五部分组成。其操作工艺如下。

①过滤前准备。过滤前必须对接触酒液的过滤机、阀门、管路、储罐等进行十分严格的清洗,在确认无异物、异气后,连接好管路并用压缩空气顶出管路中的残留清水。

②过滤。准备工作结束后,即可开始正式过滤。为避免过滤过程中膜通量的快速衰减,可根据米酒的混浊情况,设定定时的自动反冲程序。

③清洗。过滤结束后,打开排液阀,将设备、管路中的残酒排出,并用清水进行正向和反向清洗。当用清水清洗后膜通量仍不能恢复到理想状态时,可用 1%~2% 的 NaOH 溶液进行化学清洗。

④保养。为延长滤膜的使用寿命,清洗结束后的膜必须采取正确的保存方法:若设备停机时间在 5 天以内,可用清水加以保存,并每天用清水冲洗设备一次;若停机 5 天以上,应在设备清洗完毕后注入 2% 的 $NaHSO_4$ 溶液作为保护液;夏季若停机 10 天以上,应在设备清洗完毕后注入 0.5% 的甲醛水溶液作为保护液。

3. 澄清和过滤的自动控制系统

压滤后的酒需要通过调配、澄清、过滤等工序,使酒质一致、酒体稳定。调配、澄清和过滤的自动控制系统流程如图 4-47 所示。

澄清和过滤设备主要有不锈钢饮料泵、带搅拌装置的不锈钢罐、过滤机、磅秤、清酒罐和不锈钢澄清罐等。以上设备的数量、容量必须以能满足正常生产为准。

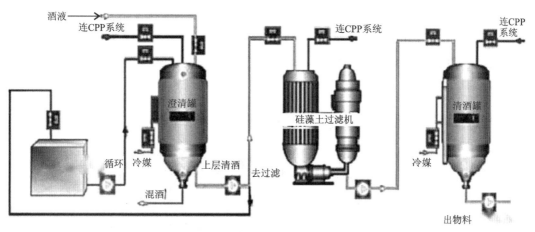

图 4-47　澄清和过滤自动控制系统流程

第九节　米酒灌装设备

清汁型米酒要经澄清、过滤后,才能进入灌装、灭菌、装箱等工序。米酒的包装容器有玻璃瓶、陶瓷瓶、塑料桶(袋)、易拉罐等。根据包装容器和灌装设备的不同,米酒可采用冷灌装、热灌装、手工灌装、半机械灌装、全自动灌装等工艺。不同的包装容器需采用不同的灌装工艺。如包装容器为玻璃瓶,可采用全自动灌装工艺;如包装容器为陶瓷瓶,需采用手工灌装工艺;如包装容器为塑料桶(袋),最好采用冷灌装工艺。

一、常温灌装设备

目前,国内大多数米酒企业的瓶酒灌装采用的是常温灌装工艺,即先灌装、后灭菌。米酒灭菌的目的是保证米酒的生物稳定性,有利于长期保存。其工艺流程如下:

配酒→过滤
↓
进瓶→空检→灌装→光检→灭菌→贴标→装箱→入库

该工艺是先将过滤后的酒液灌装至瓶中,进行压盖封口,然后采用隧道喷淋灭菌机或自制传统灭菌设备,用不同区域不同温度的水对瓶装米酒进行预热灭菌和冷却。由于该工艺是通过玻璃瓶体间接对酒液进行加热灭菌,而玻璃是不良导体,传热系数较小,因此,要使酒液达到灭菌温度,所需时间比较长,整个过程往往需要十多分钟甚至更长时间,虽然成品酒品质较为稳定,但消耗大量蒸汽,能耗比较大。

二、热灌装设备

江苏张家港酿酒有限公司在行业内率先采用米酒玻璃瓶热灌装技术。具体工艺流程如下:

配酒→冷冻→过滤→灭菌
↓
进瓶→瓶检→洗瓶→空检→灌装、压盖→光检→贴标→装箱→入库

该生产线由冷冻系统、纯净水系统、10万级空气净化系统、CIP清洗系统和热灌装线组成。

1. 灌装前米酒的前期处理

米酒灌装前低温冷冻在储存罐中，澄清后再进行多级过滤，即首先将勾兑好的米酒酒液从常温冷冻至-5~$5℃$，进入保温储酒罐储存3~5天，然后将酒液在低温状态下采用硅藻土过滤机进行过滤和膜精滤机精滤。低温冷冻促使高分子蛋白质和多酚结合后沉淀，使酒的胶体平衡，提高酒质的稳定性，满足保质期的要求；而多级过滤可以除去酒中的大、小分子颗粒，提高酒的清亮度，使酒液清亮、透明，从而延长货架期。

2. 灭菌和灌装

低温冷冻过滤后的酒液经酒泵送入薄板热交换器加热，灭菌温度保持在86~90℃，确保灭菌后瓶装米酒细菌总数≤50个/mL，大肠杆菌菌群数≤3个/100mL。当经过薄板热交换器的酒液温度低于86℃时，自动打开回流电磁阀，酒液流入回流桶；当经过薄板热交换器的酒液温度处于86~90℃时，自动关闭回流电磁阀，酒液送入高位罐等待灌装。升温后，酒液从高位罐底部均匀进入，并在高位罐中保温20min，以保证酒液中的微生物被杀灭。

包装瓶进入预热冲瓶灭菌机后，先行预热，后冲入80~85℃热水对包装瓶浸泡灭菌，再进入洗瓶吹干机内，利用瓶夹翻转传输系统将瓶内热水倒出，用50~60℃纯净水冲洗内壁，再用高纯度的无菌空气吹干包装瓶，达到无菌、无污渍的目的。最后将灭菌后的高温酒液经灌装机装入灭菌完毕的包装瓶中，并及时封盖。

这种米酒热灌装技术性能稳定，占地少，能耗低，而且还能挥发掉部分有害醇醛类，使酒体更加协调、口感更加柔和。为防止二次污染，灌装结束后，对灌酒机和压盖机的主要机械部位进行清洗，注意清洗不易清洗的死角。目前，米酒企业典型的灌装工艺为玻璃瓶全自动灌装工艺及陶瓷瓶手工灌装工艺。

三、全自动流水线灌装系统

玻璃瓶全自动流水线灌装系统，适合规模较大的米酒生产企业。同时，由于生产设备、包装原料与辅料较多，因此，车间占地面积较大。图4-48所示为某米酒生产企业的全自动流水线灌装系统。

1. 工艺流程

玻璃瓶→自动清洗→验瓶→灌装→压（封）盖→喷淋灭菌→检验→贴标→装箱→入库

图 4-48　玻璃瓶全自动流水线灌装系统

2. 车间布置要点

(1)灌装设备应尽量靠近清酒车间,以缩短输酒管路,有利于管道的清洗,降低酒液二次污染的概率。

(2)洗瓶系统设备最好能与灌装车间隔开,特别是使用回收瓶的工厂,空瓶大多比较脏,分隔有利于保持灌装过程的清洁卫生。

(3)米酒采用高温水喷洒灭菌,不但灭菌设备温度较高,而且有蒸汽产生,因此最好也与灌装机分隔开。

(4)空瓶进灌装车间及成品进、出仓线路应合理,应遵循交通方便、不交叉、不绕弯的原则,这样有利于包装生产的顺利进行。

(5)瓶酒灌装线应布置成直线形、"L"形或"U"形,设备之间的送瓶线要足够长,以保证空瓶与满瓶的供给。

3. 主要设备及操作要点

1)洗瓶机

全自动洗瓶机是一种工艺先进、生产效率高的瓶子清洗设备,主要有单端式(图 4-49)与双端式(图 4-50)两种。两种洗瓶机虽然形式不同,但其工艺过程相同,主要可分为四大部分。①预泡。瓶子进入洗瓶机后,首先要在预泡槽中进行初步清洗和消毒。预泡槽中放有30~40℃的洗涤液。预泡除了具有预洗功能外,还能对瓶子进行充分预热,以避免瓶子在进行后道高温清洗时受热破裂。②浸泡。瓶子从预泡槽出来后,即进入放有70~75℃洗涤液的浸泡槽。瓶子最终清洗效果的好坏,主要取决于瓶子在浸泡槽中的浸泡时间与温度。在浸泡槽中,黏附于瓶子上的大部分污物、杂物被洗脱下来,瓶子也进行了消毒。③喷冲。瓶子经浸泡后,还有少部分难以洗脱的污物、杂物,必须借助机械力将其除去。进入喷冲部分后,瓶子被

图 4-49 单端式全自动洗瓶机

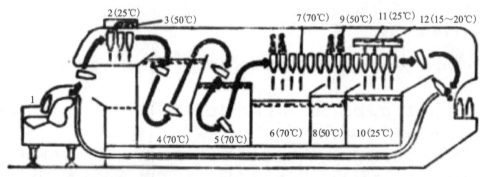

1.进瓶;2.第一次淋洗预热(25℃);3.第二次淋洗预热(50℃);4.洗涤剂浸瓶Ⅰ(70℃);
5.洗涤剂浸瓶Ⅱ(70℃);6.洗涤剂喷洗(70℃);7.高压洗涤剂瓶外喷洗(70℃);8.高压水喷洗(50℃);
9.高压水瓶外喷洗(50℃);10.高压水瓶外喷洗(25℃);11.高压水瓶外喷洗(25℃);12.清水喷洗(15~20℃)。

图 4-50 双端式全自动洗瓶机结构

倒置,几组喷头用高温(75℃左右)、高压($2.5×10^3$ Pa 以上)的洗涤剂对瓶子进行强力喷冲,此时所有的污物都被彻底除去,瓶子也被进一步消毒。④清洗降温。瓶子内、外被55℃的热水、35℃的温水及常温冷水依次喷冲,附着于瓶子内、外壁上的残余洗涤液被全部洗脱,并使瓶温接近室温后进入灌装线。

2)灌装机

目前用于米酒自动灌装的设备主要有以下几种:常压灌装机、真空灌装机、直线式灌装机、旋转式灌装机、液位定量灌装机、定量杯定量灌装机等。图 4-51 是中心储酒槽的灌装机结构示意图。图 4-52 是旋塞灌酒阀结构示意图。

在进行灌装操作时,必须根据不同的灌装设备制定相应的操作规程。在进行灌装操作时,应注意以下事项:①检查与灌装相关的所有设备、用具、场所、工作人员的卫生。②正式灌装前,先用酒液顶出管道内残余水,待灌装机出来的酒液的各项指标均达到标准要求后再进行灌装。③灌装过程中要不时地检查实际灌装容量与标准要求是否相符。④灌装结束后,将

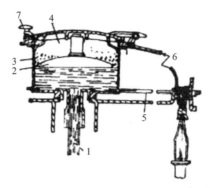

1.酒入口；2.浮漂；3.泡沫；4.储酒槽；5.引酒至灌酒阀的导管；
6.背压与回风的通路；7.开槽螺丝。

图 4-51　中心储酒槽的灌装机结构示意图

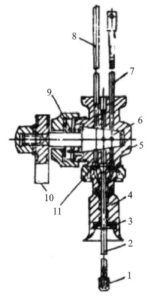
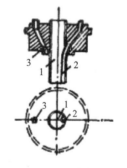

1.导酒管口；2.导酒管；3.垫圈；4.罩盖；5.阀体；6.阀芯；　　　1.导酒管；2.导回风通路；
7.回风管；8.进气管；9.弹簧；10.阀门凸轮；11.垫圈。　　　　　3.进风通路。

（a）旋塞灌酒阀结构　　　　　　　　　　　　　　　（b）旋塞灌酒阀各通道的断面结构

图 4-52　旋塞灌酒阀结构示意图

容器、管道内的余酒倒出，并分别用碱液（或次氯酸钠溶液）、热水、清水等清洗干净。如设备较长时间不用，需在容器、管道中加入 1%～2% 的甲醛溶液或 2% 的次氯酸钠溶液加以保存。

3）压（封）盖机

（1）皇冠盖压盖。灌装后的瓶酒应及时压盖。压盖时应注意瓶盖压的松紧程度，压好后瓶盖周围的齿形凸起处应紧贴瓶口，不得有隆起或歪斜现象，否则易脱落或漏酒。图[4-53(a)]和图[4-53(b)]为自动压盖机的定位滑槽及压盖头的结构示意图。压盖机应随瓶子的大小、高低加以调节。如发现瓶盖压不紧，可将压盖机上部向下调节；如易轧碎瓶口、太紧而造成咬口,则可稍稍升高。

在压盖机上,瓶盖传送装置附设压缩空气装置,既可帮助送盖,又可除去瓶盖垫片上附着的异物等,以防异物混入酒内。

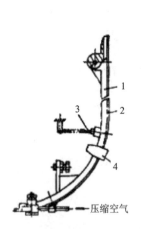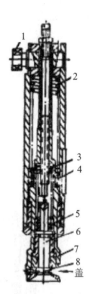

1.定位滑槽;2.盖板;
3.拉簧;4.排反盖门。

1.滚子;2、3.弹簧;4.大弹簧;5.小弹簧;
6.小轴;7.压盖环;8.导向环。

(a)自动压盖机的定位滑槽结构　　　　(b)自动压盖机的压盖头结构

图4-53　自动压盖机的结构示意图

(2)防盗盖封盖。这种封盖多用铝制成,事先未加工出螺纹,封口时用滚轮同向滚压铝盖,使之出现与螺纹形状相同的螺纹而将容器密封。这种封盖在封口时,封盖下端被滚压扣紧在瓶口凹棱上,启封时将沿其裙部周边的压痕断开而无法复原,故又称"防盗盖"。

防盗盖的封口过程大致可分为送盖、定位夹紧、滚纹封口和复位四步,并用专门的测定器对封盖进行检测。

送盖:散装在料斗中的铝制瓶盖由理盖机构整理,并按正确位向送到滚纹机头处。

定位夹紧:铝盖套装由送瓶装置及时送到瓶子口部,经滚纹机头上的导向罩定位后,压头下压瓶盖,并施加一定的压力,使瓶盖和瓶口在滚压过程中不发生相对运动。

滚纹封口:要实现滚纹封口,滚压螺纹装置必须完成下述运动。a.滚纹机头相对于封口机主轴完成周向旋转运动,以及相对于瓶体完成轴向升降运动。b.滚纹滚轮相对瓶体完成周向旋转运动和轴向直线运动(即螺旋运动)。c.滚纹滚轮和封边滚轮相对瓶体完成径向进给运动。在滚纹滚轮的作用下,铝盖的外圆上就会滚压出与瓶口螺纹形状相同的螺纹,使铝盖产生永久变形,并与瓶口螺纹完全吻合。而封边滚轮则滚压铝盖的裙边,使其周边向内收缩并扣在瓶口螺纹下沿的端面上,从而形成以滚压螺纹形式连接的封口结构。

复位:完成封口后,滚纹滚轮和封边滚轮沿径向离开铝盖,封盖封头上升复位。与此同时,瓶子离开封盖工位,从而完成一次工作循环。

封盖检测:a.封盖的酒瓶固定于测定器上,把转矩测定器指针拨到"0",再用手抓住瓶盖,向开瓶方向(即逆时针方向)拧动,这时要注意测定器指针的运行刻度。b.首先听到"嘎吱"的声响,这是第一转矩;再次拧动,听到同样的声响,这是第二转矩;最后,再次拧动并听到铝盖断开声,这就是第三转矩。第一转矩的标准值为$(12\pm4)kg/cm^2$,第二转矩的标准值为$(16\pm4)kg/cm^2$,第三转矩的标准值为$(10\pm4)kg/cm^2$。c.开盖转矩值测定完后,扎封盖的质量可用转矩测定器进行检测,检测方法如下。顺时针拧动瓶盖,当瓶盖的螺纹开始破裂,瓶盖只能空转,查看它的数值,即为返转拧矩,返转拧矩的标准值为$20kg/cm^2$。

4)喷淋灭菌机

机械化瓶装米酒生产一般采用隧道喷淋灭菌机。其主要有单层式(图4-54)和双层式(图4-55)两种。

图4-54 单层式隧道喷淋灭菌机

双层式隧道喷淋灭菌机的操作原理是:瓶装米酒在通过灭菌机通道的过程中,需利用六档或八档不同的温度喷淋灭菌。第一档:预热区,喷淋50~60℃温水。第二档:升温区,喷淋70~75℃热水。第三档:灭菌区,喷淋80~85℃热水。第四档:保温区,喷淋80℃热水。第五档:降温区,喷淋60~70℃热水。第六档:冷却区,喷淋50~55℃温水。瓶装米酒通过灭菌机通道时间约45min,其中,灭菌区和保温区约25min。

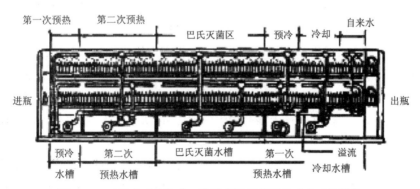

图4-55 双层式对侧进出口隧道喷淋灭菌机的喷水系统结构

喷淋水分配箱底部钻有筛孔,每班必须刷洗,水泵也有滤网,以保证喷淋水均匀、充分地喷洒于每瓶酒上,防止留有"死角"(即热水喷不到的地方)而造成漏灭菌。

灭菌机开机时,准备工作要做好。要求循环水泵与喷淋水分配箱各档温度均达到要求后,先运转几分钟,待正常后一起进入灭菌机通道,这样可防止酒瓶跌倒;喷淋灭菌机链条传送部分应经常添加润滑油,以保持运转灵活;喷淋水量要求畅通、均匀、无"死角";温度要求达到工艺要求。

灭菌后瓶装酒还需有专人检查。在灯光下检验,细小的颗粒或异物可以很明显地被发现。另外,如有瓶盖未轧实、密封不好、酒液漫至瓶口或发现漏酒等,均应将瓶拣出。

灭菌操作主要注意以下内容:①各区温度符合工艺条件。②喷淋压强为 0.2MPa～0.3MPa。③喷淋头畅通,不得阻塞。④运转平稳,每班要走完全部瓶子,瓶子不得在灭菌机内积存过夜。

5)贴标机

贴标机又称贴标签机,是将预先印刷好的标签贴到包装容器特定部位的机器。贴标机种类较多,有直线式、回转式、压捻式、转鼓式、刷贴式、压敏式等,另外还有单标贴标机、双标贴标机、多标贴标机(图 4-56)等,各企业可根据实际生产需要加以选择。

图 4-56 多标贴标机

贴标机操作包括取标、送标、涂胶、贴标、整平等工序。其工艺控制要求主要有以下几点:①机器开动前检查各部件是否正常,并加好润滑油。②确认商标、批号与产品是否一致,并校正生产日期。③通过试贴调整好商标粘贴效果,要求商标端正美观,紧贴瓶身与瓶颈处,不皱褶、不歪斜、不翘角、不重叠、不脱落。其中的正标要求双标上、下标签的中心线和瓶子中心线对中度允许偏差≤3mm;单标要求标签的中心度与瓶子对中度允许偏差≤2.5mm。

贴标的效率和质量不仅取决于机械的好坏,还取决于纸标的质量和粘贴剂的质量。纸标要求横向拉力强,厚度、软硬适中,粘后易于伏贴。粘贴剂要求接触玻璃粘力强、流动性好,但贴后易干燥。使用前,纸标宜储存于湿度较大的地方,以防止过干,不适合机械操作。

6)装箱机和出箱机

瓶酒装箱和空瓶出箱是一项繁重的体力劳动,可以通过专门的方式实现装箱和出箱的机械化(图 4-57)。如果采用立式的装箱和出箱方式,可利用气动夹头,夹住瓶口,再提起酒瓶装入箱内(或取出箱外)。装箱时要求依原来的排列方式成批装入箱内;出箱时可随意取出酒瓶而不管原来的排列次序。装箱时应添加填料,将酒瓶彼此隔开,可填加厚约 1mm 的木条或金属薄片等。如采用塑料箱,应制成厚约 1.5mm 带间隔的网膜。选用装箱机时,应根据瓶子特点(瓶形、容量、商标)和箱子特点,使排列成行的酒瓶被依次抓起,置于箱内。

图 4-57　全自动纸箱装卸系统

装箱机的气动夹头有多种类型,但结构大同小异。一般是金属或塑料制钟罩型夹头,中间衬有环状橡皮或尼龙夹套。在夹瓶时,橡皮夹套中充气,向内径方向鼓起,夹住瓶子。瓶子装入箱内后,夹套停止充气,夹套瘪下,瓶子即脱离夹头装入箱内。装箱机的夹头应做到高度安全操作、具备电气自控设备,只要失去一个瓶,就会自动停机。全自动的装箱机应在下列情况下自动停机:风压减小、缺少箱子、通过空箱、排错箱位、箱内有碎瓶、运输中断、台面拥塞。

第十节　CIP 清洗系统

食品加工生产设备,在使用前后甚至在使用中应进行清洗,主要有两方面原因:一方面,使用过程中其表面可能会结垢,从而直接影响操作的效能和产品的质量;另一方面,设备中的残留物会成为微生物繁衍场所或产生不良化学反应,这种残留物如进入下批食品中,会留下食品安全卫生隐患。食品加工生产设备可有不同的清洗方式。显然,小型简单的设备可以人工方式清洗;但大型或复杂的生产设备系统如采用人工方式清洗,则既费时又费力,而且往往难以取得必要的清洗效果。因此,现代食品加工生产设备多采用 CIP 清洗技术。

一、基本概念

CIP(cleanin gin place)是指就地清洗或现场清洗。它是指在不拆卸、不挪动机械设备的情况下,利用清洗液在封闭管线的流动冲刷作用或管线末端喷头的喷射作用,对输送管线及与食品接触的表面进行清洗。CIP 往往与 SIP(sterilizing in place,就地消毒)操作配合,有的 CIP 系统本身就包含 SIP 操作。CIP 清洗具有以下特点:①清洗效率高;②卫生水平稳定;③操作安全,节省劳动力;④减少清洗剂、水、蒸汽等的用量;⑤自动化程度高。

二、系统构成

典型的 CIP 系统如图 4-58 所示。图中的 3 个容器为 CIP 清洗的对象设备,它们与管路、阀门、泵以及清洗液贮罐等构成了 CIP 循环回路。同时,借助管阀阵配合,可以允许在部分设备或管路清洗的同时,另一些设备或管路正常运行。如图 4-58 所示,容器 1 正在进行就地清洗；容器2正在泵入生产过程的物料；容器3正在出料。管路上的阀门均为自动截止阀，根据控制系统的讯号执行开闭动作。

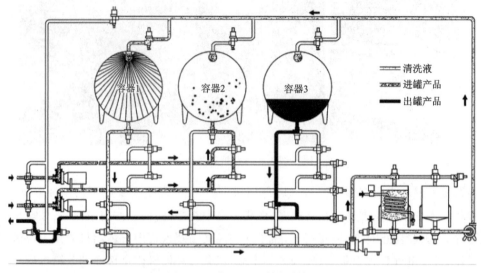

图 4-58　典型 CIP 清洗系统

CIP 系统通常由清洗液（包括净水）贮罐、加热器、送液泵、管路、管件、阀门、过滤器、清洗喷头、回液泵、待清洗的设备以及程序控制系统等组成，其中有些是必要的，如清洗液贮罐、加热器、送液泵和管路等；而另一些则是根据需要选配的，例如喷头、过滤器、回液泵等。

CIP 系统可以分为固定式与移动式两类。固定式指清洗液贮罐是固定不动的，与之配套的系列部件也保持相对固定，多数生产设备采用固定式 CIP 系统。

移动式 CIP 系统通常只有一个清洗液贮罐，并与泵及挠性管等装置构成可移动单元。移动式 CIP 系统多用于独立存在的小型设备清洗。图 4-59 为利用移动式装置与摔油机配合进行 CIP 清洗。

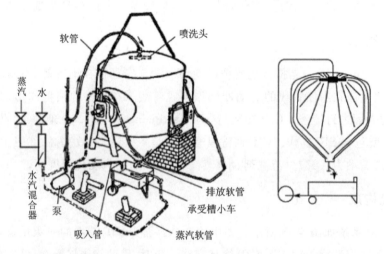

图 4-59　移动式装置与摔油机就地清洗组合

1. 清洗液贮罐

CIP 系统中的贮液槽用于洗液和热水的贮存。根据被清洗设备的数量和规模,CIP 系统的洗液和热水可用单罐和多罐贮存。如上所述,移动 CIP 清洗装置一般采用单罐式。供多台设备清洗用的固定式 CIP 系统往往采用多罐贮液。贮液罐数量一般由(包括热水在内的)清洗液种类和系统对贮罐洗液进出操作控制方案决定。

贮罐有立式和卧式两种形式。立式贮罐一般是相互独立的圆柱筒罐,图 4-60 所示为一种立式三罐式 CIP 系统。卧式贮液槽通常是由隔板隔成若干区的卧放圆筒。有时一个 CIP 系统的贮液容器既有卧式,也有立式。如图 4-61 所示的 CIP 装置中,有一个卧式槽和一个立式贮罐,卧槽分为两间,可分别贮存酸性洗液(如 1%～3% HNO_3 溶液)、碱性洗液(如 1%～3% $NaOH$ 溶液),右侧立式罐为清水罐。

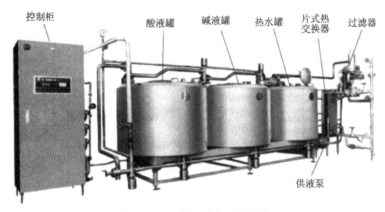

图 4-60　立式三罐式 CIP 系统

图 4-61　卧式贮液槽 CIP 系统

2. 加热器

CIP 清洗系统的加热器可以独立于贮液罐而串联在输液管路上,例如,图 4-60 所示的片式热交换器,也可采用套管式热交换器。加热器可以装在贮液槽(罐)内,例如,图 4-61 所示的各贮液槽(罐)内就设有蛇管式加热器。单机清洗用的单罐式 CIP 系统,往往用蒸汽混合方式加热。

3. 喷头

贮罐、贮槽和塔器等的清洗均需要清洗喷头。清洗喷头可以固定安装在需要清洗的容器内,也可以做成活动形式,需要清洗时再装到容器内。

清洗用的喷头有多种形式。按洗涤时的状态,喷头可分为固定式和旋转式两种。但无论是哪种形式的喷头,最需重视射程和喷头覆盖角度两个方面。需要指出的是,同一个喷头,在同样条件下,射得越远,其对污物的清洗力就越弱;用于小尺寸罐器设备的、有很好清洗效果的喷头,对于大罐器设备不一定能进行有效清洗。喷头的式样和结构关系到清洗质量的好坏,应根据容器的形状和结构进行选择。

固定式喷头是清洗时相对于接管静止不动的喷头。这种喷头多为球形,如图 4-62 所示。在球面上按一定方式开有许多小孔。清洗时,具有一定压力(101～304kPa)的清洗液从球面小孔向四周外射,对设备器壁进行冲洗。喷头水流的方向由喷头上的小孔位置与取向决定,常见的喷洗角度有 120°/240°,180°/360°等。由于开孔较多,这种喷头喷出的水射程有限(一般为 1～3m),所以一般用于较小设备的清洗。固定式喷头也可根据设备的具体情况进行专门设计,例如,图 4-62(c)所示为一种用于清洗布袋过滤器的喷头。

图 4-62 固定式不锈钢 CIP 喷头

对于体积较大的容器,往往需要采用旋转式喷头。旋转式喷头的喷孔数较少,因此,在一定的压力(一般为 304～1013kPa)作用下,可以获得射程较远(最远可达 10m 以上)和覆盖面较大(270°～360°)的喷射效果。除了射程和覆盖面以外,旋转式喷头的旋转速度也对清洗效果有较大影响。一般说来,旋转速度低,能获得的冲击清洗效果较好。旋转式喷头可进一步分为单轴旋转式和双轴旋转式两种类型。

单轴旋转式一般为单个球形或柱形喷头(图 4-63),在球面上适当位置开孔(孔截面多略呈偏形),可以得到270°～360°覆盖面不等的喷射。单轴旋转喷头的喷射距离一般不大(一般淋洗距离约为5m,清洗距离约为3m)。图4-64所示为单轴旋转喷头在容器内的喷洗情形。

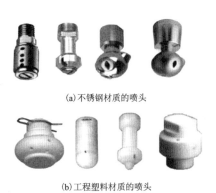

图 4-63　单轴旋转式 CIP 喷头　　　　图 4-64　单轴旋转式喷头的喷洗情形

双轴旋转式喷头的喷嘴可作水平和垂直两个方向的圆周运动,可对设备内壁进行360°的全方位喷洗。这种喷头的喷嘴数不多,一般只有2、3、4个和6个(图4-65),所以喷射距离较远(最大淋洗距离约12m,最大清洗距离约7.5m)。图4-66所示为一种三喷嘴双轴旋转式喷头的喷射情形。

图 4-65　双轴旋转式 CIP 喷头

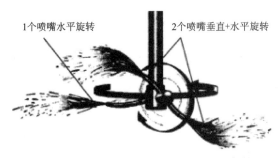

图 4-66　三喷嘴双轴旋转式喷头的喷射情形

4. 供液系统

CIP 的供液系统由管道、泵、阀和管件等构成。

1)管道

CIP 系统的管道由两部分构成:一是被清洗的物料管道;二是将清洗液引入被清洗系统

的管道。这些管道应对产品具有安全性，内表面光滑，接缝处不应有龟裂和凹陷。CIP清洗系统的水平管路有一定的倾斜度要求。

2）泵

CIP系统中的泵分供液泵和回液泵两类。供液泵用于将清洗液送到需要清洗的位置，为清洗液提供动能，以便以一定速度在管内流动和提供喷头所需的压力。一般系统均带有独立的供液泵。回液泵用于将清洗过的液体回收到贮液罐，供洗液回收使用，一些简单的系统可以不设回液泵。CIP系统一般采用不锈钢或耐腐蚀材料制造的离心泵，泵的规格由CIP清洗系统所需液体循环流量、管路长度和喷头所需压力决定。

3）阀和管件

阀在CIP系统中起控制各种液流（包括清洗液、食品料液）流向的作用。常用阀的形式有不锈钢的碟阀、球阀、座阀和组合式座阀等。根据CIP清洗系统的自动化程度，可以采用手动阀或自动阀。简单的系统采用手动阀即可，而复杂的清洗系统往往采用自动阀。除了阀以外，CIP系统供液管路上还需要有弯头、活接头等管件，这些管件均应满足卫生要求。另外，在手动控制的CIP系统中，为了将不同清洗液分配到各个需要清洗的设备，常采用管路分配板。

三、CIP系统的控制

CIP操作总体上需要控制的因素或完成的控制任务有以下几个：①CIP贮液罐的液位、浓度和温度等；②各洗涤工序（如酸洗工序、碱洗工序、中间清洗工序、杀菌工序、最后洗涤工序等）的时间（表4-10）；③不同被清洗设备的清洗操作时段切换。

表4-10 米酒工厂CIP清洗工序

工序	时间/min	溶液种类与温度	工序	时间/min	溶液种类与温度
1.预冲洗	3~5	常温或60℃以上温水	5.中间洗涤工序	5~10	常温或60℃以上温水
2.酸洗工序	5~10	1%~2%溶液，60~80℃	6.杀菌工序	10~20	氯水 $1.50 \times 10^{-4} mol/m^3$
3.中间洗涤工序	5~10	常温或60℃以上温水	7.最后洗涤工序	3~5	清水
4.碱洗工序	5~10	1%~2%溶液，60~80℃	—	—	—

以上控制操作，可以通过手动、自动或手动-自动混合方式实现。对于简单系统，可以用人工方式进行调控，人工调控的系统对于系统的阀门配置要求较简单；对于洗清程序复杂、被

清洗设备较多的系统,往往需要采用自动控制系统。CIP 系统可用继电器、PLC(programmable logic controller,可编程控制器)和工业控制计算机(简称工控机)等方式进行自动控制。继电器控制由于其分立元件多,接线复杂,易出现故障且不易查找等原因,将逐渐淘汰。PLC 具有运行可靠性高、利于顺序控制等特点,在 CIP 系统中应用较多。但是,该方式也有缺陷,即模拟量控制成本较高,在线参数设定困难等。

随着计算机技术的飞速发展,国外采用工控机的 CIP 系统越来越多。工控机可以通过各种工业 I/O 模板,将各个模拟量(如罐温、液位等)进行 A/D 转换后,在屏幕上直接显示,也可以用动态图线非常直观地显示各罐的液位、各阀门的状态和液体的流动方向及流动路线等。工控机系统的另一个优点是在线修改参数非常方便,针对不同的生产过程,工控机系统可以同时提供几种不同的清洗程序,并且提供具体参数在线修改对话框,且每次配置参数均可以保存下来,供下次启机时使用。值得一提的是,自动控制除了控制器本身成本以外,其他要求的硬件配置(如传感器、自动阀等)相对于人工控制而言,成本也将成倍增加。

本章小结

本章首先概述了米酒行业加工设备的发展与技术进步,然后根据米酒生产设备流程图,从原料的输送及预处理设备,原料筛选与分级设备,大米原料的处理设备,米酒蒸饭、冷却与拌曲设备,米酒发酵设备,米酒压滤设备,米酒调配、澄清和过滤设备,米酒灌装设备进行了逐一讲解,最后对米酒生产 CIP 清洗系统作了详细介绍。

思考题

1. 我国米酒加工设备的发展呈现怎样的规律?对你有何启发?
2. 如何保证车间设备安全运行?请就某个车间列出设备维护和保养操作规程。
3. 一般米酒企业采购的大米包装所用的是每袋 50kg,湖北某公司采购的是每袋 1000kg,这两种包装对于生产有何区别?
4. 浸米水温和时间如何掌握?
5. 蒸饭时如何判断生熟?如何掌握时间?如何根据米的温度来降温拌曲?
6. 如何选择正确的发酵罐?发酵时间根据什么来判断?
7. 不同压滤设备的区别有哪些?如何根据不同生产情况选择合适的压滤设备?怎样提高压滤效率?
8. 如何确定米酒的灭菌温度?常用灭菌方式有哪些?
9. 试设计米酒生产的 CIP 流程图。

第五章 米酒酿造的物料衡算

物料衡算是确定米酒生产过程中物料比例和物料转变定量关系的过程,是米酒工艺计算中最基本、最重要的内容之一。米酒工厂设计或改造工艺流程和设备,了解和控制生产操作过程,核算生产过程的经济效益,确定主副产品的产率,确定原材料消耗定额,确定生产过程的损耗量,便于技术人员对现有的工艺过程进行分析,选择最有效的工艺路线,确定设备容量、数量及主要尺寸,对设备进行最佳设计以及确定最佳操作条件等都要进行物料衡算。毫不夸张地说,米酒工厂新建、新增改造扩建工程都是以物料衡算为基础的。

第一节 物料衡算的方法和步骤

一般老厂改造是按该厂原有的技术经济定额为计算依据;新建厂则参考相同类型、相近条件工厂的有关技术经济定额指标,再以新建厂的实际情况做修正。物料衡算时,计算对象可以是全厂、全车间、某一生产线、某一产品,在一年、一个月、一日、一个班次或单位小时(也可以是单位批次)的物料数量。

一、物料衡算通用公式

物料衡算以质量守恒定律为基础对物料平衡进行计算。物料平衡是指在单位时间内进入系统(体系)的全部物料质量必定等于离开该系统的全部物料质量加上损失掉的和积累起来的物料质量。通用公式如下:

$$\sum G_{投入} = \sum G_{产品} + \sum G_{回收} + \sum G_{流失} \tag{5-1}$$

式中 $\sum G_{投入}$ ——投入系统的物料总量;

$\sum G_{产品}$ ——系统产出的产品和副产品总量;

$\sum G_{回收}$ ——系统中回收的物料总量;

$\sum G_{流失}$ ——系统中流失的物料总量。

产品量的计算应包括产品和副产品,流失量是除产品、副产品及回收量以外各种形式的损失量,污染物排放量也包括在其中。环境影响评价中的物料平衡计算是依据物料平衡的原理,在计算条件具备的情况下,估算出污染物的排放量。物料平衡计算包括总物料平衡计算、有毒有害物料平衡计算和有毒有害元素物料平衡计算。进行有毒有害物料平衡计算时,若投入的物料在生产过程中发生化学反应,可按下列总量法进行衡算:

$$\sum G_{排放} = \sum G_{投入} - \sum G_{回收} - \sum G_{处理} - \sum G_{转化} - \sum G_{产品} \tag{5-2}$$

式中　$\sum G_{排放}$——某物质以污染物形式排放的总量；

　　　$\sum G_{投入}$——投入物料中的某物质总量；

　　　$\sum G_{回收}$——进入回收产品中的某物质总量；

　　　$\sum G_{处理}$——经净化处理的某物质总量；

　　　$\sum G_{转化}$——生产过程中被分解、转化的某物质总量；

　　　$\sum G_{产品}$——进入产品结构中的某物质总量。

采用物料平衡计算污染物排放量时，必须对生产工艺、物理变化、化学反应及副反应和环境管理等情况进行全面了解，掌握污染排放的来源、辅助材料、燃料的成分和消耗定额、产品收率等基本技术数据。

工艺设计中，物料衡算是在工艺流程确定后进行的。其目的是根据原料与产品之间的定量转化关系，计算原料的消耗量，各种中间产品、产品和副产品的产量，生产过程中各阶段的消耗量以及组成，进而为热量衡算、其他工艺计算及设备计算打下基础。

二、物料平衡的计算方法和定额

一般新建米酒工厂的工艺设计都是以"班产量"为基准。具体如下：

$$每班耗用原料量(kg/班) = 单位产品耗用原料量(kg/t) \times 班产量(t/班) \tag{5-3}$$

$$每班耗用包装容器量(只/班) = 单位产品耗用包装容器量(只/t) \times 班产量(t/班) \times [1 + 0.1\%(损耗)] \tag{5-4}$$

$$每班耗用包装材料量(只或张/班) = 单位产品耗用包装材料量(只或张/t) \times 班产量(t/班) \tag{5-5}$$

$$每班耗用各种辅助材料量(t 或 kg/班) = 单位产品耗用各种辅助材料量(t 或 kg/t 成品) \times 班产量(t/班) \tag{5-6}$$

单位产品耗用的各种包装材料、包装容器也可参照上述方法计算。

以上仅指采用一种原料生产一种产品时的计算方法，若一种原料生产两种以上产品，则分别求出各产品的用量，再汇总求得。另外，在物料计算时，也可用原料利用率作为计算基础，通过各厂生产实际数据或试验，根据用去的材料和所得成品，算出原料消耗定额。不同产品消耗的原料、包装容器、包装材料、辅料千差万别。此外，这些技术经济定额指标也因地域不同，设备自动化程度的差异，原料品质和操作条件不同而有一定的变化幅度。我国目前条件下，这些经济技术定额指标大多是各食品厂在各自生产条件下总结出的经验数据，在选用计算时，可参考同类型工厂的有关技术经济定额指标，确定本设计中的物料计算定额。表 5-1 和表 5-2 是米酒物料平衡计算依据及机械化生产米酒的物料平衡表，供相关的米酒工厂在确定物料计算定额时参考。

表 5-1　米酒物料平衡计算依据

计算依据	计算单位	数值	备注
酒药出药率	干药重 kg/100kg 米粉	85	
传统手工糯米出饭率	饭重 kg/100kg 糯米	145 左右	
机械化糯米出酒率	酒重 kg/100kg 糯米	220	
清汁米酒投料总质量	配料总质量 kg/100kg 糯米	300～303	
传统清汁米酒出糟率	板糟 kg/100kg 糯米	35 左右	包括药曲质量在内
机械化清汁米酒出糟率	板糟 kg/100kg 糯米	26 左右	包括药曲质量在内

表 5-2　机械化生产米酒的物料平衡

投入			产出		
物料名称	糯米投料(kg/t)	米酒成品(kg/t)	物料名称	糯米投料(kg/t)	米酒成品(kg/t)
糯米	1000	454.55	板糟	264	120
药曲	10	4.55	产酒	2200	1000
酒母	112	57.14	—	—	—
吸水加水量	1780	809.00	—	—	—
合计	2902	1 325.24	合计	2464	1120

注：总损耗包括生成和排出的二氧化碳等物质的损耗，每100kg糯米以淀粉利用率86%计算，酿造过程中，生成和排出二氧化碳约为32kg，加上其他挥发性物质损失，约占总损失的60%以上，属于工艺过程的损耗约占总损耗的三分之一。

三、物料平衡图和平衡表

物料平衡计算结果通常用物料平衡图或物料平衡表来表示。

1. 物料平衡图

物料平衡图的绘制原理：任何一种物料的质量与经过加工处理后所得的成品及少量损耗之和在数值上是相等的。具体内容包括物料名称及质量、成品质量、物料的流向、投料顺序等事项。绘制物料平衡图时，物料主流向用实线箭头表示，必要时可以用细实线表示物料支流向。

2. 物料平衡表

物料平衡表样式见表 5-3。

表 5-3　物料平衡表　　　　　　　　　　　　　　　　　　　　　　　单位:kg

计算单位		名称						
		主、辅原料				产品		
						食品	正常损失	非正常损失
批次	质量百分比							
班次	质量备份比							

第二节　水用量的估算

对于米酒生产来说，水、汽的计算十分重要，而用水量与物料衡算、热量衡算等工艺计算以及设备的计算和选型、产品成本、技术经济等均有密切的关系。

一、用水量估算

估算车间用水量的目的是向给水设计提供用水要求，作为给水设计、车间管道设计、成本核算的依据。米酒生产工艺、设备或规模不同，生产过程用水量差异很大。即便是同一规模、同一工艺的米酒厂，单位成品耗水量往往也不相同。用水量估算的方法有按单位产品耗水量定额估算，按水的不同用途分项来进行估算，采用工艺计算的方法来估算三种。

二、用单位产品耗水量定额估算用水量

用单位产品耗水量定额估算生产车间的用水量，其方法简便，但比较粗略，目前在我国尚缺乏这方面具体和确切的技术经济指标。这是因为单位产品的耗水额会因地区不同、原料品种的差异以及设备条件、生产能力、管理水平等工厂实际情况的不同而有较大幅度的变化。一般来说，班产量越大，单位产品耗水量越低，给水能力也相应降低。

三、按水的不同用途分项估算用水量

米酒工厂生产车间的用水水质往往因用途不同而要求不同。因此，当有不同水质的水源时，应分别进行估算；当只有一种水源时，可以合并进行计算。

1. 产品工艺用水

产品工艺用水指直接添加到产品中的水，如饮料类制品配料用水、带汤汁罐头的汤汁配料用水、米酒的酿造用水等。这些产品用水水质要求很高，水质对产品质量有决定性的作用。因此，这些产品直接用水要根据产品的要求，选用符合要求、水质较好的水。产品工艺用水量应根据物料衡算中的加水量或配方中的加水量进行计算。

2. 原料、半成品的洗涤、冷却用水

原料、半成品的洗涤和冷却用水的水质要求也比较高。一般用自来水或其他符合饮用水标准的水。原料、半成品的洗涤、冷却用水以果蔬加工食品使用最多,通常在专门设备中进行(表 5-4)。

表 5-4 洗米、蒸煮及冷却设备用水

设备名称	生产能力/(t·h^{-1})	用水目的	用水量/(m^3·h^{-1})
浸米机	3	洗米	25～30
连续蒸饭机	34	蒸煮后冷却	15～20

3. 包装容器洗涤用水

硬质包装容器包括玻璃瓶、塑料瓶、马口铁罐、铝罐等。包装容器的洗涤用水的水质要求比较高,应按饮用水的水质标准。洗涤包装容器通常都是在洗涤设备中进行的,洗涤用水量与洗涤设备的设计有很大关系,表 5-5 是一些容器清洗设备的经验用水量。

表 5-5 一些容器清洗设备的用水量

设备名称	生产能力	用水目的	用水量/(m^3·h^{-1})
汽水瓶洗瓶机	3000 瓶/h	清洗汽水瓶	2.5
洗瓶机	6000 瓶/h	洗啤酒瓶	5
洗瓶机(德国)	12 000 瓶/h	洗啤酒瓶	3.6
洗瓶机(德国)	36 000 瓶/h	洗啤酒瓶	14.5
玻璃罐洗罐机	3000 罐/h	洗玻璃罐	2

4. 冷却、冷凝用水

设备的冷却、冷凝的间接式用水可用地下水或未经污染的江湖水,用水量较大的设备,应尽量考虑使用循环用水并附加冷却塔冷却用水设备。成品的冷却(包括包装后成品的冷却,如老米酒、清酒瓶等)则应采用饮用水或灭菌水。

用于间接加热杀菌的热交换器,一般是用待杀菌的物料来冷却刚杀菌的物料,刚杀菌物料冷却到一定温度后再用水冷却,这样可以节约冷却用水。热交换器的冷却用水量按传热方程式计算,水的温升考虑为 5～12℃,具体取值视水源而定。采用深井水则取最大的温升,采用自来水则取较少的温升。一些设备的冷却、冷凝用水量见表 5-6。

表 5-6　部分设备的冷却、冷凝用水量

设备名称	生产能力	用水目的	用水量/(m³·h⁻¹)	备注
600L 冷热缸	—	杀菌后冷却	5	煎酒用
1000L 冷热缸	—	杀菌后冷却	9	煎酒用
真空浓缩锅	蒸发量:300L/h	二次蒸汽冷凝	11.6	—
真空浓缩锅	蒸发量:1000L/h	二次蒸汽冷凝	39	—
双效浓缩锅	蒸发量:1200L/h	二次蒸汽冷凝	15~20	—
三效浓缩锅	蒸发量:3000L/h	二次蒸汽冷凝	20~30	—
常压连续式杀菌机	—	—	—	—
卧式杀菌机	1500 罐(1kg)/次	杀菌后冷却	15~20	铝罐用
板式换热器	10m³/h	杀菌后冷却	12	酒汁冷却
喷淋杀菌机	8000 瓶/h	冷却清米酒	6	清米酒用

5. 清洁用水

清洁用水包括清洗设备、墙壁、冲洗地坪等用水。清洗与食品接触的设备用水应按饮用水标准要求。其他卫生洗涤用水可采用井水或干净的江河水。清洁用水量一般在 5~10m³/h。

6. 车间生活用水

(1)习惯用水量:一般车间 25L/(人·班),较热的车间 35L/(人·班),较脏的车间 40L/(人·班)。

(2)按车间生活用水设施计算,计算标准见表 5-7。

表 5-7　车间生活设施用水量

用水设施	用水量 L/(人·班)	用水设施	用水量 L/(人·班)
洗水龙头	0.7	冲洗龙头	0.25
给水龙头	0.7	冲水式厕所	0.36
洗涤龙头	0.7	淋浴	0.48
冲洗龙头	2	盆浴	1.08
小便池龙头	0.13	饮水喷嘴	0.13

7. 车间消防用水

一般按每 2 只消防龙头用水量为 9m³/h 计算。特殊情况下,则按 14.5m³/h 计算。

8. 车间总用水量

车间总用水量并不是上述各分项用水量的总和,而应该考虑到分项的同时使用率。准确的计算应将上述各项用水量分别画出用水曲线,根据不同时间用水量的总和,计算出最大用水量,编制用水作业表(或图),这样可知道在生产用水高峰时的耗水情况。亦可将各分项用水量的总和乘以同时使用系数,作为车间的总用水量。同时使用系数一般取 0.6~0.8,视实际情况而定。上面介绍的用水量估算方法工作量较大,一般适用于设计新产品时使用,或者作为对经验数据的校核。对于一些经验数据、资料积累较多的行业,可直接引用经验数据和按产品耗水定额估算。

四、采用工艺计算法估算用水量

目前,我国很多食品工厂缺乏对各产品较准确的用水消耗定额数据。因此,为了估算用水量就得采用工艺计算法估算,但算得的理论数据往往比实际消耗的要低得多,仅供参考。至于低多少,这与生产中水的浪费量有关,而企业管理水平、工人素质等因素直接关系到生产用水的浪费量。

1. 制作米酒和添加液体等产品的需水量

制作米酒和添加液体等产品的需水量(S_1)可根据工艺要求及其产量来计算,计算公式如下:

$$S_1 = GZ\rho[1+(10\% \sim 15\%)] \tag{5-7}$$

式中　G——班产量(kg);
　　　Z——成品在调制过程中或添加液体时所需水量(kg/kg);
　　　ρ——水的密度(kg/m^3)。

2. 清洗物料或容器所需水量

清洗物料或容器所需水量(S_2)可按单位时间内水的流量及用水时间来计算,公式如下:

$$S_2 = \frac{\pi}{4} d^2 v t \rho \tag{5-8}$$

式中　d——清洗设备上进水管的内径(m);
　　　v——水在管道内的流速(m/s);
　　　t——清洗设备使用时间(s);
　　　ρ——水的密度(kg/m^3)。

3. 冷却用水计算

冷却用水主要用来使加热后的物料、产品或常温物料、产品降温,或者将蒸汽冷凝为水。冷却物料、产品及蒸汽的计算方法各不相同,这里分别予以介绍。

1) 冷却物料、产品用水计算（S_3）

按以下公式计算：

$$\begin{cases} S_3 = \dfrac{Q}{c(T_2-T_1)} \\ Q = G \cdot c_p \cdot (T_1'-T_2') \end{cases} \quad (5\text{-}9)$$

式中　Q——物料或产品冷却到所需温度后放出的热量（kJ）；

c——冷却水的比热容[kJ/(kg·K)]；

c_p——待冷却物料或产品的比热容[kJ/(kg·K)]；

G——待冷却物料或产品的质量（kg）；

T_1——冷却水初温（K）；

T_2——冷却水终温（K）；

T_1'——待冷却物料或产品的初温（K）；

T_2'——待冷却物料或产品的终温（K）。

以铝罐杀菌后冷却工艺为例，计算所需冷却水量。公式分别为

$$\begin{cases} S_3 = 2.303 \times (G_1\,c_1\lg\dfrac{T_3-T_1}{T_2-T_1} + G_2\,c_2\lg\dfrac{T_3-T_1}{T_4-T_1}) \\ c_2 = (G_3\,c_3 + G_4\,c_4 + G_5\,c_5 + G_6\,c_6)/G_2 \end{cases} \quad (5\text{-}10)$$

式中　G_1——铝罐内容物的质量（kg）；

c_1——铝罐内容物比热容[kJ/(kg·K)]；

G_2——杀菌锅、杀菌篮（或车）、铝罐容器和锅内水的质量之和（kg）；

c_2——杀菌锅、杀菌篮（或车）、铝罐容器和锅内水的平均比热容[kJ/(kg·K)]；

G_3——杀菌锅的质量（kg）；

c_3——杀菌锅的比热容[kJ/(kg·K)]；

G_4——杀菌篮的质量（kg）；

c_4——杀菌篮的比热容[kJ/(kg·K)]；

G_5——铝罐容器的质量（kg）；

c_5——铝罐容器的比热容[kJ/(kg·K)]；

G_6——杀菌锅内水的质量（kg）；

c_6——杀菌锅内水的比热容[kJ/(kg·K)]；

T_1——冷却水初温（K）；

T_2——内容物最终冷却温度（K）；

T_3——铝罐杀菌温度（K）；

T_4——杀菌锅、杀菌篮、铝罐容器最终温度（K）。

冷却水消耗量度（$\overline{S}_3$）

$$\overline{S}_3 = \dfrac{S_3}{t} \quad (5\text{-}11)$$

式中　S_3——冷却水消耗量（kg）；

t——冷却时间(s)。

2)蒸汽冷凝所需水量(S_4)

$$S_4 = \frac{G(i-i_0)}{c(T_2-T_1)} \tag{5-12}$$

式中　G——蒸汽量(kg/s);

i——蒸汽热焓(kJ/kg);

i_0——蒸汽冷凝液热焓(kJ/kg);

c——冷却水比热容[kJ/(kg·K)];

T_2——冷却水出口温度(K);

T_1——冷却水进口温度(K)。

4. 冲洗地坪耗水量

根据实际测定,1t水大约可冲的地坪面积为$40m^2$,食品厂生产车间每4h冲洗1次,即每班至少冲洗2次,则

$$S_5 = \frac{M}{40} \times 2 \tag{5-13}$$

式中　M——生产车间地坪面积(m^2)。

根据生产车间的工艺要求,可算出每班生产过程的耗水量,再根据班产量即可得到生产1t成品的耗水量,之后按上述资料编制用水作业表(或图)。

第三节　用汽量的估算

车间生产用热主要是利用水蒸气作为热源。一般米酒工厂使用低压饱和蒸汽,但有些工厂也使用压力稍高的饱和蒸汽或过热蒸汽。

按生产工艺要求,凡需要用汽的工序或设备都要进行用汽量的计算,各工序用汽量的总和就是耗汽量。计算所得的耗汽量与实际用量之间存在一定差异,其差异大小也与企业管理水平和工人素质有关。用汽量计算的方法可按单位产品耗汽量定额估算。

一、单位产品耗汽量定额估算

按单位产品耗汽量定额估算用汽量,包括按单位吨产品耗汽量估算、按主要设备的用汽量估算及按食品工厂生产规模大小来拟定供汽能力三种方法。表5-8是部分用汽设备的用汽量表。

表5-8　部分用汽设备的用汽量表

设备名称	设备能力	用汽目的	用汽量/(t·h^{-1})	用汽性质
可倾式夹层锅	300L	加热	0.12~0.15	间歇
五链排气箱	#10124235罐/次	排气	0.15~0.2	连续

续表 5-8

设备名称	设备能力	用汽目的	用汽量/(t·h^{-1})	用汽性质
立式杀菌锅	♯8113552 罐/次	杀菌	0.2~0.25	间歇
卧式杀菌锅	♯81132300 罐/次	杀菌	0.45~5.00	间歇
常压连续杀菌机	♯8113608 罐/次	杀菌	0.25~0.3	连续
双效浓缩锅	蒸发量 1000kg/h	浓缩	0.4~0.5	连续
双效浓缩锅	蒸发量 400kg/h	浓缩	2~2.5	连续
擦罐机	6000 罐/h	烘干	0.06~0.08	连续
KDK 保温缸	100L	消毒杀菌	0.34	间歇
片式热交换器	3t/h	消毒杀菌	0.13	连续
洗瓶机	20 000 瓶/h	洗瓶	0.6	连续
洗桶机	180 个/h	洗桶消毒	0.2	连续
真空浓缩锅	300L/h	浓缩	0.35	间歇或连续
真空浓缩锅	700L/h	浓缩	0.8	间歇或连续
真空浓缩锅	1000L/h	浓缩	1.13	间歇或连续
双效真空浓缩锅	1200L/h	浓缩	0.5~0.72	连续
三效真空浓缩锅	3000L/h	浓缩	0.8	连续
喷雾干燥塔	75kg/h	干燥	0.3	连续
喷雾干燥塔	350kg/h	干燥	1.05	连续

二、用汽量计算

每台设备在加热过程中所消耗的热量应等于加热产品和设备所消耗的热量，生产过程的热效应（固体溶解、溶液蒸发等）以及通过对流和辐射损失到周围介质中的热量总和。

$$\sum Q_\text{入} = Q_1 + Q_2 + Q_3 \tag{5-14}$$

式中　Q_1——物料带入的热量(kJ)；

Q_2——由加热剂（或冷却剂）传给设备和所处理的物料的热量(kJ)，Q_2 在本节最后根据加热（或冷却）介质及其用量来计算；

Q_3——溶剂蒸发耗热量。

物料升温、溶剂蒸发、热损失、蒸汽消耗量等的计算公式如下。

1. 物料升温耗热量计算

$$Q_1 = Wc(T_2 - T_1) \tag{5-15}$$

式中　Q_1——物料升温所需热量(J)；

W——物料量(kg)；

c——物料比热容[查看有关设计手册,单位:kJ/(kg·K)];
T_2——物料终温(K);
T_1——物料初温(K)。

2. 溶剂蒸发耗热量计算

$$Q_3 = W\gamma \tag{5-16}$$

式中　γ——汽化潜热(J/kg);
　　　W——蒸发了的溶剂量(kg)。

W 可按以下方程式计算。

(1)在浓度改变时:

$$W = \omega(1 - n/m) \tag{5-17}$$

式中　ω——物料量(kg);
　　　n——开始时干物质含量的百分率(%);
　　　m——终点时干物质含量的百分率(%)。

(2)溶剂从湿物体表面自由蒸发时:

$$\begin{cases} W = KS(p - \Phi p_1)\tau \\ K = 0.074\ 5\ (Vd)^{0.8} \end{cases} \tag{5-18}$$

式中　K——与液体性质及空气运动速度有关的相对系数[kg/(m²·s·mmHg)],1mmHg =133.322Pa(下同),水及溶液可按上式确定,V 与 K 值的对应见表5-9;
　　　V——空气运动速度(m/s);
　　　d——空气密度(kg/m³);
　　　S——蒸发表面积(m²);
　　　p_1——在周围空气的温度下,液体的饱和蒸汽压(mmHg);
　　　p——在蒸发温度下,液体的饱和蒸汽压力(mmHg);
　　　Φ——空气的相对湿度,一般为0.7;
　　　τ——蒸发时间(s)。

表5-9　V 与 K 值对应表

V/(m/s)	0.5	1	1.5	2
K/[kg/(m²·s·mmHg)]	0.036	0.036	0.114	0.145

(3)在液体自蒸发时:

$$W = \frac{\omega c(T_1 - T_2)}{\gamma} \tag{5-19}$$

式中　ω——产品质量(kg);

c——产品比热容[kJ/(kg·K)];

T_1——产品开始的温度(K);

T_2——产品最后的温度(K);

γ——液体在最后温度下的汽化潜热(J/kg)。

3. 输出热量总和

$$\sum Q_{出} = Q_4 + Q_5 + Q_6 + Q_7 \tag{5-20}$$

式中　Q_4——物料带出的热量(kJ);

Q_5——加热设备需要的热量(kJ);

Q_6——加热物料所需的热量(kJ);

Q_7——气体或蒸汽带出的热量(kJ)。

$$\sum Q_{损} = Q_8 \tag{5-21}$$

Q_8 为设备向环境散热;Q_4 带出热量计算同 Q_1;Q_5 加热设备耗热量。为了简化计算,可忽略其设备不同部分带来的温度差异;Q_6 加热物料需要的热量。

$$Q_6 = \infty c(t_2 - t_1) \tag{5-22}$$

式中　∞——物料质量(kg);

c——物料比热容[kJ/(kg·K)];

t_1, t_2——物料加热前后的温度(℃)。

Q_7 气体或蒸汽带出热

$$Q_7 = \sum m(ct + r) \tag{5-23}$$

式中　m——离开设备的气态物质(如空气、CO_2 等)量(kg);

c——液态物料由 0℃升温至蒸发温度的平均比热容[kJ/(kg·K)];

t——气态物料温度(℃);

r——蒸发潜热(kJ/kg)。

加热设备表面由于对流及辐射向周围环境散热所造成的热损失计算

$$Q = S\tau\alpha_0(T_1 - T_2) \tag{5-24}$$

式中　S——设备表面积(m);

τ——对流和辐射散热的时间(s);

T_1——设备壁面平均温度(K);

T_2——周围空气的平均温度(K);

α_0——对流及辐射总的给热系数[J/(m²·s·K)],$\alpha_0 = \alpha_1 + \alpha_2$。

α_0 作为对流给热系数,在空气自由运动时,可按下面方程式得到:

当 $GrPr = 500 \sim (2 \times 10^6)$ 时,$\alpha_1 = 0.54 \dfrac{\lambda}{l}(GrPr)^{0.25}$;

当 $GrPr > 2 \times 10^6$ 时,$\alpha_1 = 0.135 \dfrac{\lambda}{l}(GrPr)^{\frac{1}{3}}$。

式中　Gr——格拉斯霍夫数;

Pr —— 普朗特数；

λ —— 空气的导热系数[kJ/(m·s·K)]；

l —— 壁高度(m)。

对流给热系数的近似计算如下：

$$\alpha_1 = 1.997 \sqrt[4]{T_1 - T_2} \tag{5-25}$$

辐射给热系数的近似计算如下：

$$\alpha_2 = \frac{C\left[\left(\frac{T_1}{100}\right)^4 - \left(\frac{T_2}{100}\right)^4\right]}{T_1 - T_2} \tag{5-26}$$

式中　T_1 —— 设备壁面平均温度(K)；

　　　T_2 —— 周围空气平均温度(K)；

　　　C —— 灰体辐射系数[J/(m²·s·K⁴)]，对实际面热辐射行为近似估算，灰体的辐射系数等于黑度乘以黑体的辐射系数(表5-10)。

表 5-10　灰体的辐射系数

物质名称	黑度 ε	辐射系数($C=5.70\varepsilon$)/[J/m²·s·K⁴]
经氧化的铝	0.11～0.19	0.63～1.08
新加工的钢体	0.242	1.38
经氧化的、平滑的钢板	0.78～0.82	4.45～4.67
经氧化的铸铁	0.64～0.78	3.65～4.45
暗淡的黄铜	0.22	1.25
经氧化的黄铜	0.59～0.61	3.36～3.48
经磨光的铜	0.018～0.023	0.10～0.13
经氧化的铜	0.57～0.87	3.25～4.96
石棉板	0.96	5.47
砖	0.93	5.3
不同颜色的油料	0.92～0.96	5.24～5.47

4. 由热量衡算式算出该设备所需总的热量 Q 之后，再根据不同载热体算出载热体的需要量

下面以蒸汽和液体两种载体为例，列出其计算公式。

1)蒸汽消耗量的计算

$$\begin{cases} Q = (i_1 - i_2) \\ W = \dfrac{Q}{i_1 - i_2} \end{cases} \tag{5-27}$$

式中　W —— 蒸汽消耗量(kg)；

　　　Q —— 加热过程中的热量总消耗(J)，$Q = Q_1 + Q_2 + Q_3 + \cdots + Q_n$；

i_1——蒸汽热焓(J/kg);

i_2——冷凝液的热焓(J/kg)。

冷凝液的热焓可由下式求得:

$$i_2 = c_2 T_2 \tag{5-28}$$

式中 c_2——冷凝液的比热容,冷凝水 $c_2=4.2$[单位:J/(kg·K)];

T_2——冷凝液的温度(K),与加热蒸汽温度之差在 5~8℃,实际取加热蒸汽温度 T 的近似值。

2)载热体为液体的消耗量

$$W = \frac{Q}{c(T_1 - T_2)} \tag{5-29}$$

式中 W——液体载热的消耗量(kg);

c——液体载热体的比热容[kJ/(kg·K)];

T_1——载热体的开始温度(K);

T_2——载热体的最终温度(K)。

5. 求设备的加热面积 S 或过程时间

可用传热的一般方程

$$\begin{cases} Q = SK\Delta T\tau \\ S = \dfrac{Q}{K\Delta T\tau} \\ \tau = \dfrac{Q}{K\Delta TS} \end{cases} \tag{5-30}$$

式中 τ——过程时间(s);

Q——设备总的热量消耗量,等于在单独条件热量消耗的总和(J);

S——传热面积(m²);

ΔT——载热体和接收热量的介质的平均温度(K);

K——传热系数[J/(m²·s·K)]。

如果两种流体的温度随时间或者沿传热面而改变,则当开始温度差 ΔT_1 及最后温度差 ΔT_2 满足 $\dfrac{1}{2} < \dfrac{\Delta T_1}{\Delta T_2} < 2$ 时,总的平均温度差可取两者的算术平均数。即

$$\Delta T = (\Delta T_1 + \Delta T_2)/2 \tag{5-31}$$

但当 $\dfrac{\Delta T_1}{\Delta T_2} \leqslant \dfrac{1}{2}$ 或 $\dfrac{\Delta T_1}{\Delta T_2} \geqslant 2$ 时,则可取对数平均温差:

$$\Delta T = \frac{\Delta T_1 - \Delta T_2}{2.31\lg \dfrac{\Delta T_1}{\Delta T_2}} \tag{5-32}$$

传热系数 K 取决于固体壁两侧的给热系数 α_1、α_2 以及固体壁的厚度 δ 和材料的导热系数 λ。K 值可按下式求得:

$$K = \frac{1}{\frac{1}{\alpha_1} + \frac{1}{\alpha_2} + \sum \frac{\delta}{\lambda}}$$ (5-33)

给热系数 α 的确定，必须充分掌握流动情况，否则得出的结果就难以与实际情况相符。根据生产车间的工艺要求，可以算出生产过程中各热处理设备的消耗量。再根据班产量，就可算出 1t 成品的耗汽量。然后，编制生产过程的用汽作业图表，按用汽高峰来计算耗汽量。

本章小结

物料衡算是确定米酒生产过程中物料比例和物料转变的定量关系的过程。本章归纳了米酒生产物料衡算的方法和步骤，并对用水量、用汽量估算过程进行了详细说明，为米酒厂控制生产操作过程、核算单元过程的经济效率提供了理论依据。

思考题

1. 怎样计算和绘制出一份正确的物料衡算图？
2. 请设定一车间米酒产品的生产能力，完成其物料衡算和设备选型计算。
3. 如何降低车间用水量以及提高用水效率？
4. 车间用汽设备怎样进行保养和节能？请举例说明。

第六章　米酒酿造工厂的清洁生产与检测项目

当今全球环境面临前所未有的挑战:污染亟待解决,环境问题突出;传统的末端治理效果不理想;生产的过程中产生的大量消耗及污染,已成为工业污染中的主要来源。正因如此,选择可持续发展的道路,已成为各个企业必然的选择。实践证明,清洁化生产是实施企业可持续发展战略的最佳路线。

一些发达国家通过多年来对污染的治理以及长期的实践证明,想要从根本上解决生产中的污染问题,一定要充分重视"预防为主、防治相结合"的理念,最大化地清理生产过程中产生的污染,对生产过程中的每一个环节进行全面有效的管控治理。1970 年,国际上一些先进的企业就开始了探究、研发,并在生产环节中采用了清洁工艺,针对企业污染控制这一课题提出了全新的污染预防及治理办法,企业生产清洁化是经济和环境和谐发展的最佳措施,有着极大的战略意义。发达国家已经通过技术手段和立法推广宣传等众多举措,推动着本国清洁化生产的深度和广度。

我国也把"节能减排"作为调节经济结构、改变经济发展模式、促进科学发展的重要手段,在不断推广。习近平总书记早在担任浙江省委书记时就提出"绿水青山就是金山银山"的科学论断,加大力度发展绿色、低碳、可循环经济,清洁生产工作取得了显著的成效,同时使国内企业提升了市场竞争力,提高了资源、能源的转换率和利用率,获得了更多的经济、环境、社会效益。

米酒酿造作为一项民族传统技艺,历史悠久。在激烈的市场竞争中,行业要进一步提高,生产企业需要进一步提升生产技术,才能够有效地提高市场竞争力,获得长久发展。米酒酿造企业改革将为其未来发展创造重要机遇,清洁化生产必将是整个企业改革和发展中的一个至关重要的创新点。

第一节　清洁生产审核与评价体系建立

一、清洁生产概述

清洁生产是指使用清洁的能源和原料、采用先进的工艺技术与设备、改善管理、综合利用等措施,从源头削减污染,提高资源利用效率,减少或者避免生产、服务和产品使用过程中污染物的产生和排放,以减轻或者消除对人类健康和环境的危害。

二、实施清洁生产的途径和方法

（1）合理布局、调整和优化经济结构和产业产品结构，以解决影响环境的"结构型"污染和资源能源的浪费；同时，在科学区划和地区合理布局方面，进行生产力的科学配置，组织合理的工业生态链，建立优化的产业结构体系，以实现资源、能源和物料的闭合循环，并在区域内削减和消除废物。

（2）在产品设计和原料选择时，优先选择无毒、低毒、少污染的材料替代原有毒性较大的原辅材料，以防止原料及产品对人类和环境的危害。

（3）改革生产工艺，开发新的工艺技术，采用和更新生产设备，淘汰陈旧设备。采用能够让资源和能源利用率高、原材料转化率高、污染物产生量少的新工艺和设备，代替那些资源浪费大、污染严重的落后工艺设备。优化生产程序，减少生产过程中资源浪费和污染物的产生，尽最大努力实现少废或无废生产。

（4）节约能源和原材料，提高资源利用水平，做到物尽其用。通过资源、原材料的节约和合理利用，使原材料中的所有组分通过生产过程尽可能地转化为产品，消除废物的产生，实现清洁生产。

（5）开展资源综合利用，尽可能多地采用物料循环利用系统。如水的循环利用及重复利用，以达到节约资源，减少排污的目的；使废弃物资源化、减量化和无害化，减少污染物排放。

（6）依靠科技进步，提高企业技术创新能力，开发、示范和推广无废、少废的清洁生产技术设备。加快企业技术改造步伐，提高工艺技术装备和水平，通过重点技术进步项目（工程）实施清洁生产方案。

（7）强化科学管理，改进操作。国内外的实践表明，工业污染有相当一部分是由于生产过程管理不善造成的，只要改进操作，改善管理，不需花费很大的经济代价，便可获得明显的削减废物和减少污染的效果。主要方法是：落实岗位和目标责任制，防止生产事故，使人为的资源浪费和污染物排放减至最小；加强设备管理，提高设备完好率和运行率；开展物料、能量流程审核；科学安排生产进度；改进操作程序；组织安全文明生产，把绿色文明渗透到企业文化之中；等等。推行清洁生产的过程也是加强生产管理的过程，它在很大程度上丰富和完善了工业生产管理的内涵。

（8）开发、生产对环境无害、低害的清洁产品。从产品抓起，将环保因素预防性地注入到产品设计之中，并考虑其整个生命周期对环境的影响。

上述途径可单独实施，也可互相组合起来加以综合实施。应采用系统工程的思想和方法，以资源利用率高、污染物产生量小为目标，使清洁生产与企业开展的其他工作相互促进、相得益彰。

三、清洁生产审核

1. 清洁生产审核

按照一定程序，对生产和服务过程进行调查和诊断，找出能耗高、物耗高、污染重的原因，提出减少有毒有害物料的使用、产生,降低能耗、物耗以及废物产生的方案,进而选定技术经济及环境可行的清洁生产方案的过程。

2. 审核程序、目的要求和工作内容

(1)审核准备。目的和要求:此阶段的目的是在米酒企业中启动清洁生产审核,"双超"类型企业必须依法强制性限时开展清洁生产审核工作。工作内容:取得领导的支持,组建审核小组,制订审核工作计划,开展宣传教育。

(2)预审核。目的和要求:预审核阶段的目的是对米酒企业的全貌进行调查分析,发现其存在的主要问题及清洁生产潜力和机会,从而确定审核的重点,并针对审核重点设置清洁生产目标。预审核应从生产全过程出发,对企业现状进行调研和考察。对于"双超"类型企业,要摸清污染现状和主要产污节点,通过定性比较或定量分析确定审核重点。同时,征集并实施简单易行的无/低费方案。工作内容:①进行企业现状调研,列出污染源清单。②进行现场考察。考察从原料入厂到米酒出厂的整个生产过程,重点是各产污排污环节、水耗和(或)能耗大的环节、设备事故多发的环节或部位。查阅生产和设备维护记录;与工人及技术人员座谈,征求意见;考察实际生产管理。③评价产污排污状况。评价米酒企业执行国家及当地环保法规及行业排放标准等的情况。与国内同类企业产污排污状况对比,从8个方面对产污原因进行初步分析,即产品更新、原材料替代、技术革新、过程优化、改善设备的操作和维修、加强生产管理、员工的教育和培训以及废物的回收利用和综合处理。④确定审核重点。米酒企业通常包括制曲车间、蒸煮车间、发酵车间、蒸馏车间和灌装车间等几个主要生产车间和辅助车间。对于动力热力车间,审核重点可以是其中之一;可以是生产过程中的一个主要设备,如蒸煮锅、发酵设备等;也可以是企业所关注的某个方面,如高的热能消耗、高的水消耗、高的原料消耗或高的废水排放等。

确定审核重点的原则如下:①污染严重的环节或部位。②消耗大的环节或部位。③环境及公众压力大的环节或问题。④清洁生产潜力大的环节或部位。⑤设置清洁生产目标,应定量化、可操作化,并具有激励作用。清洁生产目标应分为近期目标(审核工作完成的时间)和中远期目标(1—3年)。"双超"类型企业必须在应当实施清洁生产审核企业的名单公布后一年内完成清洁生产审核工作。设置清洁生产目标的依据为,"双超"类型企业清洁生产审核后必须满足环境保护部(现为生态环境部)颁布实施的米酒制造业清洁生产标准的三级标准指标要求;根据本企业历史最高水平;参照国内外同行业、类似规模、工艺或技术装备的企业的先进水平。⑥提出和实施无/低费方案。通过对产品更新、原材料替代、技术革新、过程优化、改善设备的操作和维修、加强生产管理、员工的教育和培训以及废物的回收利用和综合处理8个方面的分析,考虑本企业内是否存在无须投资或投资很少,易在短期见效的清洁生产措施,即无/低费清洁生产方案,边提出,边实施,并及时总结,加以改进。审核小组应将工作表分发到员工手中,鼓励员工提出有关清洁生产的合理化建议,并实施明显可行的无/低费方案。

(3)审核。目的与要求:审核是米酒企业清洁生产审核工作的第三阶段,目的是通过审核重点的物料平衡,发现物料流失的环节,找出废物产生的原因,查找物料储运、生产运行、管理以及废物排放等方面存在的问题,寻找与国内外先进水平的差距,为清洁生产方案的产生提供依据。进行物料实测是企业开展审核最重要的步骤之一，企业需投入一定的资金开展这项工作。工作内容：收集汇总审核重点的资料；收集审核重点的各项基础资料，并进行现场调查；编制审核重点的工艺流程图、工艺设备流程图、各单元操作流程图及功能说明表。实测输入、输出物流：制订现场实测计划，包括监测项目、点位、时间、周期、频率、条件和质量保证等。检验监测仪器和计量器具：实测所有进入审核重点的物流（原料、辅料、水、气、中间产品、循环利用物等）；实测所有输出物流（产品、中间产品、副产品、循环利用物、废物等）。建立物料平衡：进行平衡测算，输入总量及主要组分和输出总量及主要组分之间的误差应小于5%。编制米酒企业物料平衡、水平衡和能量平衡图，标明各组分的数量、状态（例如温度）和去向；"双超类型"企业必须编制物料平衡和水平衡图；当审核重点的水平衡不能全面反映问题或水耗时，应考虑编制全厂范围内的水平衡图。依据物料平衡的结果评估审核重点的生产过程，确定物料流失和废物产生的部位及环节。分析废物产生的原因：针对每一个物料流失和废物产生部位的每一种物料和废物，分别从影响生产过程的8个方面，即原辅材料及能源、技术工艺、设备、过程控制、产品、废物特征、管理和员工，来分析废物产生原因。

四、清洁生产审核评估与验收指南

为科学规范推进清洁生产审核工作，保障清洁生产审核质量，指导清洁生产审核评估与验收工作，根据《中华人民共和国清洁生产促进法》和《清洁生产审核办法》（2016年国家发展和改革委员会、环境保护部令第38号），制定了详细条款的指南。

该指南所称清洁生产审核评估是指企业基本完成清洁生产无/低费方案，在清洁生产中/高费方案可行性分析后和中/高费方案实施前的时间节点，对企业清洁生产审核报告的规范性、清洁生产审核过程的真实性、清洁生产中/高费方案及实施计划的合理性和可行性进行技术审查。表6-1~表6-4为评估、验收、审查意见样表。

表6-1 清洁生产审核评估评分表

企业名称：＿＿＿＿＿＿＿＿＿＿＿＿＿＿＿＿　　　　　　　　　　年　　月　　日

序号	指标内容	要求	分值	得分
一、清洁生产审核报告规范性评估				
1	报告内容框架符合性	清洁生产审核报告符合《清洁生产审核指南制订技术导则》中附录E的规定	3	
2	报告编写逻辑性	体现了清洁生产审核发现问题、分析问题、解决问题的思路和逻辑性	7	
二、清洁生产审核过程真实性评估				

续表 6-1

序号	指标内容	要求	分值	得分
1	审核准备	企业高层领导支持并参与	2	
		建立了清洁生产审核小组,制订了审核计划	1	
		广泛宣传教育,实现全员参与	1	
2	现状调查情况	企业概况、生产状况、工艺设备、资源能源、环境保护状况、管理状况等情况内容齐全,数据详实	4	
		工艺流程图能够体现主要原辅物料、水、能源及废物的流入、流出和去向,并进行了全面合理的介绍和分析	3	
		对主要原辅材料、水和能源的总耗和单耗进行了分析,并根据清洁生产评价指标体系或同行业水平进行客观评价	4	
3	企业问题分析情况	能够从原辅材料(含能源)、技术工艺、设备、过程控制、管理、员工、产品、废物等 8 个方面全面合理地分析和评价企业的产排污现状、水平和存在的问题	3	
		客观说明纳入强制性审核的原因,污染物超标或超总量情况,有毒有害物质的使用和排放情况	2	
		能够分析并发现企业现存的主要问题和清洁生产潜力	3	
4	审核重点设置情况	能够将污染物超标、能耗超标或有毒有害物质使用或排放环节作为必要考虑因素	4	
		能够着重考虑消耗大、公众压力大和有明显清洁生产潜力的环节	2	
5	清洁生产目标设置情况	能够针对审核重点,定量化、可操作化,时限明确	4	
		如是"双超"企业,其清洁生产目标设置能使企业在规定的期限内达到国家或地方污染物排放标准、核定的主要污染物总量控制指标、污染物减排指标;如为"高耗能"企业,其清洁生产目标设置能使企业在规定的期限内达到单位产品能源消耗限额标准;如为"双有"企业,其清洁生产目标设置能体现企业有毒有害物质减量或减排要求	4	
		对于生产工艺与装备、资源能源利用指标、产品指标、污染物产生指标、废物回收利用指标及环境管理要求指标设置至少达到行业清洁生产评价指标三级基准值的目标	3	

续表 6-1

序号	指标内容	要求	分值	得分
6	审核重点为资料的准备情况	能涵盖审核重点的工艺资料、原材料和产品及生产管理资料、废弃物资料、同行业资料和现场调查数据等	3	
		审核重点的详细工艺流程图或工艺设备流程图符合实际流程	3	
7	审核重点为输入输出物流实测情况	准备工作完善,监测项目、监测点、监测时间和周期等明确,监测方法符合相关要求,监测数据详实可信	4	
8	审核重点物料平衡分析情况	准确建立了重点物料、能源、水和污染因子等平衡图,针对平衡结果进行了系统的追踪分析,阐述清晰	6	
9	审核重点废弃物产生原因分析情况	结合企业的实际情况,能从影响生产过程的8个方面深入分析,找出审核重点物料流失或资源、能源浪费、污染物产生的环节,分析物料流失和资源浪费原因,提出解决方案	6	
三、清洁生产方案可行性的评估				
1	无/低费方案的实施	无/低费方案能够遵循边审核边产生边实施原则基本完成,并能够现场举证,如落实措施、制度、照片、资金使用账目等可查证资料	3	
		对实施的无/低费方案进行了全面、有效的经济和环境效益的统计	3	
2	中/高费方案的产生	中/高费方案针对性强,与清洁生产目标一致,能解决企业清洁生产审核的关键问题	6	
3	中/高费方案的可行性分析	中/高费方案具备详实的环境、技术、经济分析	6	
		所有量化数据有统计依据和计算过程,数据真实可靠	6	
4	中/高费方案的实施计划	有详细合理的统筹规划,实施进度明确,落实到部门	2	
		具有切实的资金筹措计划,并能确保资金到位	2	
总 分			100	

专家签名: 时间: 年 月 日

表 6-2　清洁生产审核验收评分表

企业名称：_____　　　　　　　年　　月　　日

\multicolumn{4}{c}{清洁生产审核验收关键指标}			
序号	内容	是	否
1	企业在方案实施过程中无弄虚作假行为		
2	企业稳定达到国家或地方要求的污染物排放标准，实现核定的主要污染物总量控制指标或污染物减排指标要求		
3	企业单位产品能源消耗符合限额标准要求		
4	已达到相关行业清洁生产评价指标体系三级水平（国内清洁生产一般水平）或同行业基本水平		
5	符合国家或地方制定的生产工艺、设备以及产品的产业政策要求		
6	清洁生产审核开始至验收期间，未发生节能环保违法违规行为或已完成违法违规的限期整改任务		
7	无其他地方规定的相关否定内容		
\multicolumn{2}{c}{清洁生产审核与实施方案评价}	分值	得分
清洁生产验收报告	提交的验收资料齐全、真实	3	
	报告编制规范，内容全面，附件齐全	3	
	如实反映审核评估后企业推进清洁生产和中/高费方案实施情况	4	
方案实施及相关证明材料	本轮清洁生产方案基本实施	5	
	清洁生产无/低费方案已纳入企业正常的生产过程和管理过程	4	
	中/高费方案实施绩效达到预期目标	4	
	中/高费方案未达到预期目标时，进行了原因分析，并采取了相应对策	4	
	未实施的中/高费方案理由充足，或有相应的替代方案	5	
	方案实施前后企业物料消耗、能源消耗变化等资料符合企业生产实际	4	
	方案实施后特征污染物环境监测数据或能耗监测数据达标	4	
	设备购销合同、财务台账或设备领用单等信息与企业实施方案一致	4	
	生产记录、财务数据、环境监测结果支持方案实施的绩效结果	5	
	经济和环境绩效进行了详实统计和测算，绩效的统计有可靠充足的依据	8	

续表 6-2

	清洁生产审核与实施方案评价	分值	得分
企业清洁生产水平评估	方案实施后能耗、物耗、污染因子等指标认定和等级定位（与国内外同行业先进指标对比），以及企业清洁生产水平评估正确	6	
清洁生产绩效	按照行业清洁生产评价指标要求对生产工艺与装备、资源能源利用、产品、污染物产生、废物回收利用、环境管理等指标进行清洁生产审核前后的测算、对比，评估绩效	10	
现场考察	企业生产现场不存在明显的跑冒滴漏现象	3	
	中/高费方案实施现场与提供资料内容相符合	6	
	中/高费方案运行正常	6	
	无/低费方案持续运行	6	
持续清洁生产情况	企业审核临时工作机构转化为企业长期持续推进清洁生产的常设机构，并有企业相关文件给予证明	2	
	健全了企业清洁生产管理制度，相关方案落实到管理规程、操作规程、作业文件、工艺卡片中，融入企业现有管理体系	2	
	制订了持续清洁生产计划，有针对性，并切实可行	2	
总分		100	
	验收结论：合格（　）　　不合格（　）		

注：关键指标 7 条否决指标中任何 1 条为"否"时，则验收不合格。

专家签名：　　　　　　　时间：　　　　　　　　　　年　　月　　日

表 6-3 清洁生产审核评估技术审查意见样表

企业名称			
企业联系人		联系电话	
评估时间			
组织单位			
清洁生产咨询服务机构			
评估技术审查意见			

一、总体评价

1. 企业概况（企业领导重视程度、培训教育工作机制、企业合规性及清洁生产潜力分析是否到位）。
2. 对审核重点、目标确定结果及审核重点物料平衡分析的技术评估结果。
3. 对无/低费方案质量、数量、实施情况及绩效的核查结果。
4. 从方案的科学合理和针对性角度对拟实施中/高费方案进行评估（"双超"企业达标性方案、"高耗能"企业节能方案和"双有"企业的减量或替代方案）。
5. 对本次审核过程的规范性、针对性、有效性给出技术评估结果。

二、不断深化审核企业规范审核过程，完善清洁生产审核报告以及进行整改的技术意见

专家组组长（签名）：
年　月　日

表 6-4　清洁生产审核验收意见样表

企业名称			
企业联系人		联系电话	
验收时间			
组织单位			
验收意见			

一、清洁生产审核验收总体评价

1. 对企业提交审核验收资料规范性评价。

2. 对审核评估后进行的清洁生产完善工作的核查结果。

3. 现场核查情况。

4. 无/低费方案是否纳入正常生产管理。

5. 中/高费方案实施情况及绩效(已实施的方案数,企业投入以及产生环境效益、经济效益以及其他方面的成效等)。

6. 对照清洁生产评价指标体系评价企业达到清洁生产的等级和水平。

7. 对企业本次审核的验收结论。

二、强化企业清洁生产监督,持续清洁生产的管理意见

专家组组长(签名):
年　月　日

第二节　米酒清洁生产的节能减排

"十二五"以来,我国米酒行业发生了重大变革,在产业规模、技术改造、节能减排、产品质量、食品安全、社会责任、经济效益等诸多方面都取得了较好的成绩,全行业保持了良好的发展态势,产业结构得到调整,技术进步加速,产品创新能力不断增强,整体经济运行质量保持稳步提高。总体来看,米酒行业在"保增长、扩内需、调结构"发展主线上取得了卓著的成效。"十三五"期间,米酒行业积极贯彻落实《国务院关于印发节能减排综合性工作方案的通知》,履行淘汰落后产能任务,积极推广循环经济的理念和生产方式,提倡综合利用,搞好"三废"治理,实现清洁生产,取得了显著的效果。

一、米酒行业节能减排现状

清洁生产和环境保护,一直是米酒行业须重点解决的难题。有一批骨干企业勇于创新,积极投入到米酒机械化生产的研究和成果应用中,他们在洗米和浸米、蒸煮与拌曲、发酵与调配、压滤与澄清、煎酒和包装、成品库智能管理等生产和工艺环节,逐步提升了机械化、自动化程度和智能化管理程度,改变了传统米酒行业生产机械化、自动化程度低、高消耗、高排放、低效率的粗放型传统生产方式。

但是,我国多数中小米酒企业目前仍处在高投入、高消耗、高排放、低效率的粗放型发展模式中,米酒行业的经济效益与环境效益不容乐观。节能减排是基本国策,经济发展应正确处理好发展速度、效益和环境质量之间的关系。因此,坚持科学发展观,倡导清洁生产低碳发展,加强行业节能、减排,实现行业可持续、健康发展是当务之急。

二、可用的节能减排技术手段

(1)燃气:可以采用新技术、新设备对沼气、废渣锅炉混烧,实现节能减排。

(2)炉渣:将炉渣"废物变宝",主要是利用炉渣制造空心砖,也可把炉渣做成较硬的炉渣砖块,用于建筑材料或屋顶保温层材料,实现废物综合利用。

(3)废气:除尘设备采用湿法水膜除尘,在末级除尘池内添加潜水泵,铺设循环管道,完成除尘水循环再利用,节水增效又环保,一举数得。同时,采用燃气式锅炉,也可彻底解决燃煤的污染。

(4)热能回收:主要是提高换热效率,降低能源消耗。通过提高锅炉煤燃烧效率或利用燃气增压热交换系统及其配套系统进行热能的高效利用和回收,实现节能降耗。

(5)包装:酒类产品包装要推行简约化,减少资源浪费。采用灌装流水线,改变传统手工操作,实现工业化生产,可以节约劳动力50%左右;同时,喷淋用水直接加热和循环使用也能大大节约能源。

(6)旧瓶回收:旧瓶循环利用;建立生态园区和解决PET瓶的应用等,实现社会、经济和环境的和谐发展。

(7)冷却水回收:酒蒸汽通过水冷式冷凝器从气态转变成液态而成为原酒。常规的生产过程是冷却水从冷凝器中带走一部分热能,然后就被当作废水随同甑锅底水及其他杂物一同排入地沟,浪费了大量的水资源和能源。冷却水回收采用全封闭回收管网,将冷却水汇入集水池,一部分分配给浴室和包装车间洗瓶使用,浴室用水和洗瓶水经中和水处理后,作为消防、冲洗场地、冲洗厕所、绿化(浇洒草地)、锅炉除尘和冲灰以及炉排大轴的冷却用水。另一部分冷却水处理后作为锅炉的补充水,富裕部分的冷却水经地下水网回流和上塔循环时将热能释放,重新进入供水管网,再次用于冷却。另外通过加强车间内部管理,增强职工的节能降耗意识和环境保护意识,定期对冷凝器进行除垢,可节水30%左右。

(8)清洗场地水回收:常规清洗场地用水是新鲜水,而清洁生产则用冷却水或洗瓶后的水作为清洗场地用水,这样既可节约水资源,又可为企业创造一定的经济效益。清洗场地水中混有大量天然有机物,使废水中COD、SS含量升高,增加了废水处理的难度,从清洁生产角度而言,应在车间排污口处设沉淀池,将车间排出的醅料和其他悬浮物及时清捞出去,减少对废水的进一步污染,减少污水处理压力,降低污水处理成本,同时加强车间内部管理,减少醅料抛洒,可以减少COD负荷20%左右。

(9)洗瓶机水循环利用:洗瓶机增加水循环利用装置,可节约用水量的60%以上;同时洗瓶水也可回收利用。

三、可用的生产过程技术改造

(1)料仓智能化:原料宜采用标准化仓储代替散装(简易袋子包装),减少虫害,降低损失;加强原料收集质量管理,减少原料杂质;使用时对原料进行过筛和除尘处理。

(2)采用湿法粉碎:原料要粉碎,应防止噪声和粉尘污染。推荐采用湿法粉碎系统,达到减噪和除尘等效果。

(3)优化传统泡米蒸饭工艺:减少高浓米浆水产生,鼓励企业缩短浸米时间及采用米浆水、淋饭水回用技术。

(4)拌曲自动化:应推广生曲及熟曲的自动化连续生产替代间歇生产。

(5)改进发酵罐:鼓励不锈钢发酵罐等大型连续化、自动化生产设备替代陶缸、塑料盆发酵,推广安装发酵单罐冷却、自动清洗回收等装置。

(6)压滤自动化:宜采用密闭式自动化压滤机,防止滴漏污染。推广采用洗布机替代人工水洗滤布,提高洗涤效率,减少用水量。

(7)采用变频技术:鼓励多采用变频节能装置,提升节能效果。

四、米酒取水定额

米酒取水定额指企业生产每千升米酒需要从常规水源提取的水量。

1. 取水量范围

取水量范围是指企业从各种常规水源提取的水量,包括取自地表水(以净水厂供水计量)、地下水、城镇供水工程的水量,以及企业从市场购得的其他水或水的产品(如蒸汽、热水、地热水等)的水量。

2. 取水量供给范围

米酒制造取水量的供给范围包括主要生产(包括酿造和灌装)、辅助生产(包括机修、锅炉、空压站、污水处理站、循环冷却系统;检验、化验、运输等)和附属生产(包括办公、绿化、厂内食堂和浴室、卫生间等)的取水量,不包括综合利用产品生产(如生产饲料等)的取水量。

3. 千升米酒取水量计量

(1)取水量计算公式,应按生产工段分别进行计算:

$$V_{ui} = \frac{V_i}{Q} \tag{6-1}$$

式中 V_{ui}——千升米酒取水量,单位为立方米每千升(m^3/kL);

V_i——在一定计量时间内,生产过程中取水量总和,单位为立方米(m^3);

Q——在一定计量时间内,米酒产品的产量,单位为千升(kL)。

(2)取水定额参考数据。

一般米酒生产企业单位产品取水定额见表6-5。

表6-5 一般米酒生产企业单位产品取水定额

生产工段	千升米酒取水量/($m^3 \cdot kL^{-1}$)
酿造	≤10
灌装	≤6

先进米酒生产企业单位产品取水定额见表6-6。

表6-6 先进米酒生产企业单位产品取水定额

生产工段	千升米酒取水量/($m^3 \cdot kL^{-1}$)
酿造	≤6
灌装	≤4

第三节 米酒工厂副产物综合利用

米酒生产中的副产物有酒糟、米浆水、酒脚、废硅藻土等。有的行业龙头企业开展了"有机原料—米酒糟—蛋白质、有机肥—有机原料"工农业有机结合的循环经济产业链生产模式;有的龙头企业利用"酒糟生物质工程蝇转化核心技术""工程蝇活性蛋白加工技术"等实现酒糟的资源化再利用;有的龙头企业应用"高浓度有机废水再利用技术""强化有机农作物种植基地"等项目集成实施米酒工厂副产物综合利用,倡导绿色环保、清洁生产的循环经济发展模式,提高了资源的利用效率,实现了经济的有效增长。

一、酒糟

酒糟是米酒酿造过程中剩余的酒醅或酒渣组成的固体副产品。酒糟通常呈酸性,并富含水分、有机物质等。酒糟在食品和饲料行业都有广泛的用途。在食品方面,它可以用作面包、饼干和其他烘焙产品的成分,也可以添加到汤和调味品中,以增加口感和营养。在饲料方面,酒糟作为一种高蛋白、高纤维的副产品,被广泛用于动物饲料中,如牲畜和家禽的饲料。此外,酒糟还可以用于生物能源生产和农业土壤改良。

(一)酒糟的成分

酒糟中主要成分含量因酒的品种、原料、制作方法不同也存在一定的差别,但基本成分主要是酒精、粗淀粉、蛋白质和粗纤维等,酒糟的成分见表6-7。

表6-7 糯米、粳米酒糟的成分比较

成分	糯米酒/(%)	粳米酒/(%)
挥发分	53.0	52.08
酒精	4.5	4.0
粗淀粉	14.80	16.06
蛋白质	14.17	12.79
粗纤维	5.97	6.02
灰分	0.83	0.87
总酸	1.04	1.08

注:挥发分是指可以转化成气体的物质总和,酒精中挥发分主要是水分、酒精、挥发酸和挥发酯等物质。

(二)出糟率的计算和影响因素

1. 出糟率

出糟率是指酒醅压滤后,酒糟量与原料量之比的百分率。出糟率可用下式计算:

$$出糟率 = \frac{酒糟质量}{原料(包括曲量)质量} \times 100\% \tag{6-2}$$

普通米酒出糟率一般在20%~35%,由于米酒品种、原料和酿造操作方法不同,出糟率也有差别,使用传统米酒曲的出糟率高,使用纯种曲或混合曲的出糟率低,发酵正常的酒醅比酸败的酒醅出糟率低,压滤设备和压滤时间也会影响出糟率的高低。应该尽力降低出糟率,提高出酒率。

2. 影响出糟率的因素

(1)酿造原料。不同种类和质量的酿造原料会影响酒糟的产率。例如,糯米、大米、粳米出糟率各不相同,主要有以下原因:①淀粉含量。糯米、粳米和大米都含有淀粉,但它们的淀粉含量有所不同。糯米通常含有更多的直链淀粉,而粳米和大米则含有更多的支链淀粉。直链淀粉在酿造过程中更容易被酵母发酵,因此糯米的出糟率相对较高。②淀粉结构。糯米的淀粉颗粒较小且表面较黏,这使得糯米在水中容易溶解,有利于酵母在酿造过程中更好地与淀粉反应。而粳米和大米的淀粉颗粒较大且表面相对光滑,难以完全溶解,因此在酿造过程中较难被酵母利用,出糟率相对较低。③含水量。糯米通常含水量较高,而粳米和大米的含水量较低。含水量高的糯米在酿造过程中容易与酵母发生反应,从而增加出糟率。

糯米的出糟率较高是因为它含有更多的直链淀粉,淀粉颗粒较小且表面具有黏性,以及含水量较高。粳米和大米的出糟率较低是因为它们含有更多的支链淀粉,淀粉颗粒较大且表面光滑,以及含水量较低。这些因素共同影响了米酒酿造过程中淀粉的溶解和酵母的利用效率,从而导致不同米种的出糟率差异。

(2)酿造工艺。酿造过程中的工艺参数,如发酵时间、温度、压榨力度等,都会影响酒糟的产率。①发酵时间。发酵时间是指发酵过程中酵母对糖分进行转化的时间。较长的发酵时间可以让酵母更充分地利用糖分,从而产生更多的酒糟。但是,过长的发酵时间可能会导致发酵过度,影响酒的品质,所以需要在合理范围内控制发酵时间。②温度。发酵温度对酵母的活动和生长速度有直接影响。适宜的发酵温度可以提高酵母的效率,增加酵母对糖分的转化,从而增加酒糟的产率。过低或过高的发酵温度都可能导致酵母活动异常,影响酒糟产率和酒的品质。③压榨力度。压榨力度指的是在酒的压榨过程中对酒糟进行挤压和提取的力度。适度的压榨力度可以有效地提取酒糟中的液体成分,增加酒糟产率。但是,过大的压榨力度可能导致酒糟结构破坏,影响酒糟的品质和产率。④发酵效率。发酵过程中,酵母对糖分的转化效率会影响酒糟的产率。因此,酵母对糖分的转化效率越高,酒糟的产率就越高;反之,酵母对糖分的转化效率越低,酒糟的产率就越低。在酿造过程中,米酒师通常会根据需要选择合适的酵母菌株,控制发酵条件,以提高酵母对糖的转化效率,从而获得更多的酒糟产量。

(3)提取方式。米酒厂在提取酒糟时的方法也会影响产率,不同的提取方式可能导致不同的酒糟产量,每种方法都有其优缺点,影响产率的因素也会有所不同。米酒厂选择的提取酒糟的方法会直接影响酒糟中的液体含量和干燥程度,从而影响酒的产率。选择适合的提取方法可以提高产率,使酒糟处理更加高效和经济。①离心分离:这种方法相对简单,但由于液体部分可能残留在酒糟中,可能会导致出酒率稍低。②压榨:在这种方法中,酒糟会被置于压榨设备中进行挤压,将其中的液体部分尽量压榨出来,这样可以最大限度地提高酒糟的干燥程度,从而提高产率。③烘干和蒸汽处理:这种方法也可以用于提取酒糟。

(4)酒的种类。不同种类的米酒在酿造过程中使用的原料、发酵条件、酒精含量等因素都会影响酒糟的性质和产率。

(5)原料的处理方式。酿造原料在加工和处理过程中的方式,例如碾磨、蒸煮等也会对酒糟的产率产生影响。具体的影响因素:①碾磨程度。对于谷物类酒的酿造,原料通常需要进行碾磨,碾磨的程度影响原料的颗粒大小和释放率。如果碾磨过度,原料颗粒可能会太细,导致固液分离困难,酒糟中含有过多的液体,从而降低出酒率;如果碾磨不够细,原料颗粒过大,可能会导致提取不充分,酒糟中含有过多的固体成分。②蒸煮时间和温度。在酿造过程中,一些原料需要进行蒸煮。蒸煮的时间和温度会影响原料中淀粉和蛋白质的糊化和变性,从而影响后续发酵和固液分离过程。蒸煮时间过长或温度过高可能会导致部分原料成分的损失,而蒸煮不充分可能会导致酵母无法充分发酵,或者影响后续酒糟的固液分离效果。③搅拌和榨取力度。在提取酒糟时,搅拌和榨取的力度也会影响出酒率。适当的搅拌和榨取可以帮助更好地分离液体和固体成分,提高出酒率;但是,过度搅拌或榨取力度太大可能会导致部分固体成分溶解进入液体,影响酒糟的品质。④其他加工工艺。米酒的酿造过程涉及多种加工工艺,如发酵、压榨、过滤等。每种工艺都可能对酒糟的出糟率产生影响,例如发酵过程中产生的酵母渣和压榨过程中固液分离的效果等。

酿造原料在加工和处理过程中的方式会直接影响酒糟的出酒率。合理控制加工工艺参数,确保原料充分利用和固液分离效果良好,可以提高酒糟的出酒率并保证酒糟的质量。

(三)酒糟的综合利用

1. 生产糟烧

酒糟中含有很多酒精和淀粉,经密封贮存,让酒糟中的残酶和微生物陆续进行缓慢的糖化发酵及酯化作用,一个多月后再上甑蒸馏,即得芳香浓郁、醇和绵爽、回味悠长的蒸馏白酒,此酒在江南一带统称为糟烧。

(1)生产工艺流程。酒糟制白酒的工艺流程如下:

<pre>
                    谷壳 头吊糟烧   麸曲、酵母、水
                     ↓   ↓   ↓
酒糟块→轧碎→密封发酵→拌和上甑→蒸馏→残糟→冷却→拌和入池→密封发酵→拌和上甑→蒸馏→复制糟烧
</pre>

(2)操作方法。①头吊糟烧,将压榨后的板糟用轧碎机轧碎,呈疏松细粒状,然后投入大瓦缸中,稍加压后密封。一般封存1个月左右的酒糟,只需用手在上面稍加压实就可以了;如果时间延长数月,则要整缸踩实,这样不会因发酵成熟过早,来不及蒸酒而变质。在密封过程中,由于微生物及酶的糖化、发酵和成酯作用,缸中酒糟逐步变软,酒气、香气增浓。将封存成熟的酒糟取出,拌入1%左右的谷壳,放入单式蒸馏器中蒸馏,即得头吊糟烧,一般出酒率在10%~15%(以酒精含量50%计)。为了提高糟烧的质量,最好使用未经粉碎的谷壳,使用前将谷壳蒸去杂味。但考虑到蒸馏后酒糟的用途,为提高饲料质量和避免液态发酵的管路堵塞,则采用粉碎的谷壳(谷糠)为宜。②复制糟烧,将头吊糟烧蒸馏后的熟酒糟,冷却到40℃左右,加入麸曲2.5%~3%,翻拌后加入酒母和70%~75%的清水,充分拌和后入池(缸)密封发酵。入池时品温控制在30℃左右,水分以握料时手缝见水为度(经化验水分在52%~56%之间),池(缸)底搁放假底供存放黄浆水之用。落池后第2天,品温升至35~36℃,第3天升到40℃,并持续到第4天上午,以后便开始下降,一般第5天便可蒸馏。蒸馏时,先将酒醅从池中取出,拌入30%的谷糠,使装入甑内的酒醅疏松,便于蒸汽穿透。一般复制糟烧出酒率在15%~20%。

也有采用液态发酵生产复制糟烧的。经头吊糟烧蒸馏后的酒糟,趁热送入拌料池,加水

2~2.5倍,充分搅拌均匀,送入高压锅内进行蒸煮。蒸煮到规定压力后,焖3~5min即可吹醪。糖化后醪液浓度控制在8°~10°Bx,即发酵后酒精含量在3%~4%,加水太少,不利于蒸煮,搅拌冷却困难,加水多了浪费资源,所以要严格掌握。蒸煮后的糖化醪冷却至62℃,加入酒糟质量1%~1.5%的麸曲,在60℃左右糖化10~20min。

糖化后进行冷却,醪液落罐品温以28℃为宜,加入酒母,发酵48h左右,发酵最高品温不超过34℃,此法与一般的液态发酵白酒法基本相同。发酵成熟醪采用双塔式酒精蒸馏塔进行蒸馏,蒸馏过程中要重视杂醇油的提取和挥发性杂质的排除,以保证成品蒸馏酒的品质。

2. 制香醉糟蒸馏串香酒

制香醉糟蒸馏串香酒工艺流程为:酒糟→扬冷→翻拌→调整酸度、酒精度→翻拌→拌匀堆积→摊开降温→密封→成熟香糟→上甑蒸馏→蒸馏酒→匀兑→调味→串香白酒。

经二次发酵酒糟,还含有少量淀粉、有机酸和香气物质,出甑后冷却至45℃左右,将糖化酶(用量为100~150U/g原料)用10倍左右40℃自来水溶化、浸泡1h后拌入糟醅中,用酒头酒尾调整酒糟醅酸度0.8,酒精度1.5%左右,到品温下降至30℃左右时,接入活化好的生香酵母,接种量为每克原料0.2亿个细胞左右,然后拌匀、堆积培养,一般到8h左右品温开始上升,此时翻堆降温,12h后可将香醅摊开(醅料厚度10~15cm)用塑料布盖满隔绝空气,培养20~24h香醅成熟。在上甑时可先在底锅中加入75%稀释酒精,面层撒上香糟,在蒸馏时使酒精蒸气串过香糟层,将酒糟中的香味物质拖带到酒体中,使酒精中杂味大为降低,经过缓慢蒸馏,除掉头酒和尾酒,产品具有糟香风味,口感醇和爽净。

3. 用米酒糟制低度糟香酒

低度糟香酒在保持原高度糟烧酒风味的基础上,以富含营养的清酒、优质蜂蜜、天然植物料等精心勾兑调配而成。该产品含有适量的葡萄糖、氨基酸、维生素、钾、钙、铁等多种人体必需的微量元素,适量饮用可舒筋活血、消除疲劳、振奋精神、增进食欲,有益于身体健康。

1)制作方法

香醅的制作。将刚压榨后取出的新鲜米酒糟板作为串香酒的原料糟,米酒糟板含有较多酒精和淀粉,而且还含有微量的酸、酯、醇等芳香化合物,但香气不够浓郁,酯香不突出,因此必须将糟板再加工制成香醅。其制作方法是将糟板用轧碎机打碎,呈疏松细粒状,同时加入0.5%麦曲粉,然后将混合的酒糟投入到大瓦缸中,整缸踩实、密封。密封可采用空缸覆盖,缸口衔接处用盐卤调泥加袭糠混合涂料,外面再涂刷白石灰,在封缸期间由于酵母微生物及酶的糖化发酵和成酯作用缓慢,缸中酒糟逐步变软,酒香气增浓。一般密封3个月左右再开缸使用,作为香醅。

芳香料的制备。植物芳香料的主要成分是芳香油,芳香油含有适量酸、酯、醛、酮、酚、醇等芳香化合物,适当勾兑调味可增加酒中有益微量成分;但选择不当,将会影响酒中香气和口味的平衡性。因此在勾兑调味中用量要少。在芳香料的选择上以花椒、茶叶、陈皮、甘草、薄荷等植物香料作为低度糟香酒调味料。

2)制备工艺流程

芳香料→整理分类→清洗→加酒精→浸渍→搅拌→密封→过滤→浸渍液→蒸馏→去头截尾→芳香调味液。

酒基的除杂脱臭使酒基纯正,稍加复蒸增香即可制得较好的糟香白酒。若酒基质量差,即使增香得法,也难做出好酒来。因此,为了得到纯净的酒基,必须对酒基进行除杂净化。具体采用化学氧化和物理吸附法,添加高锰酸钾和活性炭,其加量大致为高锰酸钾在0.02%以下、活性炭在0.15%以下。操作时先将高锰酸钾溶解于温水中,然后逐步加入酒精中,边加边搅拌,使二者混匀并充分起反应,待红色刚消失或酒液呈微红色时,再加入活性炭混匀、静置、澄清,吸取上清液过滤备用。沉淀后复蒸,回收酒精。

串蒸增香。将密封缸中的香醅糟取出后加入适量经预先清蒸冷却后的谷糠拌匀,最好能使用经过处理的细糠灰作为辅料。因为糠灰在串蒸中能起到除杂吸附作用,对后期提高酒质的透明度和口味起到一定的积极作用。然后和固体发酵蒸酒装甑法一样,装入厚15～20cm的香醅层,再将经处理后的理酒精加水,稀释到酒度为55%～65%,由甑锅边入口管路注入底锅,酒精的加量控制为"酒精∶香醅＝1∶(3.5～4)"较好。然后再将香醅料疏松上甑,装甑完毕后压盖蒸馏。在蒸馏中应掌握低温流酒、分段摘酒、掐头去尾的原则,千万不能将酒尾拉得过长,要保持一定的入库酒度,否则会使白酒杂味重,而且容易产生浑浊沉淀现象。蒸馏完毕后要分段、分级贮存。

勾兑吸附。低度糟香酒的勾兑采用固液勾兑调加法。其配料为:串蒸白酒70%、陈年糟烧20%、无色清酒10%。然后在此基础上加入优质蜂蜜0.5%～1%、玉米淀粉0.5%～1%(用玉米淀粉吸附白酒对原酒的风味影响较小,能增加酒的回甜味;蜂蜜不仅可以强化酒质的营养,改善产品风味,而且和淀粉共用可以加速澄清作用),搅拌混匀,静置24h,以吸附酒液中高级脂肪酸及其酯类等大分子物质,最后过滤即可。

调味贮存。原度糟香酒经过前道加浆降度、淀粉吸附,使酒中芳香族香气成分和风味均有所下降,造成白酒放香不足、口味薄淡等现象。针对上述原因,在调味中加入多种香酯类芳香植物液,使香、酸及调兑酒的风味有机结合,达到醇和、香浓、回甜、清凉之感。最后品尝化验定型后再贮存6个月以上,使酒质进一步稳定老熟,风味宜人。

3)质量标准

感官指标:色清明亮,香气悦人,醇和甜润,后味清口,低而不淡,清而不浊,具有糟香白酒独特风格。

理化指标:酒精度(体积分数)38±1%,总酯≥0.5g/100mL,总酸≤0.2g/100mL,总醛≤0.01g/100mL,甲醇≤0.03g/100mL,杂醇油≤0.12g/100mL。

4. 制香糟调味品

酒糟的另一用途是可在食品中作为加工菜肴的添加剂。将未经蒸馏的新鲜酒糟轧碎后,加入茴香、花椒、丁香等香料和适量的盐,装坛压实,密封一年,即成香糟,气味浓郁、风味独特。香糟在制鱼、肉、禽蛋等食品以及烹饪时作为调味之用,可使食品风味特别香美。因此用香糟来加工和保藏食品是我国传统食品加工方法,具有民族特色。现将香糟工艺配料简述如下。

配方一:新鲜糯米酒糟50kg、食盐6%～8%、白糖2%～3%、香料4%～5%(香料配比:陈皮0.5%,大茴香0.25%,小茴香0.25%,花椒1%,肉桂1%,甘草0.5%,丁香0.25%,香草果0.25%)混合,加入陈米酒适量,拌匀压实,密封一年以后,就可制成独特风味的食用香糟。

配方二:新鲜红曲糟或粳米糟50kg、食盐6%～8%、白糖2%～3%、香料4%～5%(香料配比:干辣椒1%,广木香0.5%,丁香0.25%,豆蔻0.25%,薄荷0.5%,干姜0.5%,桂皮0.5%,小茴香0.5%),有条件时香料加工最好用碾磨机磨细、混合,加入适量红曲酒或加饭酒,拌匀压实,密封一年以后,再开坛装入精制透明包装袋出售。

5. 制糟蛋

采用香糟加工的鸭蛋具有色泽金红、酒香浓郁、蛋白质细嫩、味道鲜美、食后余味不绝的特点。同时,糟蛋具有增味、开胃、助消化、促血液循环、保持皮肤细嫩等多种功能。其加工技术如下。

(1)配料:新鲜鸭蛋100枚,米酒醪15kg,食盐1.5kg,白糖0.75g,糟烧250g所需香料配比:桂皮250g,花椒150g,陈皮10g,小茴香150g,大茴香150g,甘草50g,薄荷100g。

(2)操作要求:鸭蛋要求蛋壳完整,大小匀称,每千克鸭蛋控制在15～16枚为好。挑选大小适中的干净干燥坛,事先将以上配料和酒精混合、拌匀,然后在坛底铺一层醪糟,按一层蛋、一层糟的程序,要求小头向下、大头朝上,蛋与蛋之间不要挤得太紧,蛋装完后,再加一层糟,面层撒上少量盐和糟烧,密封坛口,不使漏气。贮存8～9个月后,将坛里糟制的蛋进行挑选、整理。糟蛋质量要求:蛋壳完整不破,蛋白呈乳白色,质稠、油嫩,蛋黄橘红,组织细腻,气味芳香、口味鲜美。整理完毕后,将完整、品质好的五香糟蛋装到精制的容器中,除原糟加入外,再适当调入味精、陈年米酒后封口,贴标即为成品。

(3)注意事项:糟蛋在形成过程中,由于酒糟作用,使糟里的醇类、有机酸以及食盐等物质逐渐渗透到蛋内,蛋白与蛋黄的蛋白质由于醇和有机酸的长期分解化合作用而逐渐变清、凝固,产生具有芳香气味的物质,因此选择的酒糟必须保证一定的精度,这样有利于酒的渗透产香,同时在保存期间,防止密封不严实、酒精挥发、醪糟变质。

米酒醪糟要求气味清香、发酵透彻、酸度低。如果醪糟酸度高,在糟制后期容易脱壳,口味变差,影响外观。

食盐在配料中比例不能过大,防止咸度过高、蛋黄发硬、酒香味渗透不进,使糟蛋在形成过程中氨基酸与可溶性糖下降,影响产品的鲜嫩细腻。

6. 酿制调味香醋

采用酒糟酿制调味香醋,具有色泽鲜艳、气味清香、甜酸不涩的特点,长期食用,能起到调味开胃、保护心血管、预防感冒的良好作用。其工艺制作如下:以200kg米酒糟加麸皮100kg,拌匀蒸熟,散冷至32～33℃,加麸曲10%、活性白酒干酵母0.09%(干酵母需要先加入40℃温水活化30min)拌匀入缸密封发酵,到第4天接入醋醅引种6%～8%,混匀,温度上升到38℃以上,进行翻缸,同时加入适量细糠和温开水,连续翻缸7次至温度下降后,加入食盐

1.5kg 及 35℃温水 50％浸泡，得到过滤液，加入白糖 2kg，添加适量焦糖色，经过热处理(温度 90℃)，杀菌灌坛密封贮存 6 个月，即为成品。

7. 生产香糟卤

香糟卤是以米酒糟为主要原料，通过添加天然植物香辛料、食盐、绍兴酒（也可用普通米酒，但风味不及用绍兴酒）等调味成分，采用独特工艺开发而成的一种调味产品，主要用于糟制鸡、鸭等熟制品。具有使用方便、口味鲜美的特点，在市场上极为畅销，是提高米酒糟附加值的一条切实可行的路子。现将有关生产工艺与制作技术介绍如下。

(1)酒糟选择。制作的香糟卤关键在于香糟的制作，要制作好的香糟卤，首先要有好的香糟。而制作好的香糟，则需挑选优质酒糟，有酸败、腐臭味的酒糟不能用。酒糟要求具有米酒清香，糟板洁白、干燥、松脆，这是制作香糟的第一步。

(2)香料组合及配方。要制得质量上乘的香糟，香料组合至关重要，由于我国的香料资源比较丰富，各企业可以根据市场需要加以选择和组合，但以香味典型、协调为原则。一般可采用调味常用的香辛料，如大茴、小茴、陈皮、丁香、肉桂、花椒等。举一例配方如下：丁香 5kg、花椒 28kg、大茴 28kg、小茴 32kg、陈皮 150kg。

(3)香料、香糟的加工和制作。根据配方要求，先将各种香料用粉碎机粉碎、混合，即为基础香料。然后按每 100kg 酒糟加入已粉碎混合香料 2～4kg，充分拌匀，灌坛密封，让糟中微生物进行发酵生香，贮存 3～6 个月以后，坛内酒糟已具有一股浓浓的香气，这种香是一种集酒香和香料于一体的复合香，能诱发人的食欲。

(4)糟卤制作。

试制原料及要求。香糟外观洁净，糟香浓郁，无异味，无霉烂变质。饮用水应符合《生活饮用水卫生标准》(GB 5749—2022)。香辛料香味纯正，无霉烂，无异味。食盐应符合《食用盐》(GB/T 5461—2016)。

制作工艺。按 100kg 水加 10～15kg 香糟，再加 0.5kg 花椒、0.2kg 茴香，将所有配料放入酒缸或其他不锈钢容器中，充分搅拌，静置 48～96h(视季节和气温高低进行调节)，中间搅拌 1～2 次，至浸泡液色泽橙黄、香味浓郁即可。先将上部清液放出，余下部分通过压榨后与上清液合并进行过滤备用。

食盐添加。根据香糟浸泡液的量按 6％～10％比例加入食盐，按 5％比例加入米酒，充分搅拌，使盐全部溶解，检测理化指标并进行感官品评。

(5)产品质量标准。

感官要求。色：浅黄至橙黄，清亮透明，允许瓶底有微量聚集物。香：糟香浓郁，舒适怡人。味：鲜美、爽口、回味悠长，具香糟卤固有口味。

理化要求。酒精度≤3.0％(V/V)，氯化物≤10.0g/100mL，氨基酸态氮≤0.04g/100mL。

卫生要求。细菌菌数≤100 个/100mL，大肠杆菌≤5 个/100mL。香糟卤作为一种调味产品，具有食用方便、口感鲜美之特点，口味可根据消费者的要求进行调整，适合烹饪多种美味食品。该产品生产工艺简单，适合各米酒生产厂家。从近年市场发展趋势来看，有不断扩大之势，值得各米酒生产企业注意。

8. 用作饲料

随着我国米酒技术的发展,米酒糟的利用已成为米酒行业的工作重点,酒糟利用的程度直接影响企业的发展,而酒糟加工饲料的水平关系到国家节粮政策的落实。长期以来,酒糟直接用作农家饲料,对促进农村饲养业的发展及生物链的良性循环(酒糟→喂猪→猪粪→肥田→高产粮食)起到了重要的作用。

利用酒糟生产菌体蛋白饲料,是解决蛋白饲料严重短缺的重要途径。目前主要用于生产菌体蛋白的微生物有曲霉菌、根霉菌、假丝酵母菌、乳酸杆菌、乳酸链球菌、枯草芽孢杆菌、赖氨酸产生菌、拟内孢霉、白地霉等。以菌种混合培养者效果较为明显。

9. 栽培食用菌

酒糟中氮、磷元素含量较高,同时含有丰富的 B 族维生素和生长素,调节 pH 值(如平菇培养 pH 值为 7,凤尾菇培养 pH 值为 8~9,猴头菇培养 pH 值为 4.5~6.5)后即可直接培养食用菌。

二、米浆水的利用

米浆水中含有大量有机酸,丰富的氨基酸、蛋白质、淀粉、糖类、脂肪等。如糯米经浸渍 15~20 天后,米浆水总酸由原来的 0.024% 上升到 0.79%~0.93%,氨基酸也从开始的 0.4% 上升到 4.2%~5.4%。米浆水可用作投料水。把具有正常气味的米浆水加温至 80℃以上(杀死杂菌),冷却后使用,使用量一般为大米的 30%~40%,即"三浆四水"。米浆水中乳酸含量相当高,用现代工艺技术可以提取乳酸,乳酸在食品工业中用途广泛。把新鲜的米浆水用在酒糟复制糟烧白酒中,在酒糟蒸煮前替代配料用水,米浆水用量可占总配料水量的 70%,经蒸煮糖化、酵母发酵后,可提高复制糟烧白酒出酒率。米浆水中有乳酸杆菌分解或自溶产生的生物活性肽如谷胱甘肽等,用现代工艺技术可以提取生物活性肽用作保健品。米浆水经稀释后,还可作为鱼用、猪用饲料。

三、酒脚的利用

酒脚包括榨酒后澄清罐底部沉结物质,坛或大罐贮酒后沉结在底部的物质。酒脚主要成分为不溶性蛋白质、糖类、糖色及无机物,尚含部分乙醇。酒脚用压滤机滤出残留的米酒,用精滤机过滤后,可勾兑入米酒中,而澄清罐与贮酒罐的酒脚应分别回收和勾兑。干酒脚可掺入酒糟中进行蒸馏酒精。酒脚具一定的营养物质,可以作饲料。

四、废硅藻土的利用

用硅藻土过滤机过滤米酒,会产生多量的废硅藻土,不同的硅藻土过滤机产生不同的废硅藻土,应分别进行回收利用。把废硅藻土重新压滤,滤出液蒸馏以提取酒精,湿硅藻土饼可再进行干燥,回收后撒入农田中。据试验,每公顷农田施用 32~80kg 废硅藻土,对农田土壤有良好的效果。

第四节　米酒生产检测项目

一、米酒检测范围

糯米酒、稻米酒、红米酒、糊米酒、米酒汁、醪糟、江米酒、月子米酒、发酵米酒、黄米酒等均是米酒的检测范围。

二、米酒检测项目

米酒检测项目包括酒精含量检测、酸度检测、总糖检测、总酯检测、氨基酸液态氮和糖精钠检测、成分检测、固形物检测、微生物检测等。

本章小结

本章首先就米酒企业开展清洁生产审核与评价进行了讲解，然后结合米酒生产特点罗列了可用的节能减排技术手段和可用的生产过程技术改造，对米酒取水定额给出了参考数据，并对米酒工厂副产物酒糟、米浆水、酒脚、废硅藻土提供了综合利用方案，最后就米酒生产检测范围、项目、标准进行了介绍。

思考题
1. 如何根据本厂实际开展清洁生产审核评估与验收？
2. 如何结合自身工段选用节能减排技术手段？
3. 如何结合自身工段对生产过程进行技术改造？
4. 结合本厂实际，谈谈酒糟利用最大化的途径有哪些？

第七章　米酒品鉴

米酒品质优劣的鉴定,通常是通过理化分析和感官检验的方法来实现的。所谓理化分析,就是使用各种现代仪器,对组成米酒的主要化学成分,如乙醇、总酸、总酯、高级醇等进行指标测定。所谓感官检验,就是人们常说的品鉴、品评、鉴评等,它是利用人的眼、鼻、口等感觉器官,来判断酒的色、香、味等特征和判断产品质量的方法。具体来说,就是用眼观察米酒的外观、色泽和有无悬浮物、沉淀物等,简称视觉检验;用鼻闻米酒的香气,检验其是否有酸败味及异味等,简称嗅觉检验;将酒含在口中,使舌头的味觉与鼻子的嗅觉对米酒形成综合感觉,简称风味检验。米酒是一种味觉品,它的色、香、味的形成不仅取决于各种理化成分的数量,还取决于各种成分之间的协调平衡、微量成分衬托等。而人们对米酒的感官检验,正是对米酒的色、香、味的综合性反映。这种反映是很复杂的,仅靠对理化指标的分析不可能全面地、准确地反映米酒的色、香、味的特点。因此,对米酒品质的鉴定,更多的是依靠感觉器官的品评来弥补其不足。

第一节　品鉴的基本知识

一、品鉴的意义和作用

(1)管理工厂。品鉴是工厂和管理部门检验、鉴别产品质量优劣和把好产品出厂质量关的重要手段。每一批酒成品质量好坏,是否一致和稳定,代表着一个厂的生产水平和品鉴的技术水平。

(2)评估品质。通过品鉴可以帮助确定产品的品质水平,包括其口感、风味、香气和整体的感官体验,品鉴就像眼睛一样监视着酿酒生产的每一个环节。

(3)辨别特点。品鉴可以揭示产品的特点和风味,包括其复杂性、层次、平衡度和口感特征。品鉴是调配与煎酒的基础,可以迅速有效地检查调配与煎酒的效果。

(4)促进改进和创新。通过品鉴,可与同行业、车间同类产品比较,发现产品的潜在问题和改进空间。也可以了解生产中的弊病,从而发现生产中的问题,指导生产,改进酿造工艺,推广运用新技术、新工艺。这有助于生产者改进产品的配方、工艺或酿造方法,以提高产品的品质和市场竞争力。

(5)判断风格和适应性。品鉴可以帮助确定产品的风格和适应性,例如判断某种米酒适合搭配哪种食物或在哪种场合享用。

(6)提供参考和指导。品鉴的结果可以为消费者、酒商和评酒师提供参考和指导,帮助他们作出购买、销售和推荐的决策。

二、品鉴员的基本要求

1. 身体健康状况

评酒员必须身体健康,具有正常的视觉、嗅觉和味觉,无色盲症、鼻炎以及肠胃病。感官器官有缺欠的不能做评酒员,主要是指色盲、嗅盲和味盲。

2. 年龄与性别

人的嗅觉和味觉一般是孩童时期最敏锐。随着年龄的增长,灵敏度也日益钝化,60岁以后的人味蕾加速萎缩,阈值上升,故培训评酒员应选择年纪较轻的为好。在青壮年期间,男女之间嗅觉和味觉没有什么差别,因此性别不必作为评酒员的条件来考虑。而评酒会议的评酒员则不必对年龄作规定,年长者具有丰富的评酒经验和表达力,考虑得更全面一些。

3. 感官敏锐度

人的身体健康和思想情绪同样会影响评酒结果。因为人一生病或产生情绪波动以后,会使感觉器官功能失调,从而造成无法进行准确判断的后果。对于这一点,凡参加过评酒的人员都有不同程度的体会。通过系统的训练和实践,能够准确分辨酒的香气、味道及色泽,从而提高感官敏锐度。

4. 知识储备

苦练基本功,掌握标准及典型风格,是把好质量关的关键所在。要识别风格,了解工艺,定期购进或交换样品,并认真训练。到同行工厂参观学习,广泛开展学术交流,以开阔眼界,不能只局限在本厂小圈子里。

5. 熟悉生产

评酒员应主动学习新鲜事物,掌握新知识,不能只当裁判员,应该成为提高酒产品质量的参谋。定期或有计划地参加生产劳动,与生产工人建立感情,树立威信。评酒员的工作不仅要把好质量关,更应通过评酒来指导生产,这才是评酒的真正目的。

6. 坚持原则

酒不成熟不调配,酒不合格不出厂。产品质量是工厂的生命,在质量上要树立正确思想,而不是空喊口号。

第二节 品鉴室的构建

一、品鉴室的环境要求

对酒的鉴定若要准确可靠,除评酒员应具有灵敏的感觉器官和精湛的品鉴技术以外,还需要有良好的品鉴环境。

据国外试验,两杯法品评啤酒,在隔声、恒温、恒湿的品鉴室内,正确率为71.1%,而在噪声和振动条件下进行尝评,正确率仅55.9%,这说明品鉴环境是影响感官检查的不能忽视的一个重要因素。据测定,品鉴室的环境噪声通常在40dB以下,温度为20~25℃,湿度约为60%较适宜。一般对品鉴室的要求是应避免过大的振动或噪声干扰,室内保持清洁卫生,没有香气和邪杂异味。烟雾、异味对品鉴有极大的干扰,一般要求品鉴室空气流通,但在品鉴时应为无风状态。国外多采用过滤空气,室内墙壁、地板和天花板都有适当的光亮,常涂有单调的颜色,一般为中灰色,反射率为40%~50%。室内可利用阳光和照明两种光照,一般用白色光线,以散射光为宜。光线应充足而柔和,不宜让阳光直接射入室内,可安设窗帘以调节阳光。阴雨天气,阳光不足,可用照明增强亮度,但光源不应太高,灯的高度最好与品鉴员坐下或站立时的视线平行;应有灯罩,使光线不直射评酒员的眼部;品鉴桌上铺有白色台布,照明度均匀一致,用照度计测量时,以500lx的照度为宜。保证恒温和恒湿条件尚有一定困难,因此我国评酒一般安排在春季进行,以弥补这一缺陷,也同样收到良好的效果。

品鉴时的房间大小,可以根据需要而定,但面积要适当宽敞,不可过于狭小,也不可过大而显得室内空旷。

二、品鉴室的设施要求

品鉴室内的陈设应尽可能简单些,不应放入无关的用具。品鉴员不常用的其他设备,应附设专用的准备室存放。

集体品鉴室应为每个品鉴员准备一个品鉴桌(圆形转动桌最好),台面铺白色桌布,有的桌布(如红色、棕色、绿色等)的色光反射对酒的色泽是有影响的。桌与桌之间应有1m以上的距离,以免气味互相影响;品鉴员的坐椅应高低适合,坐着舒适,可以减少疲劳感。品鉴桌上放一杯清水,桌旁应有一水盂,供吐酒、漱口用。品鉴专用准备室应有上、下水道和洗手池,冬天应有温水供应。品鉴室基本布局如图7-1所示。

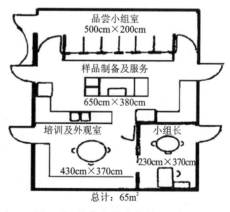

图7-1 品鉴室基本布局

三、品鉴容器的要求

品鉴容器主要是酒杯,它的质量对酒样的色、香、味有着直接影响。因此,为了保证品评的准确性,对品鉴杯应有较严格的要求。品鉴容器的大小、形状、质量和盛酒量等特殊因素,也会影响品鉴结果。为了有利于观察、嗅闻、尝味,应特别强调品鉴容器采用无色透明、无花纹的脚高、肚大、口小、杯体光洁、厚薄均匀、容量约为 60mL 的玻璃杯(也称为蛋形杯)。注入杯中的酒量一般为酒杯总容量的 2/3,这样既可确保有充分的杯空间以储存供嗅闻的香气,同时也有适当的酒量满足尝评的需要。注意每轮和每组的对比酒样装放量都要相同。

第三节 品鉴员的训练

米酒品鉴是利用人的眼、鼻、口等感觉器官,来鉴别米酒质量的一门技术。品鉴员应按下列内容循序渐进地训练,这是必然过程,也是成为合格品鉴员必须具备的条件。

一、品鉴员的基础训练

1. 检出力

检出力是指对香和味有很灵敏的检出能力,换言之,即嗅觉和味觉都极为敏感。例如,在考核品鉴员时,使用一些与米酒毫不相干的味精、食盐、橘子汁等物质进行测验,其目的就在于检查品鉴员的检出力,也是对灵敏度的检查,并防止有色盲及味盲者混入其中。检出力能体现出评酒员的素质,也是评酒员应具备的基础条件。有的非评酒员也具有很好的检出力,所以有人说,检出力是一种天赋。

2. 识别力

认识物质,了解物质间的相互关系,对不同浓度的单体表现进行掌握。例如评酒员测验时,要对米酒类型及化学物质作出判断,并对其特征、协调与否、酒的优点、酒的缺陷等作出回答。又如,应对己酸乙酯、乳酸乙酯、乙酸、乳酸等简单物质有识别能力。

3. 记忆力

记忆力是检验品鉴员基本功的重要一环,也是必备条件。要想提高记忆力,就需要勤学苦练,广泛接触酒,在评酒过程中注意锻炼自己的记忆力。对酒接触多了就如对熟人格外熟悉一样,深深地记在脑子里。在品尝过程中,要专记其特点,并详细记录。要经常翻阅记录,再次遇到该酒时,其特点应立即从记忆中调取出来,如同老友重逢一样。例如品鉴员测验时,采用同种异号或在不同轮次中出现的酒样进行测试,以检验品鉴员对重复性与再现性的反应能力,归根结底就是考核品鉴员的记忆力。

4. 表现力

品鉴员的表现力主要体现在能准确打分和清晰描述两个方面。品鉴员达到了成熟阶段，凭借着识别力、记忆力从中找出问题的所在，有所发挥与改进，并能将品尝结果拉开档次和数字化。这就要求品鉴员熟悉本厂及外厂酒的特点，了解其工艺的特殊性，掌握主体香气成分及其化学名称、特性。

二、品鉴员的职责要求

1. 了解生产工艺

评酒员的任务是品评厂际之间、本厂车间及班组之间酒质量的优劣。实际上评酒员就等于酒的裁判员，所以必须了解生产工艺，这样才能大致推断出酒的优缺点由何而来。

2. 了解库存情况

酒库不只是个产品周转场所，还是生产工艺的一部分，因为酒在库里会发生质的变化。作为评酒员，首先要把好入库关，同时要了解酒库贮量，尤其是不同贮存期的库存量。对于各种类型的酒，如老米酒、饮料型米酒、清米酒以及各种不同味道的调配米酒，都要心中有数。掌握这些，品鉴起来才能得心应手。

3. 了解市场需求

在米酒市场竞争激烈的形势下，市场情况瞬息万变，品牌不断更换。作为品鉴员，要顺应市场变化，不断地调整产品结构和组分，以满足市场需求。品鉴员不能局限在小天地里只顾品评，不能只顾埋头拉车而不抬头看路，而是要与销售人员密切配合，参与调查市场，听取意见，这样才能做到产销对路、有的放矢。

4. 了解行业动态

近年来，我国米酒品鉴工作不论在理论上还是在实践上都取得了长足的进步，但我们应该承认，与啤酒、白酒、葡萄酒行业相比还有很大的差距。在行业内产品不断创新、工艺不断改革、新技术不断涌现的情况下，米酒品评和改善应该如何进行，是很有学问的。品鉴员应与时俱进，这样才能真正体现出评酒员的重要性。

三、品鉴员的感官训练

品鉴员应学习有关感觉器官的生理知识，了解感觉器官组织结构和生理机能，正确地运用和保护它们；同时要学习米酒中各种微量成分的呈香显味特征与评酒用的术语。

1. 色的感觉练习

只要不是色盲，人是能正确区分各种颜色的。酒的颜色一般用眼直接观察、判别。品鉴员应能区别各种色相(红、橙、黄、绿、青、蓝、紫)和差别微弱的色差。具备了这一基本能力,就能在评酒中找出各类酒在色泽上的差异。练习分组试料如下。

第一组:取黄血盐或高锰酸钾,配制成 0.1%、0.2%、0.25%、0.3%等不同浓度的水溶液,观察明度,反复比较。高锰酸钾要随用随配,可事先在杯底编号,以区分不同的浓度。盛液后自行将各杯次序弄乱,然后通过目测法,将各杯按明度次序排好,可以看杯底的编号加以检验。可以先各杯浓度级差间隔大些,再逐步缩小级差间隔,不断提高准确性。

第二组:取清米酒(贮存 1 年以上)、新酒、16 度黄酒和同类型清米酒进行颜色比较。

第三组:选择浑浊、失光、沉淀和有悬浮物的样品,认真加以区分。

2. 嗅觉训练

人与人之间嗅觉差异较大,要使自己嗅觉达到较高的灵敏度,能够鉴别不同香气成分的差异,并且能够描述对香的感受,除具备一定生理条件外,还必须刻苦练习。品鉴员应该熟识各种花、果芳香。这是品鉴员嗅觉的基本功。嗅觉练习分组试料如下。

第一组:取香草、苦杏、菠萝、柑橘、柠檬、杨梅、薄荷、玫瑰、茉莉、桂花等各种香精、香料,分别配制成 1mg/L(百万分之一)浓度的水溶液,先明嗅,再进行密码编号,自我练习,闻、测区分是何种芳香(最好能区分是天然物中萃取的成分或人工化学合成物)。溶液浓度,可根据本人情况自行设计,配成 2mg/L、3mg/L、4mg/L、5mg/L 不等的浓度。

第二组:取甲酸、乙酸、丙酸、丁酸、戊酸、己酸、庚酸、辛酸、乳酸、氨基酸、苯乙酸以及酒石酸等,分别配成 0.1%的 16 度清米酒溶液或水溶液,进行明嗅,以了解各种酸类物质在酒中所产生的气味,记下各自的特点,认真加以区分。

第三组:取甲酸乙酯、乙酸异戊酯、丙酸乙酯、丁酸乙酯、戊酸乙酯、己酸乙酯、庚酸乙酯、辛酸乙酯等,分别配成 0.01%~0.1%的 16 度清米酒溶液,进行明嗅,以了解各种酯类在酒中所产生的气味,记下各自的特点,认真加以区分。

第四组:取乙醇、丙醇、正丁醇、异丁醇、戊醇、异戊醇、正己醇等,分别配成 0.02%的 16 度清米酒溶液,进行明嗅,以了解各种醇类在酒中所产生的气味,记下各自的特点,认真加以区分。

第五组:取甲醛、乙醛、乙缩醛、糠醛、丁二醛等,分别配成 0.1%~0.3%的 16 度清米酒溶液,进行明嗅,以了解醛、酮类在酒中所产生的气味,记下各自的特点,认真加以区分。

第六组:取阿魏酸、香草醛、丁香酸等分别配成 0.001%~0.01%的 16 度清米酒溶液,进行明嗅,以了解芳香族化合物在酒中所产生的气味。

3. 味觉的练习

练习的试料分组如下。

第一组:取乙酸、乳酸、丁酸、己酸、琥珀酸、酒石酸、苹果酸、柠檬酸等。每一种分别配成不同浓度(0.1%、0.05%、0.025%、0.0125%、0.00325%)的 16 度清米酒溶液,进行明尝,区分和记下它们之间和不同浓度之间的味道。

第二组:取乙酸乙酯、乳酸乙酯、丁酸乙酯、戊酸乙酯、己酸乙酯、壬酸乙酯、月桂酸乙酯等,每一种分别配成不同浓度(0.1%、0.05%、0.025%、0.0125%、0.006 25%)的 16 度清米酒溶液,进行明尝,记下它们之间和不同浓度之间的味道。

第三组:诸味的鉴别。取甜味的砂糖 0.75%,咸味的食盐 0.2%,酸味的柠檬 0.015%,苦味的奎宁 0.000 5%,涩味的单宁 0.08%,鲜味的味精(80%)0.1%,辣味的丙烯醛 0.001 5%,分别配成水溶液,并与无味的蒸馏水进行品尝鉴别。

4. 在练习中注意的事项和步骤

(1)各种试料选择的组别和组中的品种多少,可根据学习班和工厂的情况,灵活掌握,不必强求一致,一般一次不宜太多。

(2)标准溶液和水量,有些试料可按几何级数逐渐加大,其浓度不小于"最小可知差异"。由品鉴员反复练习,直至达到各种溶液的浓度接近阈值时,仍能正确地加以区别。

(3)任何一种试液,浓度由阈值开始,配成多种不同的浓度(随着练习次数的增加,浓度差应逐渐缩小),编成密码,随意取出数杯由品鉴员品评出其浓度的顺序。

第四节　米酒品鉴的基本步骤

品鉴米酒是一个主观活动,在基本的训练合格后,应该规范品鉴步骤,以此进一步减小误差,令品鉴结果更可靠。

一、品鉴前的准备工作

1. 酒样的类别

集体品鉴的目的是对比评定品质。因此,一组的几个酒样必须具备可比性,酒的类别或香型要相同。

2. 取酒样

组别确定后,工作人员即可将酒样取好,进行编组、编号,酒样号与酒杯号要相符。开瓶时要轻取轻开,减小酒的震荡,防止瓶口的包装物掉入酒中。倒酒时要徐徐注入。

3. 酒样的杯量

每一个评酒杯中倒入酒的数量因酒而异,可根据酒样的成分、酒度适量增减。注入杯中的酒量应为空杯总容积的 2/3,使杯中留有足够的空间,以便保持酒的香气和品评时转动酒杯。同时,注意同批次比对每一个杯子注入的数量必须相同。

4. 酒样温度

温度对嗅觉影响很大,温度上升,香味物质挥发量大,气味增强,刺激性加大。评酒时,酒样温度偏高还会增加酒的异味,偏低则会减弱酒的正常香味。各种酒类最适宜的品评温度,因品种不同而有差别。我国米酒类的品评温度一般以20℃左右为宜。

为了使供品评的一组酒样都能达到同一的最适宜的温度,应采用合理的调温方法。评酒前,先将一个较大的容器装好清洁的水,调到要求的温度,然后把酒瓶或酒缸放入水中,慢慢提高温度。如要降温,可以在调温水中徐徐加冰。冬天在可能的条件下,品鉴室室温以保持在15~18℃为宜。同一组、同一轮次的酒样品评温度必须相同。

5. 品鉴时间

什么时候最适宜进行感官查检、尝评酒类?目前,对这个问题的看法尚不一致。国外研究认为,以每周二为最好,周五次之,其余几天较差。在一天中,则以午前11:00~12:30和午后1:00~2:30时感觉器官最为敏锐。我国一般认为评酒的时间以上午8:30~11:30、下午3:00~5:00为宜,其余时间都不宜考虑和安排品鉴。

二、品鉴米酒的方法与程序

1. 品鉴米酒的方法

根据评酒的目的、提供酒样的数量、评酒员人数,可采取明评和暗评的评酒方法。

(1)明评。明评又分为明酒明评和暗酒明评。明酒明评是公开酒名,评酒员之间明评明议,最后统一意见,打分并写出评语。暗酒明评是不公开酒名,酒样由专人倒入编号的酒杯中,由评酒员集体评议,最后统一意见,打分,写出评语,并排出名次顺位。

(2)暗评。暗评是酒样密码编号,从倒酒、送酒、评酒一直到统计分数、写出综合评语、排出顺位的全过程,分段保密,最后揭晓公布评酒结果。评酒员所做出的评酒结论具有权威性和法律效力,其他人无权更改。

2. 品鉴米酒的程序

米酒的品评指标主要包括色泽、香气、品味。通过眼观其色、鼻闻其香、口尝其味,并综合色、香、味3个方面的感官印象,确定其风格的方式来完成尝评的全过程。具体评酒步骤如下。

1)眼观色

米酒色泽的评定是通过人的眼睛来确定的。先把酒样放在评酒桌的白纸上,用眼睛正视和俯视,观察酒样有无色泽和色泽深浅,同时做好记录。在观察透明度、有无悬浮物和沉淀物时,要把酒杯拿起来,然后轻轻摇动,使酒液游动后进行观察。根据观察,对照标准,打分并作出色泽的鉴评结论。

2)鼻闻香

米酒的香气是通过鼻子判断确定的。当被评酒样上齐后,首先注意酒杯中的酒量,把酒杯中多余的酒样倒掉,使同一轮酒样中酒量基本相同之后再嗅闻其香气。在嗅闻时要注意:

①鼻子和酒杯的距离要一致,一般为1～3cm;②吸气量不要忽大忽小,吸气不要过猛;③嗅闻时,只能对酒吸气,不要呼气。

在嗅闻时先按样品编号顺次进行,辨别酒的香气和异香,做好记录,再按反顺次进行嗅闻。经反复后,综合几次嗅闻的情况,排出品质顺位。再嗅闻时,将香气突出的排列在前,香气小的、气味不正的排列在后。初步排出顺位后,嗅闻的重点是对香气近似的酒样进行对比,最后确定质量优劣的顺位。

当不同香型混在一起品评时,先分出各编号属于何种香型,而后按香型的顺序依次进行嗅闻。对不能确定香型的酒样,最后综合判定。为确保嗅闻结果的准确,可把酒滴在手心或手背上,靠手的温度使酒挥发来闻其香气,或把酒倒掉,放置10～15min后嗅闻空杯。

闻香的感官指标应是香气是否有愉快感觉,主体香是否突出、典型,香气强不强,香气的浓淡程度,香气正不正,有无异香或邪杂香气,放香的大小。尝评人员根据上述情况酌情扣分。

3)品尝口味

米酒的口味是通过味觉确定的。先将盛酒样的酒杯端起,吸取少量酒样于口腔内,品尝其味。在品尝时要注意:①每次入口量要保持一致,以0.5～2.0mL为宜;②酒样布满舌面,仔细辨别其味道;③酒样下咽后,立即张口吸气闭口呼气,辨别酒的后味;④品尝次数不宜过多,一般不超过3次。每次品尝后茶水漱口,防止味觉疲劳。

4)确定风格

综合色、香、味3个方面的印象,加以抽象判断,确定其典型性。因此,品评酒的优劣将总体印象(即风格)也列为很重要的项目之一。品鉴员评完一组酒,记录了分数,在写总结评语时,如果对个别酒样感到不够细致明确,色、香、味中某一项不明显,还可以补评一次。

以上评酒操作是对一组酒,按规定的指标——色、香、味、风格等,分别进行评比,然后对每种酒加以综合,形成对该酒总的品质鉴定。这种操作法是分项对比的,优缺点比较明显,因而被广泛采用。

另外也有人采取对一种酒样的各项指标都评完做了记录后再评第二种的方法,理由是香与味是互相影响和协调的,难以把它们分开。评完一种酒样,经漱口,即评第二种,对该酒的情况印象比较鲜明,这是此法的优点。总的来说,分项品尝不如综合品鉴判断好。

第五节 米酒感官品评体系的构建

一、米酒品鉴的标准和评价

长期以来,米酒企业没有认真建立感官品评制度,或不够重视,或不知如何进行感官评定。有的只是由质检部对几项重要指标进行化验分析,或者简单地用肉眼判定,或由主管部门定期进行卫生指标监测。我们对孝感米酒行业20多家企业进行调查发现:凡不重视米酒的感官评定的企业,在实际生产中经常会导致生产浪费且米酒产品品质也得不到保证;若质检部门只作常规分析,感官品评体系不完善,米酒产品品质也会经常波动,导致被动生产。因此,米酒企业建立和完善感官品评体系,将更加有利于生产管理和改进产品质量。

1. 感官品鉴体系建立的必要性

(1)食品的品质、食用的安全性、可口性和给人的感官体验是决定人们对食品喜好的四大要素,它们与食品所含的营养素、有害物质、添加剂和质量有关,因此需要对食品进行全面的分析才能给出准确的评价。

(2)人们选择食品往往是从个人的喜好出发,凭感官印象来决定取舍。研究不同人群对视觉、嗅觉、味觉和偏好等的感受,对消费者和生产者都是极其重要的。因此,食品的色、香、味、形态特征是食品的重要技术指标,是不可忽视的鉴定项目。

(3)"质量经营"是一个战略问题,它要求企业经营者树立质量经营战略思想,用发展的眼光看待质量问题,对企业质量工作进行整体规划。食品分析与感官评定是食品科学的一门分支学科,是研究和评定食品品质并保障食品安全的一门科学。米酒企业建立感官品评体系,将引领企业树立"质量是企业的生命""以质取胜"的经营理念。

(4)我国的白酒在1979年第三届全国评酒会上确立了"分项百分五杯品评法",这里的"分项"就是把感官指标分成"色、香、味、格"四项。我国的啤酒品评给分扣分办法产生于1979年之前,于第三届全国评酒会上通过,1984年7月进行过一次增订,2001年中国酿酒工业协会又修订成"淡色啤酒感官评分标准和评分表"。所以,建立米酒感官品鉴体系势在必行。

二、案例:孝感米酒感官品鉴体系的构建

1. 酒体外观特征

(1)色泽。整体呈乳白色或微黄色。

(2)外观。杀菌包装后的米粒要求没有黄粒、黑粒,并可均匀地悬浮在容器中。

(3)功能性材料。常用双歧因子、魔芋精粉、枸杞子作为选料,生产前要做简要感官评定。

2. 闻香

孝感米酒的清香由花卉味、薄荷味、醚味、甜香味4种基本气味组合而引起,它们均属植物气味。

3. 滋味

孝感米酒大致有7种基本味,即酸、甜、苦、涩、鲜、金属味、清凉味,其味觉合成标准要求为味觉柔和、香甜可口。

(1)酸味。米酒酸味物质最终呈现的风味特点往往与酸根的种类、pH值、总酸度缓冲剂、

甜味物质等因素有关。米酒 pH 值为 3~5,有酸味感;pH 值为 5~6.5,不具有酸味感;检测时总酸度(以乳酸计)≤0~4g/100g。优质米酒总酸度数值一般在 0.1 以下。

(2)甜味。米酒的甜味一般来源于有离解性的羟基物质,尤其是醇类、甘醇类和糖类。酿制米酒时一般在调配罐中加白糖或甜味剂,糖起两大作用:一是增加米酒的甜味,起调味作用;二是饱腹效应。

(3)苦味。米酒的苦味物质来源于生物碱、糖苷类、氨基酸、乙酯类、容器内壁的环氧酚醛涂料以及酵母菌的腐败和环境污染。苦味的形成机理有两种途径:一是酵母菌的厌氧发酵;二是有害的微生物产酸的链球菌属和小球菌属,产氨、产异味的芽孢杆菌属中的枯草杆菌和肠细菌属。优质米酒不应呈现苦味。

(4)涩味。涩味是口腔蛋白受到刺激而凝固时所产生的一种收敛的感觉。米酒的涩味来源于原辅材料和有害发酵,主要物质为单宁、草酸、奎宁酸。优质米酒不应呈现涩味。

(5)鲜味。鲜味是米酒的一种复杂美味感。这里强调的是米酒的新鲜度。新鲜度的管理在饮料食品行业中早已纳入日常生产管理之中。

(6)金属味。金属味在米酒中是令人不快的。金属味的来源有两种途径:一是生产中的金属设备;二是包装容器。米酒的金属含量往往列入企业卫生检测的重要指标。

(7)清凉味。孝感米酒独特的清香、甜爽构成的清凉味是深受消费者喜爱的味感,回味深长。清凉味正是孝感米酒承传千年、驰名中外的重要原因之一。

4. 形态

孝感米酒有全汁或纯汁之分,有少量固形物和富含固形物以及不含固形物之分,有不透明、半透明和透明之分。

清汁型米酒的特点:清汁型米酒是通过产品的清亮、富光泽的外观特征,来满足消费者赏心悦目的心理需求。乳浊型米酒的特点:乳浊型米酒是保持了传统糯米酒的固有特征,使人感到酒体丰满、营养丰富,容易产生一种求购品尝的心理。不管何种形态的米酒,都应具备无异物、无有害杂质及变色糟米的特点,整体要突现"纯生"二字。

5. 感官品鉴十分制评分方法

通过米酒品鉴打分,可得出样品间的差异,或评定样品的类别和等级。感观品鉴的方法有排序法、分类法、评估法、评分法、分等法、选择法、配对检验法等。这里主要介绍米酒感官品鉴十分制评分法,见表 7-1。

表 7-1 米酒感官品鉴十分制评分记录表

姓名_____ 组号_____ 日期_____

类别	项目	满分要求	减分内容	减分标准	样品 1	2	3	4	5
色泽 (1分)	内容物 (0.5分)	外层胶状呈乳白色，整体呈乳白色或微黄色	光泽略差	0.5分					
			轻微失光	0.8分					
	固形物 (0.5分)	大小均匀、有光泽	明显沉淀、严重失光	1.0分					
香味 (2分)	酸低(0.5分)	清香袭人、纯正、无异香	香气不明显	0.5分					
	酯低(0.5分)		香气不纯正	1分					
	清雅(0.5分)								
	醇净(0.5分)		不纯正、有异香	2分					
滋味 (6分)	酸味(1分)	没有酸味	有酸味或酸味突出	0.5~1分					
	甜味(1分)	香甜可口、不腻	无甜味或甜味腻厚	0.5~1分					
	苦味(1分)	没有苦味	有苦味	1分					
	涩味(1分)	没有涩味	有涩味	1分					
	鲜味(1分)	新鲜、无老化味	略有或明显有老化味	0.5~1分					
	金属味(0.5分)	没有金属味	有金属味	0.5分					
	清凉味(0.5分)	清香、甜爽、回味深长	清而不凉,淡爽	0.1~0.5分					
形态 (1分)	清汁型 (0.5分)	清亮、透明、富光泽、赏心悦目	呈半透明或略透明	0.1~0.25分					
			有杂质或异物	0.5分					
	乳浊型 (0.5分)	酒体丰满、固液混合均匀、呈半透明或略透明状、纯净	略透明,有变化	0.1~0.25分					
			不透明,变色	0.5					
总计 10分		满分 10分	总计减分						
			总计得分						
备注									

三、其他品鉴方法

1. 一杯品评法("A"—"非 A"试验)

1)适用范围

此方法是为了判断在两种样品之间是否存在感官差异,对于有着强烈后味的样品以及可能会从精神上混淆品鉴员判断复杂性刺激的样品间进行对比时,适合此法。

"A"—"非 A"试验也适用于选择试验品鉴员。例如,一个品鉴员(或一组品鉴员)是否能够从其他甜味料中辨认出一种特别的甜味料。同时,它还能通过信号检测方法测定感官阈值。

在米酒品鉴中本法最适用于出厂酒样的检查,如取一杯标准酒样似作"A"品鉴后,另取一杯出厂酒样似作"非 A",品鉴后决定是否出厂。

2)试验原理

先取出一杯酒样 A,让品鉴员充分记忆其特性,将 A 样取走,然后再拿出一杯酒样 B,要求品鉴员评出 A、B 两样是否相同、有何差异,并通过 x^2 检验方差分析样品应归属的类别和等级。

3)品鉴员

训练 10~50 名品鉴员来辨认"A"和"非 A"样品。在试验中,每个样品呈送 20~50 次,每个品鉴员可能收到 1 个样品(A 或非 A),或者两个样品(一个 A 和一个非 A),或者会连续收到多达 10 个样品。允许的试验样品数由品鉴员的身体和心理疲劳程度决定。

(注意:不推荐使用对"非 A"样品不熟悉的品鉴员。这是因为对相关理论的缺乏会使得他们可能随意猜测,从而产生试验偏差。)

4)试验过程

与三点检验相同,同时向品鉴员提供记录表和样品。对样品进行随机编号和随机分配,以便品鉴员不会察觉到"A"与"非 A"的组合模式。在完成试验之前不要向品鉴员透露样品的组成特性。

注意,在这种检验过程中,必须遵守如下规则:①品鉴员必须在检验开始前获得"A"和"非 A"样品。②在每个试验中,只能有一个"非 A"样品。③在每次试验中,都要提供相同数量的"A"和"非 A"样品。④这些规则可能会在特定的试验中改变,但是必须在试验前通知品鉴员。如果在第二条中有不止一种的"非 A"样品存在,那么,在试验前必须告知和展示给品鉴员。

5)注意事项

样品 AB 和 BA 在配对样品中出现次数均等,并且随机地呈送品鉴员;连续提供几个成对样品时,应减少样品使用量,实践中最好实行定向差别检验。

2. 二杯品评法(差异对照试验)

1)适用范围

当试验方案或目的是双重时使用这种方法,双重主要包含两层意思:一是判断出一个或多个样品和对照物之间是否存在差异;二是评估出这种差异的大小。一般情况下,某个样品会被指定为"对照物""参比物"或"标准",然后评估出其他每一个样品与"对照物"之间有多少差别。

当差异能被品鉴员感知到,而差异的大小又会影响试验结果(如在进行质量保证/质量控制和储藏研究等)时,采用差异对照试验是很有用的。

当感觉疲劳效应不适于多样品的差异对照时,两样品的差异对照试验也是适用的。差异对照试验本质上就是一个评估差别大小的简单差异试验。

2)试验方法

呈送给每个品鉴员一个对照标准样品和一个或多个试验样品,要求品鉴员评估出每个样品和对照物之间的差异大小并按相应的等级进行评分。告诉品鉴员在试验样品中有一些可能与标准对照物相同,将未知对照物与标准对照物相比获得差异平均值,再和事先确定的各试验样品的差异均值进行比较而评定最终的结果。

在实际操作中表现为:一次取出两杯酒,一杯是标准酒,一杯是酒样,要求品评两者有无差异,说出异同大小等。有时两者也可为同一酒样。

3)品鉴员

一般有20~50人参与评定每个样品,并评估出与对照样品的差异程度。所有鉴评员应熟悉试验模式、等级的含义以及试验样品中有一部分样品为未知对照物。

4)试验过程

首先,要尽可能同时提供样品和已感知过的标准对照物(贴上标签),为每个品鉴员准备一个已贴标签的对照物和几个未贴标签的试验样品。如果试验要求每个品鉴员评定所有样品(但这不可能在一个试验期完成),则要保留品鉴员的样品记录,以便剩下的样品在后续的试验中继续评定。常用的语言评分等级见表7-2。

表7-2 常用语言评分等级

语言种类等级	数字种类等级
没有差别	0
非常轻微的差别	1
轻微/中等的差别	2
中等差别	3
中等/较大的差别	4
较大差别	5
非常大的差别	6、7、8、9

注:品鉴结果含有语言种类等级时,将语言种类等级变为相应位置上的数字种类等级。

5)注意事项

为了保证公正性,通常采用暗评的方式,确保每次品鉴时的酒量一致,以便准确比较。为了避免顺序效应,可以随机改变品鉴顺序。

3. 三杯品评法(也称三角法)

1)适用范围

三角试验的目的是明确两个样品间是否存在感官差异。当加工处理使样品发生了改变,而且无法依据一个或者几个属性来辨别样品的变化时,三角试验就特别适用。此法可以考核品鉴员的重复性和准确性,使用此方法品尝次数较多,容易使人疲劳,一次以 3 组酒样为宜。如果品鉴员对样品产生感觉疲劳和适应性或者实在难以区分试验的 3 个样品时就不能选用三角检验。

2)试验方法

呈送给每个品鉴员 3 个已编码的样品,其中 2 个样品完全相同。要求品鉴员从左到右依次品尝每个样品并且选出其中不同的一个样品。实际中则是一次取出 3 杯酒,其中 2 杯为相同的酒,品评出哪两杯酒相同。

3)品鉴员

三角试验通常选用 20~40 个品鉴员。但是,如果样品间差异明显或很容易辨别时,也可选用 12 个品鉴员。对于相似性三角检验,则需 50~100 个品鉴员。

品鉴员在进行正式鉴评试验之前必须明确试验的目标,对于试验的步骤和产品的特性也要比较熟悉。给品鉴员提供试验信息时,要注意避免有关资料对品鉴员产品鉴别的误导,如处理效果和产品特性等。

4)试验步骤

试验区是品鉴员进行感官试验的场所,通常由多个隔开的鉴评小间构成,以便品鉴员在内独自进行感官鉴评试验。适当控制光线可减少样品颜色上的差异。样品应当在保持其最佳状态(包括外观、味道等)的条件下制备和呈送。呈送样品时,所有的样品应尽可能同时提供给品鉴员。如果样品较大,或在口中留有余味,或在外观上有轻微的差异,也可将样品分批提供而不至于影响试验效果。

为了使 3 个样品排列次序和出现次数的机会相等,可以运用以下 6 种组合:ABB、BAA、AAB、BBA、ABA、BAB。在试验中,6 组出现的概率也应该相等,将它们随机呈送给鉴评员,鉴评员通过品尝、感觉、嗅闻等方式从左至右依次评定试验样品,也可以重复评估样品以提高试验的准确度。

表 7-3 为三点检验的记录表,可适用于多种样品品鉴,但要求在感官疲劳程度最低时使用。在品鉴员对样品做出最初的选择之后,不要询问有关偏爱性、接受度、差异度或者差异类型之类的问题,因为品鉴员对不同的样品做出选择后可能会使他们在回答这些额外的问题上产生偏差。

表7-3 三点试验记录表

三角试验
姓名_____ 日期_____ 样品种类_____
说明 从左到右依次品尝样品,其中有2个样品是相同的,找出不同的样品。 如果没有差异也要作出选择。

样品组合	不同的样品	注释

5)注意事项

不要将"无差异"归为无用的结论。品鉴员要及时记录每杯酒样的视觉、嗅觉和味觉特征。如果品鉴员无法感知到样品的差异,就应该请他们作出推测。

4. 顺位品评法

将几种酒样分别倒入已编好号的酒杯中,让品鉴员按酒精度高低、产品质量优劣顺序排列,分出名次。勾兑调味时,常用此法作比较。

多样顺位法:要求将酒样A、B、C……按特性强弱或嗜好顺序排列,每次品鉴的样品数量以4～6个为宜,超过此数,容易疲劳,影响评酒的精确度,尤其是香型较浓的样品更是如此。

第六节 品鉴的常见错误和避免方法

一、主观偏见

主观偏见是品鉴过程中常见的错误之一。品鉴员可能受到自身的喜好、经验和偏好的影响,导致对酒的评价产生偏见。

这种偏见可能是基于个人喜欢或不喜欢某种风味或风格,或者受到过去的经历和偏好的影响。如假设一个品鉴员偏好酸味较强的酒,他在品鉴时可能会对酸味较为突出的酒更倾向于评价较高,而对甜味或其他风味表现较弱的酒评价较低。这种主观偏见可能会导致对其他风味和风格的酒缺乏客观的评价,无法准确地反映酒本身的品质和特点。另外,个人的经验和偏好也会对品鉴产生影响。如果一个品鉴员过去只接触过某种类型的酒,他可能会在品鉴其他类型的酒时对其缺乏经验和理解,从而导致对这些酒的评价产生偏见。例如,一个只喝过浓郁红葡萄酒的品鉴员,对于轻盈的白葡萄酒可能会有偏见,认为它们不够浓郁。

为了避免主观偏见对品鉴的影响,品鉴员应该尽量保持客观,不受个人偏好和经验的干扰。这可以通过多样化的品鉴经验和培养开放的品鉴态度来实现。品鉴员可以尝试不同风格和类型的酒,增加对各种风味的了解和欣赏。此外,与其他品鉴员和专业人士进行交流和讨论,听取不同的观点和意见,也有助于拓宽视野,减少主观偏见的影响。

二、忽略细节

品鉴员可能会忽略一些细节,如颜色、气味、口感等方面的细微差异。这可能是由于品鉴员对这些细节不够敏感或未经细致观察而导致的。

在品鉴过程中,细节是非常重要的,因为它们能够提供关于酒的特征和品质的重要线索。例如,在品鉴葡萄酒时,颜色可以告诉我们关于葡萄品种、酿造工艺和年份的信息。气味可以展示酒的复杂性、果香和酒香的特点。口感可以揭示酒的酸度、单宁、甜度和酒体的特征。

一个品鉴员在品鉴红葡萄酒时可能会忽略其颜色的细节,只注意到酒的口感和味道。然而,米酒的颜色可以反映出其原材料储存的时间和品种等信息。因此,忽略颜色细节可能会导致对米酒的完整理解和评价的缺失。

为了避免忽略细节,品鉴员应该注重细节,并全面评估酒样每个方面的表现。在品鉴时,可以使用专业的品鉴杯和灯光来营造更好的观察条件。同时,培养良好的观察力和专注力,细致观察颜色、气味、口感等方面的细节,并将它们纳入评估的范围之内,这样能够获得更准确、全面的品鉴结果,更好地理解和评价酒的特性和品质。

三、评价过早

品鉴员可能在品尝酒的过程中过早地下结论,没有给予酒以足够的时间展开和发展。这可能是急于作出评价或缺乏耐心等因素所致。

在品鉴过程中,酒需要时间与空气接触,让其逐渐散发出香气和味道。有些酒需要较长的时间来展现其真正的特点和复杂性。如果品鉴员在品尝初期就过早下结论,可能会误评酒的潜力和真正的品质。

一瓶陈年红葡萄酒可能需要适当的通风和适应时间,以便充分展示出陈年带来的丰富香气和平衡的口感。如果品鉴员在刚开瓶时立即作出评价,可能无法体验到酒的真正魅力。然而,如果给予酒足够的时间,在适当的条件下让其逐渐"呼吸"和发展,品鉴员将能够感受到更丰富的香气和更复杂的口感。

为了避免评价过早的错误,品鉴员应该给予酒以足够的时间与空间来展开和发展。可以通过适当的通风、摇杯和在口中回味的方式来促使酒的味道逐渐散发出来。同时,培养耐心和细致观察的习惯,多次品尝和观察酒的变化,从而获得更准确和全面的品鉴体验。这样能够更好地体会酒的发展过程,给予酒足够的时间以展示其真正的品质。

四、环境影响

环境中的噪声、温度、光线等因素都会对品鉴体验产生重要影响,因此在适宜的环境中进行品鉴是获得准确评价的关键。

假设品鉴员在一个嘈杂的环境中进行葡萄酒品鉴,周围有高分贝的音乐、人声喧哗或者其他噪声干扰,这种环境会干扰品鉴员对酒的细微香气和口感的感知,使得评价变得模糊不清。同样,如果品鉴员在过于明亮或暗淡的光线下进行品鉴,也会影响其对酒的色泽和透明度的准确观察。

此外,温度也是影响品鉴的重要因素。酒的温度过高或过低,都会对酒的香气和味道产生不利影响。例如,白葡萄酒在过高的温度下品鉴,可能会使酒变得沉闷和乏味,无法展现出其清新和活泼的特点。

为了避免环境对品鉴的不利影响,品鉴员应该选择适宜的环境进行品鉴。这可以是一个安静、没有噪声干扰的地方,温度适宜且光线适中。此外,还可以通过控制酒的温度,确保它在合适的温度下品鉴,以展现其最佳状态。

在适宜的环境中进行品鉴可以减少干扰因素,品鉴员能够更好地感知酒的细微差异和特点,从而得出更客观和准确的评价。因此,选择适宜的环境进行品鉴是保证品鉴质量的重要一步。

五、品鉴疲劳

每种酒都有不同的香气、口感和风味特点,如果品鉴员连续品尝多种酒而没有适当地休息,随着时间的推移,感官会逐渐疲劳。此时,品鉴员可能会感到口腔麻木,无法敏锐地分辨不同酒品的细微差异,评价也会变得模糊不清。

为了避免品鉴疲劳,品鉴员可以采取一些策略。首先,需要适当安排休息时间,让感官得到放松和恢复。可以在品尝不同酒品之间留出一些间隔时间,让口腔和嗅觉系统得到休息和恢复,以保持敏感度和准确性。其次,品鉴员应该注意清洁口腔。在品鉴多种酒品之间,可以用清水漱口,以清除口中的残留物和异味,为下一轮品鉴做好准备。清洁口腔可以帮助恢复感官的敏感度,减少口腔疲劳对品鉴的影响。

通过适当休息和口腔清洁,品鉴员可以避免品鉴疲劳,保持感官的敏锐和准确的评价。这样可以更好地感知每种酒品的特点,准确地描述其香气、口感和风味,从而得出更有价值的品鉴结果。因此,在品鉴过程中,注意品鉴疲劳并采取相应的措施是非常重要的。

六、不正确的品鉴顺序

在进行品鉴时,应按照正确的顺序进行,先评估外观,再进行嗅闻,最后品尝口感。不正确的顺序可能会影响评价的准确性,因为每个环节都对品鉴结果产生重要影响。

假设品鉴员在品鉴酒时先品尝口感,然后再评估外观和嗅闻,这样的顺序可能会导致口感对评价的影响过大,而忽略了外观和嗅闻的重要性。口感可能会主导品鉴员的感知,使其对酒的整体特点产生偏见,而无法全面地评估酒的香气、色泽和其他细节。

正确的品鉴顺序应该是先评估外观,包括观察酒的色泽、透明度、清澈度等。然后进行嗅闻,细致地品味酒的香气,捕捉其中的复杂度和层次感。最后才品尝口感,包括口感的丰满度、平衡度、酸度、甜度和醇厚度等。按照这样的顺序进行品鉴,可以确保每个环节的影响相对均衡,评价更准确。

按照正确的品鉴顺序进行评价,品鉴员可以更全面、准确地了解酒的特点和品质。这种顺序能够充分利用感官的敏感度,使品鉴员能够逐步深入地体验酒的各个方面,从而得出更准确的评价和结论。因此,正确的品鉴顺序对于获得准确的品鉴结果至关重要。

七、缺乏参照

在品鉴时,如果没有合适的参照品或参考标准,品鉴员可能无法进行对比和评估,导致评价的准确性受到影响。因此,尽量提供参照品或参考标准是非常重要的,其可以帮助品鉴员更好地判断和评价。

假设品鉴员正在评估一款特定类型的啤酒,如果没有参照物,品鉴员无法知道该款啤酒在该类型中是表现优秀、一般还是较差。而如果提供了同类型的其他品牌或代表性的啤酒作为参照,品鉴员可以更好地比较和评估,得出更准确的结论。

提供参照品或参考标准,品鉴员可以建立对比和参照的基准,更准确地判断和评价米酒的品质和特点。参照物可以是同类型的其他品牌或同一酒款的不同批次,也可以是专门用于参考的标准品或评价准则。有了参照物作为参考,品鉴员可以更有依据地评估米酒的优劣,并将其与其他品鉴体验进行对比。因此,提供参照物是品鉴过程中的重要一环,可以提高评价的准确性和可靠性。

第七节 品鉴的专业术语和表达方式

在米酒的品鉴过程中,使用专业的术语和表达方式能够准确地描述和传达对米酒的观察和评价。品鉴的专业术语和表达方式是品酒师们的语言工具,帮助他们在专业领域中进行准确的交流和共享意见。这些术语和表达方式涵盖了米酒的外观、香气、口感、余味等方面,能够准确描述米酒的特点和品质。通过使用专业的术语和表达方式,品酒师们能够更好地理解和传达米酒的独特之处,促进对米酒的深入理解和探索。这样的专业术语和表达方式不仅在品鉴领域中起到重要的作用,也为米酒爱好者提供了更具体、更准确的语言工具,使他们能够更好地描述和分享自己对米酒的感受和体验。

一、视觉术语

视觉术语有：色泽和清澈度。①色泽：色正、色不正；清亮、透亮、晶亮；光泽、失光、微黄。②清澈度：清澈透明、略透明、不透明；微浑、浑浊、有沉淀；有明显悬浮物、杂质或异物。

二、嗅觉术语

嗅觉术语有：米香突出、明显、不明显；香气不纯正、有异香；有对应功能性材料香味。

三、味觉术语

味觉术语有：香醇甘润，甘洌，醇和味甜，醇甜爽净；净爽，清而不凉，淡爽；醇甜柔和，绵甜爽净，香味谐调，香醇甜净；无甜味，甜味腻厚，醇甜，绵软，绵甜；有涩味，微苦涩，苦涩，有苦味，后苦；有酸味，较酸，酸味突出；口感不快，欠净，有异味，回味悠长，回味较长，回味欠净；生料味，略有老化味，明显有老化味；有金属味，霉味等。

术语的表达是一种艺术，不是单靠死记硬背，而是在一次次米酒品鉴中有感而发。因此在日常的品鉴中应细心感悟，抒发出内心的语言。

本章小结

本章从阐述米酒品鉴的意义和作用开始，就品鉴员的基本要求、品鉴室的构建、品鉴员的训练、米酒品鉴的基本步骤做了详细说明；从孝感米酒感官品鉴体系构建的案例出发，罗列了现阶段品鉴米酒的几种常用方法，指出了品鉴米酒时常犯的错误并提出了避免方法，最后归纳了品鉴米酒时使用的视觉、嗅觉、味觉专业术语和表达方式。

思考题

1.米酒品鉴的作用和目的是什么？

2.米酒品鉴过程中应该注意哪些事项？

3.常见的品鉴米酒方法有哪些？

4.假如你是米酒厂品鉴员，请结合本厂实际，构建米酒感官品鉴体系以及制定评分记录表。

第八章　米酒的配餐与享用

米酒作为一种食物,在搭配饮食菜肴时应合理考虑不同食物的味道、性质、营养成分等特点以达到口感、营养和消化吸收的最佳效果。

第一节　米酒与菜肴的搭配原则

米酒与食物搭配首先考虑米酒甜的特性,再以味道、营养、食物性质等几个方面进行米酒与菜肴的搭配,从而满足消费者的享用。

一、搭配原则

1. 安全和口感

在保证食物质量合格的前提下,首先应该考虑的是食物的味道。当今,食物不再仅仅限于满足生存,也强调精神上的享受,食物的口味口感就是最直观的精神享受。在搭配中应尽量避免过于单一,应包含甜、咸、酸、辣等不同口味的食物,增加食物的丰富性和风味。

2. 营养平衡

水、碳水化合物、蛋白质、脂质、矿物质、维生素、膳食纤维七大营养物质应合理分配,以满足人体正常生命活动所需。米酒由于是发酵产品,营养丰富、利于吸收。除了常见的碳水化合物,谷物包含了 B 族维生素和钾、钙、镁、磷、钠等矿物质,还因发酵过程中,蛋白质分解而含有一定量的氨基酸,尤其是谷氨酸和丝氨酸。此外米酒中可能含有一些抗氧化物质,如多酚类化合物,有助于抵抗自由基损伤。搭配含有不同营养物质的食物,使其营养相互补充,可以提高整体营养价值,从而满足人体需求。

3. 个体偏好

个人喜好,有词语"汝之蜜糖彼之砒霜",不同人的口味差异非常大,因此对食物的评价也有极大的差异。根据个人的需求和偏好来选择合适的搭配方式,以保证食物的美味和营养是很关键的环节,适合自己的才是最好的,不必去改变自己也不必去迎合他人。

二、风味协调搭配案例

1. 红糖桂花酒酿

配方及原材料:糯米粉 70g、温水 40mL、新疆红枣干 15g、红糖 15g、酒酿 130g、红枸杞 5g、干桂花适量。

制作要点:
(1)糯米粉中分批次加入温水,将充分吸水后的糯米分揉成光滑面团。
(2)锅中加入清水,烧制沸腾后加入小圆子。
(3)待小圆子煮至漂浮后加入红枣干、15g 红糖和适量酒酿。
(4)最后加入枸杞和干桂花,关火起锅。

注意事项:
(1)糯米粉加入温水时分批次加入,切勿一次性加入过多。
(2)酒酿可以选择自酿或者购买。

产品特点:
米酒香甜,搭配有益气补血功效的枸杞和红枣干,加入红糖和桂花干以增加香甜度。

2. 米酒烧仙草

配方及原材料:
仙草粉 20g、水 400g、米酒 100g。

操作要点:
(1)将仙草粉加入碗里,用部分水调制成糊状,成仙草糊。
(2)剩余的水倒入锅中,加入仙草糊,搅拌均匀,小火炖煮。
(3)煮至浓稠后倒入容器自然冷却。
(4)将仙草切块,拌入米酒食用。

产品特点:烧仙草适合冬季使用。烧仙草去燥降火,属寒性,适合搭配性温的米酒。

3. 米酒姜梨汁

配方及原材料:梨 1 个、酒酿 100g、姜片 10g、枸杞适量、冰糖适量、米酒汁 100mL。

制作要点:
(1)锅洗净后加入清水,加入姜片煮 10min。
(2)将梨去皮切块,用筷子在梨块上扎出小孔。
(3)将枸杞塞入小孔。
(4)捞出生姜,弃之,加入酒酿和梨块。
(5)再加入米酒汁和冰糖,炖煮 10~15min 后关火。

注意事项:
(1)梨不用煮很长时间,10~15min 就好,时间长了口感不好。

(2)冰糖量可随意。

(3)如果没有米酒汁也可不用加。

产品特点:此款饮品有补益气血,助消化的功效,适合春季清热祛燥。

4. 米酒蛋花汤

配方及原材料:米酒 200g、鸡蛋 1 个。

制作要点:

(1)锅内加入清水,煮沸后加入米酒。

(2)鸡蛋在碗里打散,加入锅中。

(3)淋入鸡蛋液后立即关火,保证蛋花漂亮,口感更佳。

注意事项:

(1)锅内清洗干净,否则会有异味。

(2)一定要沸腾后加入鸡蛋。

产品特点:简易的民间早餐,米酒的甜味和鸡蛋的营养相适配。

三、口感平衡搭配案例

1. 米酒焖草鱼

配方及原材料:草鱼 1 条,葱姜蒜辣椒适量,食用盐、食用油适量,老抽 10g,米酒 200g。

制作要点:

(1)草鱼洗净切块备用,加盐腌制。

(2)葱切段,姜蒜辣椒切片备用。

(3)热锅起油后将鱼块逐块加入,煎至两面金黄后起锅备用。

(4)锅内加油,将姜蒜辣椒加入锅中翻炒。

(5)有香味溢出时加入米酒,继续翻炒几分钟。

(6)在锅内加入 500g 清水,加入老抽。

(7)煮沸后将草鱼块加入其中焖制 10min 左右即可出锅食用。

注意事项:

(1)煎草鱼的时候要慢慢的翻身,要不然很容易烂。

(2)适量加入米酒。

产品特点:米酒焖草鱼利用的是米酒的特殊香味和酒的性质,去除鱼腥的同时增加特殊风味。

2. 米酒滑炒仔鸡

配方和原材料:鸡腿 400g、荸荠 150g、香菇 100g、辣椒 50g、葱 20g、姜片 10g、米酒 50g、生抽 15g、耗油 20g、食用盐 2g、白糖 5g、食用油、胡椒粉、水淀粉适量。

制作要点:

(1)荸荠、辣椒、香菇切丁备用。
(2)鸡腿去骨切丁,加入少许盐、米酒和胡椒粉腌制。
(3)腌制10min后加入适量水淀粉抓匀。
(4)炒锅烧热注入适量食用油,加入鸡肉翻炒。
(5)鸡肉滑散后炒至变色,倒入葱丁和姜片炒香。
(6)加入辣椒,炒匀后加入米酒,加入适量耗油。
(7)翻炒均匀后加入胡椒粉、白砂糖、水淀粉。
(8)大火翻炒至芡汁糊化后出锅。

注意事项:
(1)选择味道微甜的孝感米酒味道最好,此菜不用加水,只需用米酒烹制即可。
(2)制作此菜选择微辣的红椒最好,而过于辣的红椒会使酒香的味道大打折扣,红椒只是起到配色和提味的作用,不用也可以。
(3)炒制此菜要急火快炒,这样可保持鸡肉的滑嫩,吃起来会非常可口。

产品特点:
仔鸡指的是整只嫩鸡,在炒制前需要剔骨,用整只鸡剔骨后炒出的菜,肉质会很嫩,味道也好,但比较麻烦,在家可用鸡腿肉来代替,口感是一样的,但不建议使用鸡胸肉,鸡胸肉火候掌握不好的话,口感会很柴,味道也不好。

3. 醉虾

配方和原材料:白米虾250g,洗净备用;米酒120mL,尽量使用料理米酒;花雕酒80mL;大蒜5瓣,切片备用;生姜10g,切丝备用;小葱3根,切段备用;朝天椒2根,切2段备用;白砂糖50~60g;生抽125mL;陈皮、梅干少许,青柠4~5颗。

制作要点:
(1)将米酒和黄酒按如上比例混合。
(2)将白米虾浸泡在酒内,加盖后放入冰箱冷藏腌制4~6min。
(3)将白砂糖、生抽放入锅中混合,加入生姜丝和小葱葱白煮沸。
(4)煮沸后加入蒜片、朝天椒、陈皮、梅干,稍微煮制。
(5)将冷藏腌制的虾与热料汁混合热呛。
(6)最后将青柠切片放入盘中提味和点缀。

注意事项:
(1)选用鲜活小虾,确保食材原料新鲜。
(2)清洗时一定要将虾身洗净,剪掉虾脚。
(3)米酒和花雕酒应按比例调配。
(4)腌制时间合理控制,不宜过短,让虾肉充分吸收酒香,再调制出来,虾的鲜甜与米酒的香甜相得益彰。

相似的方法还可以用于制作醉蟹、醉泥鳅,同样要确保食材的新鲜卫生。

产品特点:夏吃虾来秋吃蟹,夏季6-8月为最宜。将鲜嫩的虾浸泡在香醇的米酒之中,让其入味,形成了独特的"醉虾"风味。醉虾既有虾肉本身的鲜美,又带有米酒的香甜,是夏季时节里极具诱惑力的美食之一。

4. 米酒糟腌鱼

配方及原材料:
(1)鲫鱼 250g,鲫鱼 5 条。
(2)糯米 500g。
(3)食盐、食用油、生抽。
(4)生姜 20g。
(5)小葱 4 根。
(6)干辣椒 5 只。
(7)酒曲 10g。

制作要点:
(1)姜葱切末,干辣椒切段。净锅烧干锅中水分,加 2 勺油。开中火,当锅中油有冒烟时下入姜葱末和干辣椒煸炒出香味,倒入米酒煮开。
(2)将腌制好的鱼斩成小块,下入米酒中,加 2 勺生抽。改小火焖煮 2min,让鱼块变软进味。用筷子试试咸淡,可以按自己的口味再添加调料,收汁关火,盛出让其自然凉透。
(3)准备一个干净、消毒、密封性好的容器,倒入酒糟鱼,清洁容器口。盖好盖子,用黄泥密封容器边缘,放于干燥通风处腌制一周左右的时间,酒糟鱼即可成功。

注意事项:
(1)腌鱼的个头不要太大,一般半斤左右的鱼做腌鱼是最好的,保证入味好。腌鱼的时候盐量依照个人口味添加,但是不建议加太多盐,否则做出来的酒糟鱼容易发苦。
(2)晒鱼干不建议晒得太干,至少要保留 30% 的水分,保证鱼肉捏起来比较软和,这样做出来的酒糟鱼才容易进味,口感好。
(3)米酒一定要煮开才能将微生物灭活杀死,保证后面做出来的酒糟鱼品质好、营养好、保质期长。每次食用酒糟鱼的时候保证夹取的器具是干净的,取食完记得密封严实。
(4)制作过程注意卫生,防止杂菌污染。

产品特点:它是一道流行于江西鄱阳湖一带的传统名小吃。鱼干在经过酒糟泡制后肉质变得松疏,也充分吸收了酒香的味道。它的最经典的吃法就是将鱼干和酒糟同煮食,使整道菜肴有着酒糟的酸甜和酒香味道,也有鱼的咸香入味,食之口感特别。

四、雅俗共赏搭配案例:醪糟汤圆

汤圆因其内馅不同,分为甜口汤圆与咸口汤圆,但无论是何种口味其都要求汤圆在煮的过程中馅不外散,这就导致了汤料没有味道,因而美中不足。这时候若搭配米酒作为炖煮时的汤料则恰好可以弥补这一不足,因此就诞生了醪糟汤圆。

在喜庆日子或节日里常见到醪糟汤圆,有时会加上一颗荷包蛋;或在金秋时节撒上芬芳的桂花粒,花香配米酒,好不享受。

"旧时王谢堂前燕,飞入寻常百姓家。"古来帝王将相所用所食之物,如今都已进入各家各户,成为寻常美食。米酒作为世界三大古酿之一,早已在中华大地遍地生根,成为大众美食,但也可登大雅之堂。

第二节 日韩欧米酒与美食的搭配

一、韩式配餐

在韩国的餐桌上,煎饼与米酒的搭配也是不可忽视的组合。煎饼的香脆外皮和米酒的柔和口感相互交融,令人回味无穷。此外,泡菜与米酒的搭配也成为经典的组合,酸甜的泡菜与米酒的甜味相得益彰,带来口腔的多层次享受。

除了正餐之外,小吃和零食与米酒的搭配也有着独特的魅力。想象一下,吃着酥脆的炸鸡或炸年糕,再搭配上一杯冰凉的米酒,口感的对比与平衡令人愉悦,让人心生欢愉。

无论是传统的韩国点心、甜品,还是现代的创新美食,韩国米酒都在其中发挥着重要的作用。它与各种食物的搭配,使每一道菜肴都更加丰富多样,味道更加鲜美。品尝韩国米酒,就像一场美食之旅,让人沉浸在韩国独特的饮食文化中。

二、日式料理

日本清酒是借鉴中国黄酒的酿造法而发展起来的日本国酒,按其制法分类只有纯米酿造酒,类似我国米酒。"纯米酿造酒"又分纯米大吟酿、纯米吟酿、特别纯米酒、纯米酒,一般情况下,纯米酒最适合搭配煮物。常见的有各种烧煮鱼类、猪肉角煮(类似于我们的红烧肉、把子肉)等肉类料理,以及日式炒蔬菜等。

煮物的味道也比较浓郁,但是又不同于天妇罗的油脂感。通常呈现出比较甜美的味道,也能保留食材的部分鲜美,刚好能与煮物的甜美味道搭配。除此之外,部分日本人还喜欢往饭里加黄油和酱油等,纯米酒跟黄油也是绝配。

三、欧式甜点

餐后甜酒是指残余糖分较高,用于餐后饮用的酒。现今世界上存在着多种类型的餐后甜酒,每种餐后甜酒都有不同的风味和特点。尤其是欧洲人一般在用餐后都会吃点小点心,此时用餐后甜酒来搭配甜点,简直就是天衣无缝,风味绝佳。

第三节 米酒享用的优势

社交是人类社会发展的基石,它不仅满足人们的情感需求,还促进了认知和精神健康。通过社交,人们建立了丰富多样的人际关系网络,使生活更加充实和有意义。

在现实生活中举凡送往接迎、生辰寿诞、婚丧嫁娶、团聚会餐、四时节令、生意谈判、庆功贺喜、国宴家宴……人际交往的任何活动,吃喝饮食都是中心议程之一。有饮食、有餐宴,自然是少不了酒的存在,白酒烈、红酒涩、啤酒苦,这些酒都有其独特风味,受众面有限,而米酒香甜却又有酒香,更能为大众所接受。

一、宴席与居家均可待客

日常聚餐中,米酒既可以作为宴席用酒,也可以作为家中待客用酒。当作宴席用酒时,因米酒酒精度数较低,不易醉酒,对于酒量较差的人相对友好,另外米酒营养丰富,味道可以随个人喜好调节。

二、价格亲民可代茶饮

米酒价格远低于其他酒类,经济实惠;当有来客时,米酒可以代茶饮待客。尤其在秋冬季节,热饮米酒,香气扑鼻,温暖惬意,颇受人欢迎。

三、米酒享用一年四季

1. 温度对米酒风味的影响

冷藏/冰镇是一种常见的饮用米酒的方式,将米酒放入冰箱或者冰桶中,使米酒温度降低至 4~10℃。这种冷却的方法可以有效地平衡米酒的酸度和苦味,使米酒更加清爽和易于饮用。当环境温度高或者在炎热的夏季,饮用冷藏/冰镇的米酒是一种理想的选择,它带来怡人的清爽感受。此外,将米酒冷藏或冰镇也常被视为一种开胃饮用方式,可以在进餐前激发食欲,为美味的餐点做好准备。不过,需要注意的是过度冷藏或冰镇可能会掩盖米酒的风味特点,因此在饮用时要避免过度降温,以充分品味米酒的香气和口感。总而言之,冷藏/冰镇的米酒是一种适合在炎炎夏日或需要提神的场合享用的饮品,能够带来清新宜人的口感和舒爽的体验。

在常温下饮用米酒,可使米酒散发出复杂香气和口感。将米酒保持在室温(20~22℃)来饮用,可以更好地品尝到丰富的风味特点。这种方法特别适合于品尝高品质的米酒,因为它能够帮助保留米酒的细腻风味和平衡性。常温下的米酒呈现出的香气更加浓郁,口感更加丰富。这种温度能够唤醒米酒中隐藏的复杂层次,让人能够更好地感受到米酒的品质与个性。无论是单独品尝或搭配美食,常温下的米酒都能够提供一种独特而令人愉悦的饮用体验。因此,在品尝米酒的细致之处时,常温饮用是一种值得推荐的方法。

加热是一个常用的方法,可用来改善米酒的口感和味道。将米酒加热到 40~50℃时,其特殊的化学反应将发生,酒体变得更加丰满,口感更加柔和。加热后的米酒可在冬季或在一些特殊的场合使用,或者将其用作热鸡尾酒的基酒。加热后的米酒融合了天然的米香和热气,使得口感更加绵软,同时也提升了米酒的香气。无论是在寒冷的冬季里暖身,还是沉浸在庆祝活动或者浪漫的夜晚之中,热米酒都能给人带来温暖和舒适感。无论是作为一种传统的美味还是独特的体验,加热米酒都为人们提供了一种别样的风味和享受。

需要注意的是,不同类型的米酒可能具有不同的最佳饮用温度。有些清爽型米酒适合冰镇饮用,例如清米酒;而一些浓郁型米酒则更适宜常温或加热,如老米酒和芳香型的陈年米酒。生产商通常会提供关于最佳饮用温度的建议，可以参考其指导以获得最佳的风味体验。无论选择何种饮用温度，都要确保用适当的酒杯盛放米酒，并细细品味其香气、口感和余味。

2. 一年四季均可享用米酒

在春节，搭配米酒一起享用年糕，寓意着美好的新年开始和团聚的喜悦；搭配米酒一起品尝饺子，增添了一份喜庆和庆祝的氛围；搭配米酒一同享用糖果，糖果的甜蜜与米酒的清香相互映衬，让人倍感喜悦；搭配米酒一同享用美味之鱼，增添了喜庆和吉祥的氛围。

夏天的米酒可以冰镇享用，搭配清淡的食物、作为烧烤的饮品，让人在炎热的夏天中享受到米酒的清凉和美味。无论是家庭聚餐、户外野餐还是烧烤派对，米酒都可以成为夏天的清爽伴侣。

秋天食用米酒，注重温暖和丰富的口感体验。可以温饮享用，搭配丰富的食材，作为烹饪的调味品，或是与传统节日食品搭配食用。秋天的米酒食用方式多样，让人在品尝美食的同时，体验米酒独特的风味和魅力。无论是家庭聚会、节日庆典还是自在的晚餐时光，米酒都可以成为秋天的美味伴侣。

冬天的米酒适宜温热饮用，搭配温暖食品，作为烹饪的调味品，或者与冬季甜点搭配享用。冬天的米酒食用方式多样，能够为寒冷的季节增添温暖和美味。无论是在家庭聚会、冬日炉火旁的晚餐，还是度假和庆典活动上，米酒都能成为冬季的美味伴侣，为人们带来温暖和愉悦的味觉体验。

米酒源于多变的生活，应用场景之多非本书可以囊括，在生活中应灵活看待米酒的食用方法和场景，无论是作为食物还是饮料，米酒都是一个不错的选择。

本章小结

本章主要介绍了中外米酒与菜肴的搭配原则与案例，并概括了当今消费市场米酒享用的优势。米酒香甜不仅满足人们的情感需求，还增进了认知和精神健康，使得我们的生活更加充实和有意义。

思考题

1. 米酒与菜肴搭配的原则有哪些？
2. 中外米酒享用的场景存在差异的原因有哪些？
3. 米酒享用的优势有哪些？

第九章　米酒行业管理条例与法规

米酒行业的监管具有综合性,所涉监管部门较多,主要由国家发展和改革委员会(简称国家发改委)、中华人民共和国工业总局和信息化部(简称国家工信部)、国家卫生健康委员会(简称国家卫健委)、国家市场监督管理总局(简称市场监管总局)及地方各级人民政府相应职能部门等共同构成。米酒企业在日常经营中要同时接受上述主管部门的监督管理和指导。国家发改委和国家工信部主要对行业进行宏观调控;国家卫健委负责食品安全风险评估、组织拟订食品安全国家标准等;市场监管总局负责市场综合监督管理、组织和指导市场监管综合执法;各级地方人民政府负责统一领导、组织、协调所辖行政区域的食品安全监督管理工作。

米酒行业涉及的全国性行业自律组织主要包括中国酒业协会、中国酒类流通协会和中国食品工业协会,主要承担行业引导和服务职能,对行业发展提出意见和建议。表9-1是米酒行业协会具体职责。

表 9-1　米酒酿造行业协会具体职责

行业协会	主要职责
中国酒业协会	研究酿酒行业的发展方向和规划,提出相关建议;参与酒类产品的标准制定、修订,在行业内组织标准的贯彻实施;对行业内重大的投资、改造、开发项目进行前期论证,并参与监督;协助政府促进酒类商品市场流通,保护合理竞争,打击违法行为;等等
中国酒类流通协会	宣传贯彻酒业产销政策,加强酒企诚信自律,协调酒类产销企业与政府部门的沟通与交流;传播交流酒类产销和市场信息,举办酒类营销技能培训和酒业高峰论坛等活动;开展国际交流与合作,促进中国酒业国际化
中国食品工业协会	协助政府在食品行业开展统筹、规划、协调工作,加强对食品企业的指导和服务;制定相关行业标准,推动全国食品工业健康有序发展,规范产品质量和食品安全管理措施

第一节　中国米酒行业政策环境

一、解读《国民经济和社会发展第十四个五年规划和2035年远景目标纲要》

2021年3月13日，新华社公布了《国民经济和社会发展第十四个五年规划和2035年远景目标纲要》。纲要提出，严格食品药品安全监管。落实"四个最严"要求；推进食品安全放心工程建设攻坚行动；建立食品安全民事公益诉讼惩罚性赔偿制度；加强和改进食品药品安全监管制度，完善食品药品安全法律法规和标准体系；加强食品全链条质量安全监管；加大重点领域食品安全问题联合整治力度，加强食品药品安全风险监测、抽检和监管执法等。纲要还提出了树立良好饮食风尚、制止餐饮浪费行为、禁食禁捕野生动物等。

二、国家市场监督管理总局发布《网络交易监督管理办法》和《网络直播营销管理办法（试行）》

2021年3月15日，国家市场监管总局发布《网络交易监督管理办法》，自2021年5月1日实施。2021年4月23日，国家互联网信息办公室与公安部等部门发布《网络直播营销管理办法（试行）》，自2021年5月25日实施。

近年来，我国网络交易蓬勃发展，"社交电商""直播带货"等新业态新模式不断涌现，为网络经济发展增添了新的活力，为稳增长、促消费、扩就业发挥了重要作用，同时也出现了直播营销人员言行失范、利用未成年人直播牟利、平台主体责任履行不到位、虚假宣传和数据造假、假冒伪劣商品频现、消费者维权取证困难等一些新的问题，《网络交易监督管理办法》和《网络直播营销管理办法（试行）》的实施可有效规范网络交易行为。

三、国家市场监督管理总局发布《2021年立法工作计划》

2021年4月1日，国家市场监督管理总局印发《2021年立法工作计划》。其中食品相关的法规主要包括《食品经营许可管理办法》《食品生产经营监督检查管理办法》《婴幼儿配方乳粉产品配方注册管理办法》《特殊医学用途配方食品注册管理办法》《食用农产品市场销售质量安全监督管理办法》等；与食品相关产品有关的法规主要包括《产品质量法》《食品相关产品质量安全监督管理暂行办法》和《中华人民共和国工业产品生产许可证管理条例》；与标准管理相关的法规包括《国家标准管理办法》《行业标准管理办法》《企业标准化管理办法》；还有与认证认可相关、计量相关、反不正当竞争以及企业信用管理相关的法规，如《中华人民共和国认证认可条例》《定量包装商品计量监督管理办法》《禁止互联网不正当竞争行为若干规定》《企业经营异常名录管理暂行办法》《严重违法失信企业名单管理暂行办法》等。

四、国务院发布《粮食流通管理条例》

2021年4月8日，国务院发布《粮食流通管理条例》（以下简称《条例》），自2021年4月15日起施行。《条例》规定取消粮食收购资格行政许可、建立粮食经营者信用档案等；提出建立健全粮食流通质量安全风险监测体系,规定粮食收购者收购粮食应当按照要求进行质量安全检验,粮食不得与有毒有害物质混装运输,粮食储存期间应当定期进行品质检验等;提出建立健全被污染粮食收购处置长效机制;将防止和减少粮食损失浪费作为粮食经营活动的原则要求。

五、中华人民共和国海关总署发布《中华人民共和国进出口食品安全管理办法》和《中华人民共和国进口食品境外生产企业注册管理规定》

2021年4月12日,中华人民共和国海关总署公布《中华人民共和国进出口食品安全管理办法》和《中华人民共和国进口食品境外生产企业注册管理规定》,自2022年1月1日起实施。

根据新版《中华人民共和国进出口食品安全管理办法》,进口食品监管主要变化:引入"合格评定"概念,并明确合格评定所涵盖的监管措施;明确对境外国家审查和评估的内容和方式;明确海关总署可制定并实施视频检查计划;明确进口保健食品和特殊膳用食品标签不得加贴;细化了对境外输华食品的暂停和禁止进口制度。出口食品监管主要变化:明确出口食品监督管理措施的主要内容;完善对于出口食品企业的食品安全管理制度要求;出口食品不再加施检验检疫合格标志;增加"申报前监管申请"的规定。

《中华人民共和国进口食品境外生产企业注册管理规定》主要变化:普及(扩大)注册的范围,并采取分类管理的思路,依类进行境外当局推荐注册或是企业申请注册;调整了境外工厂注册申请材料;明确注册评审方式会通过书面检查、视频检查、现场检查等形式及其组合来开展;明确注册编号的管理;将进口食品境外生产企业注册有效期由4年延长为5年;明确变更及延续申请材料,放宽延续申请时间;缩小了境外生产企业主管当局范围;等等。

第二节 米酒食品生产许可

一、米酒食品生产许可概述

食品生产许可是指在食品行业中,根据相关法律法规和监管要求,食品生产者必须取得的一种合法执照。它是一种授权证明,规定食品生产者应在卫生、安全、生产条件和质量管理等方面达到一定要求,同时具备进行食品生产的资质和能力。

食品生产许可的核心目的是保障食品安全和保护消费者的健康权益。通过对食品生产者的审核和认可,监管机构能够确保食品生产过程中的卫生安全措施得到有效执行,生产环境符合标准要求,食品原材料的质量可控,生产工艺符合规范,产品质量稳定可靠。

食品生产许可的获得需要经过一系列程序和审查,包括申请、评估、检查和许可证的颁发等环节。申请者需要向相关监管机构提交食品生产许可申请,并提供必要的证明文件和资料。监管机构将对申请材料进行审核,进行现场检查和评估,以确保食品生产者的生产设施、设备、卫生措施、质量管理体系等符合法律法规和相关标准的要求。

在申请过程中,监管机构还会对食品生产者进行现场检查,以验证其生产环境、生产流程、原材料采购和储存等方面是否符合卫生安全要求。同时，还会对食品生产者的质量管理体系进行评估，确保其具备质量管理的能力和系统。

经过审核和评估后，如果食品生产者符合相关要求，监管机构将颁发食品生产许可证书，证明其具备进行食品生产的资质和能力。食品生产者应该妥善保管和展示食品生产许可证书，以便监管部门的监督和消费者的查验。

食品生产许可证的获得不仅是食品生产者合法经营的重要凭证，也是向消费者传递信心和保证食品安全的重要方式。持有食品生产许可证的食品生产者可以向市场和消费者展示其合法经营和符合标准的能力，增加消费者对产品的信任。

总之，食品生产许可是食品行业中的重要管理制度，通过对食品生产者进行审核和认可，确保食品生产的安全和质量。食品生产者需要积极配合监管部门的审核和监督，确保符合法律法规和相关标准的要求，以提供安全、健康、合格的食品产品给消费者。同时，消费者在选购食品时，也应该注重查看食品生产许可证，选择具有合法许可的食品产品。

二、申请与受理

米酒在食品生产许可的分类中通常属于"酒类"或"发酵酒类"的食品类别。申请食品生产许可，应当先行取得营业执照等合法主体资格。企业法人、合伙企业、个人独资企业、个体工商户、农民专业合作组织等，以营业执照载明的主体作为申请人。申请人应当如实向市场监督管理部门提交有关材料和反映真实情况，对申请材料的真实性负责，并在申请书等材料上签名或者盖章。

三、审查与决定

1. 资格审查

县级以上地方市场监督管理部门应当对申请人提交的申请材料进行审查。需要对申请材料的实质内容进行核实的，应当进行现场核查。

市场监督管理部门开展食品生产许可现场核查时，应当按照申请材料进行核查。对首次申请许可或者增加食品类别的变更许可的，根据食品生产工艺流程等要求，核查试制食品的检验报告。开展食品添加剂生产许可现场核查时，可以根据食品添加剂品种特点，核查试制食品添加剂的检验报告和复配食品添加剂配方等。试制食品检验可以由生产者自行检验，或者委托有资质的食品检验机构检验。

2. 颁发食品生产许可证

县级以上地方市场监督管理部门应当根据申请材料审查和现场核查等情况，对符合条件的，作出准予生产许可的决定，并自作出决定之日起 5 个工作日内向申请人颁发食品生产许可证；对不符合条件的，应当及时作出不予许可的书面决定并说明理由，同时告知申请人依法享有申请行政复议或者提起行政诉讼的权利。

四、许可证管理

食品生产许可证分为正本、副本。正本、副本具有同等法律效力。国家市场监督管理总局负责制定食品生产许可证式样。省、自治区、直辖市市场监督管理部门负责本行政区域食品生产许可证的印制、发放等管理工作。

食品生产者应当妥善保管食品生产许可证，不得伪造、涂改、倒卖、出租、出借、转让。食品生产者应当在生产场所的显著位置悬挂或者摆放食品生产许可证正本。

五、变更、延续与注销

1. 食品生产许可证的信息变更

食品生产许可证有效期内，食品生产者名称、现有设备布局和工艺流程、主要生产设备设施、食品类别等事项发生变化，需要变更食品生产许可证载明的许可事项的，食品生产者应当在变化后10个工作日内向原发证的市场监督管理部门提出变更申请。

2. 食品生产许可证的延续

食品生产者需要延续依法取得的食品生产许可证的有效期的，应当在该食品生产许可证有效期届满30个工作日前，向原发证的市场监督管理部门提出申请。

3. 食品生产许可证依法注销

有下列情形之一，食品生产者未按规定申请办理注销手续的，原发证的市场监督管理部门应当依法办理食品生产许可注销手续，并在相关网站进行公示：
(1)食品生产许可有效期届满未申请延续的；
(2)食品生产者主体资格依法终止的；
(3)食品生产许可依法被撤回、撤销或者食品生产许可证依法被吊销的；
(4)因不可抗力导致食品生产许可事项无法实施的；
(5)法律法规规定的应当注销食品生产许可的其他情形。

六、监督检查

县级以上地方市场监督管理部门应当依据法律法规规定的职责，对食品生产者的许可事项进行监督检查。县级以上地方市场监督管理部门应当建立食品许可管理信息平台，便于公民、法人和其他社会组织查询。

七、法律责任

未取得食品生产许可从事食品生产活动的，由县级以上地方市场监督管理部门依照《中华人民共和国食品安全法》第一百二十二条的规定给予处罚。食品生产者生产的食品不属于食品生产许可证上载明的食品类别的，视为未取得食品生产许可从事食品生产活动。

八、附则

(1)取得食品经营许可的餐饮服务提供者在其餐饮服务场所制作加工食品,不需要取得食品生产许可。

(2)食品添加剂的生产许可管理原则、程序、监督检查和法律责任,适用有关食品生产许可的规定。

(3)对食品生产加工小作坊的监督管理,按照省、自治区、直辖市制定的具体管理办法执行。

(4)各省、自治区、直辖市市场监督管理部门可以根据本行政区域实际情况,制定有关食品生产许可管理的具体实施办法。

(5)市场监督管理部门制作的食品生产许可电子证书与印制的食品生产许可证书具有同等法律效力。

2021年国家修订并发布的食品法规包括《中华人民共和国食品安全法》《反食品浪费法》《粮食流通管理条例》《进出口食品安全管理办法》等,见表9-2。

表9-2 2021年我国食品安全监管体系发布的食品法规

序号	主要法规	发布部门	发布时间
1	《食品生产许可管理办法》	国家市场监督管理总局	2020年
2	《固定污染源排污许可分类管理名录(2019年版)》	生态环境部	2019年
3	《产业结构调整指导目录(2019年本)》	国家发改委	2019年
4	《中华人民共和国食品安全法实施条例》	国务院	2019年
5	《2019年食品安全重点工作安排》	国务院食品安全委员会	2019年
6	《中共中央国务院关于深化改革加强食品安全工作的意见》	国务院	2019年
7	《中华人民共和国食品安全法》	全国人民代表大会常务委员会	2018年
8	《饮料酒制造业污染防治技术政策》	环境保护部	2018年
9	《食品经营许可管理办法》	国家食品药品监督管理总局	2017年

续表9-2

序号	主要法规	发布部门	发布时间
10	《国务院办公厅关于积极推进供应链创新与应用的指导意见》	国务院办公厅	2017年
11	《中华人民共和国国民经济和社会发展第十三个五年规划纲要》	国务院	2016年
12	《中华人民共和国食品安全法实施条例》	国务院	2019年
13	《食品召回管理办法》	国家食品药品监督管理总局	2015年

第三节 米酒食品经营许可

一、总则

1、为了规范食品经营许可和备案活动，加强食品经营安全监督管理，落实食品安全主体责任，保障食品安全，根据《中华人民共和国行政许可法》、《中华人民共和国食品安全法》、《中华人民共和国食品安全法实施条例》等法律法规，制定本办法。

2、食品经营许可的申请、受理、审查、决定，仅销售预包装食品（含保健食品、特殊医学用途配方食品、婴幼儿配方乳粉以及其他婴幼儿配方食品等特殊食品，下同）的备案，以及相关监督检查工作，适用本办法。

3、食品经营许可和备案应当遵循依法、公开、公平、公正、便民、高效的原则。

4、在中华人民共和国境内从事食品销售和餐饮服务活动，应当依法取得食品经营许可。

5、国家市场监督管理总局负责指导全国食品经营许可和备案管理工作。县级以上地方市场监督管理部门负责本行政区域内的食品经营许可和备案管理工作。省、自治区、直辖市市场监督管理部门可以根据食品经营主体业态、经营项目和食品安全风险状况等，结合食品安全风险管理实际，确定本行政区域内市场监督管理部门的食品经营许可和备案管理权限。

6、县级以上地方市场监督管理部门应当加强食品经营许可和备案信息化建设，在行政机关网站公开食品经营许可和备案管理权限、办事指南等事项。县级以上地方市场监督管理部门应当通过食品经营许可和备案管理信息平台实施食品经营许可和备案全流程网上办理。食品经营许可电子证书与纸质食品经营许可证书具有同等法律效力。

二、申请与受理

1、申请食品经营许可,应当先行取得营业执照等合法主体资格。企业法人、合伙企业、个人独资企业、个体工商户等,以营业执照载明的主体作为申请人。机关、事业单位、社会团体、民办非企业单位、企业等申办食堂,以机关或者事业单位法人登记证、社会团体登记证或者营业执照等载明的主体作为申请人。申请人应当如实向县级以上地方市场监督管理部门提交有关材料并反映真实情况,对申请材料的真实性负责,并在申请书等材料上签名或者盖章。符合法律规定的可靠电子签名、电子印章与手写签名或者盖章具有同等法律效力。

2、县级以上地方市场监督管理部门对申请人提出的食品经营许可申请,应当根据下列情况分别作出处理:

(一)申请事项依法不需要取得食品经营许可的,应当即时告知申请人不受理。

(二)申请事项依法不属于市场监督管理部门职权范围的,应当即时作出不予受理的决定,并告知申请人向有关行政机关申请。

(三)申请材料存在可以当场更正的错误的,应当允许申请人当场更正,由申请人在更正处签名或者盖章,注明更正日期。

(四)申请材料不齐全或者不符合法定形式的,应当当场或者自收到申请材料之日起五个工作日内一次告知申请人需要补正的全部内容和合理的补正期限。申请人无正当理由逾期不予补正的,视为放弃行政许可申请,市场监督管理部门不需要作出不予受理的决定。市场监督管理部门逾期未告知申请人补正的,自收到申请材料之日起即为受理。

(五)申请材料齐全、符合法定形式,或者申请人按照要求提交全部补正材料的,应当受理食品经营许可申请。

3、县级以上地方市场监督管理部门对申请人提出的申请决定予以受理的,应当出具受理通知书;当场作出许可决定并颁发许可证的,不需要出具受理通知书;决定不予受理的,应当出具不予受理通知书,说明理由,并告知申请人依法享有申请行政复议或者提起行政诉讼的权利。

三、审查与决定

1、县级以上地方市场监督管理部门应当对申请人提交的许可申请材料进行审查。需要对申请材料的实质内容进行核实的,应当进行现场核查。食品经营许可申请包含预包装食品销售的,对其中的预包装食品销售项目不需要进行现场核查。

2、食品经营许可证发证日期为许可决定作出的日期,有效期为五年。

四、许可证管理

食品经营许可证分为正本、副本。正本、副本具有同等法律效力。国家市场监督管理总局负责制定食品经营许可证正本、副本式样。省、自治区、直辖市市场监督管理部门负责本行政区域内食品经营许可证的印制和发放等管理工作。

五、变更、延续、补办与注销

1、食品经营许可证载明的事项发生变化的,食品经营者应当在变化后十个工作日内向原发证的市场监督管理部门申请变更食品经营许可。食品经营者地址迁移,不在原许可经营场所从事食品经营活动的,应当重新申请食品经营许可。

2、发生下列情形的,食品经营者应当在变化后十个工作日内向原发证的市场监督管理部门报告:

(一)食品经营者的主要设备设施、经营布局、操作流程等发生较大变化,可能影响食品安全的;

(二)从事网络经营情况发生变化的;

(三)外设仓库(包括自有和租赁)地址发生变化的;

(四)集体用餐配送单位向学校、托幼机构供餐情况发生变化的;

(五)自动设备放置地点、数量发生变化的;

(六)增加预包装食品销售的。

3、食品经营者申请变更食品经营许可的,应当提交食品经营许可变更申请书,以及与变更食品经营许可事项有关的材料。食品经营者取得纸质食品经营许可证正本、副本的,应当同时提交。

4、食品经营者需要延续依法取得的食品经营许可有效期的,应当在该食品经营许可有效期届满前九十个工作日至十五个工作日期间,向原发证的市场监督管理部门提出申请。

5、食品经营许可证遗失、损坏,应当向原发证的市场监督管理部门申请补办,并提交相应材料:

6、食品经营者申请注销食品经营许可的,应当向原发证的市场监督管理部门提交食品经营许可注销申请书,以及与注销食品经营许可有关的其他材料。食品经营者取得纸质食品经营许可证正本、副本的,应当同时提交。

六、监督检查

县级以上地方市场监督管理部门应当依据法律、法规规定的职责,对食品经营者的许可和备案事项进行监督检查。县级以上地方市场监督管理部门应当建设完善食品经营许可和备案管理信息平台,便于公民、法人和其他社会组织查询。

七、法律责任

未取得食品经营许可从事食品经营活动的,由县级以上地方市场监督管理部门依照《中华人民共和国食品安全法》第一百二十二条的规定给予处罚。

八、附则

1、本办法用语的含义:

(一)集中用餐单位食堂,指设于机关、事业单位、社会团体、民办非企业单位、企业等,供应内部职工、学生等集中就餐的餐饮服务提供者。

（二）中央厨房，指由食品经营企业建立，具有独立场所和设施设备，集中完成食品成品或者半成品加工制作并配送给本单位连锁门店，供其进一步加工制作后提供给消费者的经营主体。

（三）集体用餐配送单位，指主要服务于集体用餐单位，根据其订购要求，集中加工、分送食品但不提供就餐场所的餐饮服务提供者。

（四）食品销售连锁管理，指食品销售连锁企业总部对其管理的门店实施统一的采购配送、质量管理、经营指导，或者品牌管理等规范化管理的活动。

（五）餐饮服务连锁管理，指餐饮服务连锁企业总部对其管理的门店实施统一的采购配送、质量管理、经营指导，或者品牌管理等规范化管理的活动。

（六）餐饮服务管理，指为餐饮服务提供者提供人员、加工制作、经营或者食品安全管理等服务的第三方管理活动。

（七）散装食品，指在经营过程中无食品生产者预先制作的定量包装或者容器、需要称重或者计件销售的食品，包括无包装以及称重或者计件后添加包装的食品。在经营过程中，食品经营者进行的包装，不属于定量包装。

（八）热食类食品，指食品原料经过粗加工、切配并经过蒸、煮、烹、煎、炒、烤、炸、焙烤等烹饪工艺制作的即食食品，含热加工糕点、汉堡，以及火锅和烧烤等烹饪方式加工而成的食品等。

（九）冷食类食品，指最后一道工艺是在常温或者低温条件下进行的，包括解冻、切配、调制等过程，加工后在常温或者低温条件下即可食用的食品，含生食瓜果蔬菜、腌菜、冷加工糕点、冷荤类食品等。

（十）生食类食品，一般特指生食动物性水产品（主要是海产品）。

（十一）半成品，指原料经初步或者部分加工制作后，尚需进一步加工制作的非直接入口食品，不包括储存的已加工成成品的食品。

（十二）自制饮品，指经营者现场制作的各种饮料，含冰淇淋等。

（十三）冷加工糕点，指在各种加热熟制工序后，在常温或者低温条件下再进行二次加工的糕点。

第四节　米酒的酒类许可

为了保障酒类产品的安全、质量和合规性，以及保护消费者的利益，构建健康、有序和可持续发展的酒类市场，酒类生产销售有严格规定。米酒属于发酵酒，因此酒类生产销售规定也适用于米酒。酒类许可证分为酒类商品生产许可、酒类商品批发许可、酒类商品零售许可。

一、酒类商品生产许可

制定酒类商品生产许可的目的是保障公众的健康和安全。酒类作为一种特殊的食品，在生产过程中存在一定的风险和挑战。为了确保酒类产品的质量和安全，以及保护消费者的权益,制定了相关的许可制度。酒类商品生产许可要求生产者符合卫生、质量和安全标准,同时要求企业建立健全的生产管理体系和质量控制措施,确保产品符合法律法规的要求。这样可以有效地监管酒类生产环节,减少产品质量问题和食品安全风险的发生,保护消费者的权益。此外,酒类商品生产许可还有助于规范市场秩序,减少假冒伪劣产品的流通,促进行业健康发展。通过制定酒类商品生产许可,可以建立一个健全的监管体系,提高酒类产品的质量和安全水平,维护社会公众的利益和健康。

二、酒类商品批发许可

酒类商品批发许可的制定确保了酒类商品批发环节的合法经营和市场秩序。通过取得批发许可,批发商可以证明其符合相关法律法规的要求,具备从事酒类商品批发的资质和能力。这有助于防止非法经营和偷漏税等问题的发生,维护市场的公平竞争环境。

酒类商品批发许可的制定有助于保障消费者的权益和食品安全。获得批发许可的批发商需要遵守相关的卫生、质量和安全标准,确保所销售的酒类商品符合质量和安全要求。这可以减少假冒伪劣产品的流通,降低消费者购买食品安全隐患商品的风险,维护消费者的健康和利益。酒类商品批发许可的制定加强了对酒类市场的监管和管理。监管机构可以对批发商的经营行为、仓储条件、物流管理等进行审查和监督,确保其符合法律法规的规定。这有助于提升行业的整体管理水平,减少违法经营行为的发生,推动酒类市场的健康有序发展。

总的来说,酒类商品批发许可的制定对于保障市场秩序、保护消费者权益、提高酒类商品质量和安全水平,以及加强酒类市场监管都具有重要意义。它是一种有效的管理措施,可以促进酒类行业的健康发展,维护市场的公平竞争,提升消费者的信心和满意度。

三、酒类商品零售许可证

酒类零售许可证是为加强我国酒类生产和流通管理,保障人民身体健康,维护生产者、经营者、消费者的合法权益,而颁发的一种行之有效的许可凭证。这种许可证不得伪造、租借、买卖和涂改。《酒类零售许可证》是由省级酒类专卖管理部门统一印制,是经营酒类零售单位或个人的合法凭证,有了这张合法凭证,企业才能正常运营,经营过程中所受权益才能得到合法保护。

第五节 米酒的质量标准

"民以食为天",食品质量对每个人来说意义非凡,全面保证食品安全与质量是食品行业让消费者满意的必要条件之一。食品行业有责任给公众提供安全、有营养和质量一致的产品。质检人员和管理者的作用就是通过有效执行全面质量保证体系或措施,使产品质量达到企业预期,即使消费者满意、使企业获得所期望的增长、给投资者利益回报。随着科学技术和经济的飞速发展,人们生活水平的不断提高,加上全球化市场的到来,食品行业的发展也日新月异,新产品层出不穷;加工技术水平提高;特别是在质量保证领域,出现了许多新的管理规范、程序和概念。食品质量与安全保证就是指从原辅料生产到工业化食品加工过程和产品,对消费者来说都是可以接受的,并符合相关标准的要求。

一、食品质量

食品质量的概念与一般产品质量的概念是一致的,只是食品本身具有其特殊性。我国《食品工业基本术语》将食品质量定义为"食品满足规定或潜在要求的特征和特性总和""反映食品品质的优劣"。它不仅指食品的外观、品质、规格、数量、质量、包装,也包括了安全卫生。就食品而言,安全卫生是反映食品质量的主要指标,离开了安全卫生的要求,就无法对食品质量的优劣下结论。2015年10月1日起施行的新修订的《中华人民共和国食品安全法》(简称《食品安全法》)第一百五十条对食品的定义是"指各种供人食用或者饮用的成品和原料以及按照传统既是食品又是中药材的物品,但是不包括以治疗为目的的物品"。食品的总特征和特性在食品标准中得到具体体现,如某种食品的感官特性、理化指标和微生物指标。其中,感官特性是指通过视觉(产品外观或包装的完整性等)、嗅觉、听觉、触觉和味觉感知的食品特性;不同食品的原料和终产品不同,产品标准中的理化指标和微生物指标也有所不同。国际食品法典委员会(CAC)指出:所有消费者都有权获得安全、完好的食品,且不得含有或掺杂有毒、有害或有损健康水平的任何成分;不得在全部或部分产品中含有不洁、变质、腐烂或致病的物质及异物或其他不适于人类食用的成分;不得掺假;标识上的内容不得有错,不得误导欺骗消费者;不得在不卫生的条件下进行销售、制备、包装、贮藏及运输。

二、食品质量管理

食品是一种与人类健康息息相关的特殊的有形产品。它既具有一般有形产品质量特性和质量管理的特征,又具有其独有的特殊性和重要性。食品质量管理包括4个主要研究方向:食品质量管理的基本理论和基本方法;食品质量管理的法规和标准;食品安全的质量控制;食品质量检验的制度和方法。

(一)食品质量管理的基本理论和基本方法

食品质量管理的基本理论主要包括:质量控制理论、全面质量管理理论(TQM)、六西格玛管理理论和ISO9000质量管理体系。食品质量管理的方法主要有:危害分析与关键控制点(HACCP)、统计过程控制(SPC)、质量检验、质量成本管理、供应商质量管理以及质量改进工具。这些理论和方法相互配合,共同保障食品的质量和安全。

(二)食品质量管理的法规和标准

食品质量管理的法规和标准是保障民众健康的生命线,是各行各业生产和贸易的生命线,是企业行为的依据和准绳,因而对食品质量管理的法规和标准的研究受到极大的重视。世界各国政府已经认识到,在经济全球化时代,食品质量管理必须走标准化、法治化、规范化管理的道路。国际组织和各国政府制定了各种法规和标准,旨在保障消费者的安全和合法利益,规范企业的生产行为,防止出现疯牛病、三聚氰胺等恶性事件,促进企业的有序公平竞争,推动世界各国的正常贸易,避免不合理的贸易壁垒。对于我国政府、企业和民众来说,食品质量管理的法规和标准更有着重要的现实意义。我国社会主义市场经济正处于逐步完善和发展的阶段,企业在完成原始积累以后正朝着现代企业目标前进,生活水平得到提高的广大人民群众十分强烈地关注食品质量问题,特别是食品的安全质量问题。2015年10月1日正式实施的新的《食品安全法》正是在国家、企业和人民的期盼中产生的。

(三)食品安全的质量控制

食品安全管理是一个系统工程,可分为食品安全监管体系、食品安全支持体系和食品安全过程控制体系。食品安全监管体系包括机构设置、明确责任等;食品安全支持体系包括食品安全法律法规体系、安全标准体系、认证体系、检验检测体系、信息交流和服务体系、科技支持体系及突发事件应急反应机制等;食品安全过程控制体系包括良好农业规范(GAP)、良好操作规范(GMP)、危害分析与关键点控制(HACCP)等。

(四)食品质量检验的制度和方法

食品企业种类很多,不同的企业在质量检验的制度和方法上可能会有所差异,但是其目的和原则都是相似的,一般来讲包括如下几个方面:食品进货查验制度,是指根据国家有关规定及食品生产者和其他供货者之间的合同约定,对购进的食品质量进行检查,符合规定和约定的予以验收的制度。对存在食品安全问题的,应提出异议,经进一步检查,证实不符合食品安全要求的,拒绝验收进货;食品进货查验记录制度,企业的食品进货查验记录作为对供货者的许可证和食品合格证明文件等一系列文件进行查验的书面证明,应当真实;食品批发企业销售记录制度,如实记录所销售的食品的名称、规格、数量、生产批号、保质期、购货者名称及联系方式、售货日期等内容,或者采用计算机管理,建立电子台账,或者保留载有相关信息的销售票据;食品退市制度,是指在我国境内对已经进入销售领域的食品,发现其质量不合格或者有其他违法问题,采取停止销售、退回供货方整改、销毁、召回等措施退出市场的行为;食品检查、贮存、运输制度,是指食品在生产、贮存及运输过程时要有专用冷柜存放,专人看管,及时查验货物,按照要求冷链运输等;从业人员健康检查制度和健康档案制度,是指为了防止食品生产经营从业人员因其所患疾病污染食品而建立的制度;还有卫生管理制度等。通过这些制度和方法来保证食品质量管理能够有章可循,有法可依。

三、米酒的质量标准案例

孝感市麻糖米酒行业协会于2018年2月28日发布了团体标准:《孝感米酒》T/XMM001—2018Xiaogan rice wine

(一)范围

本标准规定了原汁米酒(佬米酒、酒酿或醪糟)的术语和定义、要求、试验方法、检验规则及标签、标志、包装、运输和储存。

本标准适用于孝感市区域生产的以孝感籼糯为原料,经特种酒曲发酵,添加或不添加桂花、红枣、银耳、枸杞等辅料加工制成的原汁米酒。

(二)规范性引用文件

下列文件对于本文件的应用是必不可少的。凡是注日期的引用文件,仅所注日期的版本适用于本文件。凡是不注日期的引用文件,其最新版本(包括所有的修改单)适用于本文件。

GB/T 191　包装储运图示标志

GB/T 317　白砂糖

GB/T 1354　大米

GB 2760　食品安全国家标准 食品添加剂使用标准

GB 2761　食品安全国家标准 食品中真菌毒素限量

GB 4789.4　食品安全国家标准 食品微生物学检验 沙门氏菌检验

GB 4789.10　食品安全国家标准 食品微生物学检验 金黄色葡萄球菌检验

GB 5009.5　食品安全国家标准 食品中蛋白质的测定

GB 5009.7　食品安全国家标准 食品中还原糖的测定

GB 5009.8　食品安全国家标准 食品中果糖、葡萄糖、蔗糖、麦芽糖、乳糖的测定

GB 5009.11　食品安全国家标准 食品中总砷及无机砷的测定

GB 5009.12　食品安全国家标准 食品中铅的测定

GB 5009.15　食品安全国家标准 食品中镉的测定

GB 5009.225　食品安全国家标准 酒和食用酒精中乙醇浓度的测定

GB 5749　生活饮用水卫生标准

GB 7718　预包装食品标签通则

GB/T 8170　数值修约规则与极限数值的表示和判定

GB 12456　食品安全国家标准 食品中总酸的测定方法

GB 12695　食品安全国家标准 饮料生产卫生规范

GB 28050　食品安全国家标准 预包装食品营养标签通则

QB/T 2221　粥类罐头

JJF 1070—2005　定量包装商品净含量计量检验规则(含第1号修改单)

国家市场监督管理总局令(第70号)《定量包装商品计量监督管理办法(2023修订》

(三)术语和定义

下列术语和定义适用于本标准。

3.1　孝感米酒 xiaogan rice wine

以孝感籼糯为原料、经特种酒曲按传统发酵工艺,添加或不添加桂花、红枣、银耳、枸杞等辅料加工制成的酒精度≥0.8%vol的米酒。

3.2　原汁米酒 original juice rice wine

经高温杀菌处理固形物≥48%的米酒,也可称为佬米酒、酒酿或醪糟。

（四）要 求

4.1 原、辅料要求

4.1.1 基本要求

不得添加任何非食用的原料。不得超范围使用食品添加剂或营养强化剂。食品添加剂的品种和使用量应符合 GB 2760 的规定。

4.1.2 白砂糖应符合 GB/T 317 的要求。

4.1.3 大米应符合 GB/T 1354 的要求。

4.1.4 加工用水应符合 GB 5749 的要求。

4.1.5 其他原、辅料应符合相关国家、行业标准或合法生产企业有效的标准规定。

4.2 感官要求

感官要求应符合表 9-3 的规定。

表 9-3 感官要求

项目	要求
形态	具相当含量固形物（米糟等）的固液混合体
色泽	呈乳白微黄色
香气	具有独特的米酒清香，无异味
滋味和口感	味感柔和，香甜可口
杂质	无肉眼可见的外来异物，允许成品中有少许的稻谷粒或异色米粒

4.3 理化指标

理化指标应符合表表 9-4 的规定。

表 9-4 理化指标

项目		要求
固形物/[g·(100g)$^{-1}$]	≥	48
总糖（以蔗糖计）/[g·(100g)$^{-1}$]	≥	15
还原糖（以葡萄糖计）/[g·(100g)$^{-1}$]	≥	13.0
蛋白质/[g·(100g)$^{-1}$]	≥	1.50
总酸（以乳酸计）/[g·(100g)$^{-1}$]	≤	1.00
酒精度（20℃）/%vol	≥	0.8

4.4 重金属含量

重金属含量应符合表 9-5 的规定。

表 9-5 重金属含量

项目		要求
无机砷(以 As 计)/(mg/kg)	≤	0.15
铅(以 Pb 计)/(mg/kg)	≤	0.2
镉(以 Cd 计)/(mg/kg)	≤	0.2

4.5 微生物指标

微生物指标应符合表 9-6 的规定。

表 9-6 微生物指标

项目	采用方案及限量		
	n	c	m
沙门氏菌	5	0	0/25ml
金黄色葡萄球菌	5	0	0/25ml

4.6 真菌毒素限量

真菌毒素限量应符合 GB 2761 的规定。

4.7 净含量

净含量应符合国家市场监督管理总局令(第 70 号)《定量包装商品计量监督管理办法(2023 修订)》。

4.8 生产加工过程的卫生要求

生产过程的卫生要求应符合 GB 12695 的规定。

（五）试验方法

5.1 感官指标

开启两个最小包装单位的样品，各取 50ml 样品倒于 200ml 烧杯中，置于明亮的自然光处，用目测法观察其形态、色泽、杂质。然后用味觉及嗅觉品尝、鉴别香气和滋味。

5.2 理化指标

5.2.1 固形物

按《粥类罐头》(QB/T 2221—2019)规定的方法测定。在判定检测数据是否符合标准要求时,采用 GB/T 8170 规定的修约值比较法。

5.2.2 总糖

按 GB 5009.8 规定的方法测定。在判定检测数据是否符合标准要求时,采用 GB/T 8170 规定的修约值比较法。

5.2.3 还原糖

按 GB 5009.7 规定的方法测定。

5.2.4 蛋白质

按 GB 5009.5 规定的方法测定。

5.2.5 总酸

按 GB 12456 规定的方法测定。

5.2.6 酒精度

按 GB 5009.225 规定的方法测定。

5.3 重金属含量

5.3.1 无机砷

按 GB 5009.11 规定的方法测定。

5.3.2 铅

按 GB 5009.12 规定的方法测定。

5.3.3 镉

按 GB 5009.15 规定的方法测定。

5.4 微生物指标

5.4.1 沙门氏菌

按 GB 4789.4 规定的方法检验。

5.4.2 金黄色葡萄球菌

按 GB 4789.10 规定的方法检验。

5.5 净含量

按 JJF 1070 规定的方法测定。

(六)检验规则

产品分出厂检验和型式检验。

6.1 检验分类

产品分出厂检验和型式检验。

6.2 出厂检验

6.2.1 每批产品出厂前,应由生产厂质量检验部门按本标准进行检验,经检验合格并签发合格证明后方可出厂销售。

6.2.2 出厂检验项目为感官指标、固形物、还原糖、总酸、酒精度、净含量。

6.3 型式检验

6.3.1 产品的生产周期达到或者超过 3 个月的应进行一次型式检验。不足 3 个月的,仍按一个生产周期计算。有下列情况之一时亦应进行型式检验:
——新产品投产或老产品转厂生产时;
——原、辅材料有较大变化时;
——更改关键工艺时;
——长期(二个月以上)停产后恢复生产时;
——出厂检验结果与上次型式检验结果有较大差异时;
——国家质量技术监督部门提出型式检验要求时。

6.3.2 型式检验项目为本标准规定的全部要求。

6.4 组批与抽样

6.4.1 组批
以同一班次、同一生产线生产的相同原料、相同品种的产品为一检验批。

6.4.2 抽样
从每批产品中随机抽取 12 瓶(听、罐)样品按本标准规定进行检验。

6.5 判定规则

6.5.1 检验结果全部项目符合本标准规定时,判该批产品为合格品。

6.5.2 当重金属含量、微生物指标有任一项或者其他项目有二项以上不符合本标准要求时,判该批产品为不合格

6.5.3 当除重金属含量、微生物指标以外的项目有不多于二项不符合本标准要求时,可加倍抽样复检不合格项目,若仍有一项不符合本标准要求时,判该批产品为不合格。

6.6 复检与仲裁

需方有权依据本标准对拟购买产品进行检验。在保质期内,供需双方对产品质量有异议时,由双方协商解决或共同委托法定质量检验机构依据本标准进行复检、仲裁检验。

（七）标签、标志、包装、运输和储存

7.1　标签、标志

7.1.1　产品销售包装上的标签应符合 GB 7718、GB 28050 及相关标准的规定。

7.1.2　包装储运图示标志应符合 GB/T 191 的规定。应标明食品名称、规格数量、厂名厂址、怕晒、怕雨、易碎物品等符号和字样。销售预包装及储运包装应附有产品质量合格证明标志。

7.1.3　包装上应标明酒精度、"过量饮酒有害健康"等警示语。

7.2　包装

7.2.1　包装材料、包装容器应清洁、无毒、无异味，符合相应的食品安全卫生标准。

7.2.2　最小食用包装应封口严密，食用方便。

7.3　运输

7.3.1　运输工具应清洁卫生，符合卫生要求。

7.3.2　包装的产品宜在 0～30℃温度条件下运输，运输中应防止挤压、碰撞、日晒、雨淋，不得与有毒、有污染的物品混装、混运；

7.3.3　装卸时应轻搬轻放，严禁抛掷。

7.4　储存

7.4.1　产品应储存在清洁、干燥、阴凉通风、地面有垫板的仓库内，不得在露天堆放或与潮湿地面直接接触；堆码高度不宜超过 2.5 米；不得与有毒、有异味、有腐蚀性货物混储；避免阳光直射和靠近热源；防止受潮、霉变、虫、鼠害及其他有害物质的污染。

7.4.2　储存温度通常不高于 20℃下保存为宜。

7.4.3　保质期

在本标准规定的储运条件下，产品保质期不低于 3 个月。

第六节　米酒的安全监管

一、米酒的安全监管概述

随着我国经济环境变化和人民生活水平不断提高，食品相关产品质量问题也越发被重视。2007 年，我国开始对食品相关产品实施生产许可准入管理，消除质量隐患，强化食品相关产品质量安全的监管。2015 年发布的《食品安全法》明确提出，要从卫生和安全两个方面考虑，食品相关产品必须符合无污染、清洁卫生、安全的基本要求。2018 年修订的《食品安全法》指出，食品相关产品指用于食品的包装材料、接触材料、容器、洗涤剂、消毒剂、食品添加剂以

及食品生产经营中使用到的各类器具设备。2018年,国家市场监督管理总局印发《关于食品相关产品生产许可实行告知承诺有关事项的通知》,提出放宽市场准入,优化营商环境,强化事中事后监管。2022年,国家市场监督管理总局印发了《食品相关产品质量安全监督管理暂行办法》,要求加强食品相关产品质量安全监督管理,保障公众身体健康和生命安全。此外,我国每年都将食品相关产品纳入重点监管范围,并配合日常监督检查、体系检查、飞行检查、重点检查、"双随机、一公开"检查等,常态化、长效化开展督导检查工作,以提升食品相关产品的质量。

二、米酒行业涉及的主要法律法规及部门规章

为规范和引导米酒行业健康发展,我国政府及主管部门就米酒行业出台了系列法律、法规及部门规章,主要法律法规具体见表9-7。

表9-7 米酒行业涉及的主要法律法规及部门规章

序号	文件名称	发布单位	实施时间
1	《中华人民共和国食品安全法》	全国人大常委会	2021年修订
2	《中华人民共和国产品质量法》	全国人大常委会	2018年修订
3	《中华人民共和国食品安全法实施条例》	国务院	2019年修订
4	《中华人民共和国消费税暂行条例》	国务院	2009年修订
5	产业结构调整指导目录(2024年本)	国家发展改革委员会	2024年
6	《固定污染源排污许可分类管理名录(2019年版)》	国家生态环境部	2019年
7	《关于调整和完善消费税政策的通知》	国家财政部、国家税务总局	2006年
8	《食品生产许可管理办法》	国家市场监督管理总局	2020年修订
9	《食品标识管理规定》	国家质量监督检验检疫总局	2009年修订
10	《关于食品生产经营企业建立食品安全追溯体系的若干规定》	国家食品药品监督管理总局	2017年
11	食品生产许可审查通则(2022版)	国家市场监督管理总局	2022年
12	《关于修订食品质量认证酒类产品认证目录的公告》	中国国家认证认可监督管理委员会	2013年
13	《食品质量认证实施规则——酒类》	中国国家认证认可监督管理委员会	2005年

三、食品安全法概述

食品安全法是一部旨在保障食品安全的法律法规。它是由国家立法机构根据社会需求和食品安全的重要性制定的,旨在保护公众的健康和权益。

食品安全法的定义可以概括为一系列法律法规和措施,用于规范食品生产、加工、流通和消费环节中的行为,以确保食品的安全性、卫生性和合法性。

食品安全法的存在具有重要的意义。它保护了公众的健康和生命安全。食品安全是人民群众生命安全和身体健康的重要保障,食品安全法的实施可以预防和控制食品中的有害物质和微生物污染,减少食品引发的疾病和健康问题。

食品安全法促进了食品行业的规范和健康发展。通过建立和执行食品安全标准、监管措施和责任制度,食品安全法鼓励食品生产者、加工者和销售者履行其安全保障的责任,提高食品行业的质量和可信度,增强了消费者对食品的信心。

食品安全法也有助于维护社会稳定和促进经济发展。食品安全问题涉及广大人民群众的切身利益,保障食品安全有助于维护社会的和谐稳定,减少社会矛盾和纠纷。同时,健康安全的食品供应也有助于促进食品行业的可持续发展,提升国家的经济竞争力。

总的来说,食品安全法的定义和存在的意义在于保护公众健康、规范食品行业、维护社会稳定和促进经济发展。通过制定和执行相关法律法规,食品安全法为人们提供了安全可靠的食品选择,为社会的发展和进步作出了贡献。

《中华人民共和国食品安全法》具体条规,请详见该法律文本。

本章小结

本章根据米酒行业政策环境,首先解读了国家"十四五"规划和2035年远景目标纲要相关内容,随后对米酒食品生产许可、米酒食品经营许可、米酒的酒类许可、米酒的质量标准进行了解读,最后就米酒的安全监管所涉及的主要法律法规及部门规章做了概述。

思考题

(1)食品生产许证和食品经营许可证有效期是多久?

(2)申请食品生产许证和食品经营许可证需要满足哪些条件?

(3)酒类商品为什么需要生产许可、酒类商品批发许可和酒类商品零售许可?

第十章　米酒职业教育与酿酒人才队伍建设

职业教育的形式多样,可以是学校开设的职业教育课程或专业,也可以是新进职工通过实习、学徒制或职业培训机构提供的培训项目。它的目标是培养学生具备直接就业或使新进职工进入特定行业就业的能力,并促进个人职业发展和社会经济发展。

为进一步加强职业教育,国家先后颁布了《中华人民共和国劳动法》《中华人民共和国职业教育法》《国务院关于大力发展职业教育的决定》《关于清理规范种类职业资格相关活动的通知》等相关法律、法规、政策文件。

我们应吸收借鉴国内外职业教育发展的先进经验,认真学习先进的教学理念和人才培养模式,充分利用政府、协会、企业、社区等各方面的力量,形成社会合力办职业教育的局面,努力走出一条具有中国特色的米酒职业教育发展之路。

第一节　米酒职业教育

一、职业教育的定义和内容

职业教育旨在培养学生或新进职工具备特定职业所需的实际技能、专业知识和职业素养。它与传统的学术教育不同,更加注重实践操作和职业能力的培养,以满足社会对于各行各业专业人才的需求。它的目标是为学生或新进职工提供实用的技术和职业技能,使他们能够胜任特定的职业工作。它通常涵盖多个层次,从初等职业教育到中等和高等职业教育,以满足不同职业发展阶段的需求。

职业教育的内容包括理论知识的学习、实践技能的培养和职业素质的培养。学生或新进职工在职业教育中将接受与所选职业相关的课程学习和实践训练,学习相关的理论知识和技术技能,并通过实际操作和实习经验来提升实践能力。

二、职业教育在酿酒行业的现状

根据国家酿酒生产许可证审查部门和国家统计局对国有和非国有、年销售收入在 500 万元以上的企业统计,我国有酿酒企业 15 600 余家,从业人员 800 多万人,从事酿酒的技术人员 100 万人左右,企业分布于全国所有的省、自治区、直辖市,资料显示,加上未进入国家统计局统计的小企业、作坊等,我国有近 38 000 家原酒生产企业,从业人员众多,职工素质参差不齐,大多数企业的职工培训仍采用传统的"师傅带徒弟"方式,由熟练工担任师傅,见习工为徒弟。

10多年来，不少知名大中型酿酒企业已开始重视企业职工的职业教育，也切实采取了一定举措，原劳动和社会保障部（现人力资源和社会保障部）、行业及各省份的职业技能鉴定所（站）也做了大量的工作，但与整个行业的良性发展相比，还存在相当大的差距，不利于酿酒行业的长远发展。

为了进一步完善国家职业标准体系，为职业教育、职业培训和职业技能鉴定提供科学、规范的依据，根据《中华人民共和国劳动法》有关规定，2003年1月—2008年2月，原劳动和社会保障部颁布了白酒酿造工、啤酒酿造工、黄酒酿造工、果露酒酿造工、酒精酿造工、酿酒师、品酒师、调酒师八个酿酒行业国家职业标准。同时中国酿酒工业协会根据酿酒行业国家职业标准，组织编写了职业技能培训系列教程（试用）。这些标准以《中华人民共和国职业分类大典》为依据，以客观反映现阶段本职业水平和对从业人员的要求为目标，在充分考虑经济发展、科技进步和产业结构变化对本职业影响的基础上，对职业的活动范围、工作内容、技能要求和知识水平做了明确的规定。

中国酿酒工业协会制订了相应的培训鉴定计划。包括做好国家职业标准以及职业技能培训教程的推广、使用工作；加强酿酒行业特有职业技能培训的建设和管理，提高技能培训的实用性和针对性；严格执行有关制度，遵循"考培分开""亲属回避"原则；要求各酿酒协会及鉴定站要掌握本地区应鉴定的从业人员数量；要求技能鉴定与技能竞赛相结合；将酒类销售人员纳入培训范围；开拓大、中专院校在校生的职业技能培养业务等内容。

三、职业教育在米酒行业中的现状

尽管中国的米酒行业在规模和从业人员数量上呈现出令人瞩目的增长，但大多数企业仍然缺乏系统性的职业教育体系和规范化的培训机制。这种匮乏的职业教育状况在一定程度上制约了米酒行业的长期发展。没有充分的职业教育，从业人员的技能水平和专业素养难以得到全面提升。缺乏系统性的培训和教育，使得行业中的从业人员无法获得先进的酿酒技术和管理知识，无法适应市场的变化和需求。

开发和实施米酒行业的职业教育显得至关重要。建立一个完善的职业教育体系，包括职业技能培训、职业资格认证和职业技能鉴定等方面，将为从业人员提供更加系统和专业的培训，提升其技能水平和行业竞争力。通过职业教育的开展，可以引入最新的酿酒技术和管理理念，提高生产效率和产品质量，推动米酒行业向更高水平发展。

职业教育还能够培养更多的专业人才和技术人员，为米酒行业注入新的血液和创新力量。通过引入先进的教学方法和实践训练，培养创新意识和问题解决能力，从业人员可以更好地适应市场需求和技术进步，为行业的可持续发展提供强有力的支持。

四、实施米酒行业职业教育之路

以人为本，发展米酒行业的职业教育是必要的。职业教育将为行业提供更多的机会和平台，大力提升从业人员的技能和素质，加强行业的创新能力和竞争力。只有通过职业教育的深入推进，才能从整体上增强米酒行业的竞争力，才能实现米酒行业的可持续发展和长期繁荣，才能让传统而独特的米酒酿造技艺进一步得到传承和发展。

在米酒行业,建立健全以就业和市场为导向的教育机制,一是针对行业结构、技术结构调整所带来的劳动力市场变化,不断优化知识结构,合理规划培训课程。二是创新人才培养模式,积极开展"订单式"培训,大力推行校企合作、工学结合、顶岗实习、半工半读的培养模式。三是加强职业教育实训。四是加强就业与创业指导,引导学生和新进职工转变就业观念,提高就业质量。五是依靠政府、协会、院校协助,健全米酒行业职业资格确认和就业资格准入制度,规范企业用工行为,切实保障就业人员的合法权益。

第二节 酿酒工种的分类和职责

术业有专攻,对于酿酒行业而言,不同的工种具备各自特定的要求和专业技能。在这个充满传统和新技术交融的领域中,每个酿酒工种都扮演着不可或缺的角色。无论是酿造工、调酒师还是品酒师,每个人都需要深入研究和掌握自己所从事的领域。

酿酒工种要求的不仅仅是一份职业,更是一种热爱和追求卓越的表现。从原酒生产到酒类销售,每个环节都需要具备特定的技能和知识。酿酒工种的要求涉及酒类的酿造工艺、原材料的选择和处理、发酵过程的控制,甚至是对不同酒类风格和口感的理解和调配。在这个行业中,专业知识、技术熟练和品味敏感性是成为一名合格酿酒师、调酒师或品酒师的关键。

一、酒行业职业(工种)标准的要求

涉及酒行业的职业有酿造工、酿酒师、品酒师、调酒师等,各工种都有国家职业标准,包括职业概况、基本要求、工作要求和权重表4个方面的内容。

职业概况包括职业名称、职业定义、职业等级、职业环境、职业能力特征、基本文化程度、培训要求(培训期限、培训教师、培训场所及设备)、鉴定要求(适用对象、申报条件、鉴定方式、鉴定时间、鉴定场所设备)8个方面内容。

现参照国家职业标准《白酒酿造工》对职业等级等4个方面加以介绍。

1. 职业等级

《白酒酿造工》国家标准将白酒生产业共设五个等级,分别为初级(国家职业资格五级)、中级(四级)、高级(三级)、技师(二级)、高级技师(一级)。

2. 对各等级工的基本要求

标准将"白酒酿造"分为4个工种,分别是"白酒酿造工""培菌制曲工""贮存勾调工"和"白酒包装工"。这4个工种都必须掌握以下酿酒基本知识。

①白酒酿造基础知识:白酒品种的分类知识;原辅材料的性能、质量要求;白酒酿造、灌装基础知识和白酒酿造基本理论和工艺操作知识。②白酒酿造设备知识:粉碎、发酵、蒸馏、贮存、过滤、灌装等各种设备结构和特性。③白酒酿造微生物的基础知识:曲霉菌、酵母菌、细菌特性;酿造中有害菌的基本知识。④机械和电气设备知识:常用量具的使用、电气仪表设备使用用的基础知识。⑤安全知识:安全操作知识、工业卫生和环境保护知识。⑥相关法律法规知

识:包括劳动法、质量法、食品卫生法、商标法、标准法和计量法的相关知识。

二、酿酒工种的技能和素质

标准对初级工、中级工、高级工、技师和高级技师的技能要求依次提高,高级别涵盖低级别的要求。以"贮存勾调工"为例。

1. 初级工

掌握酒度折算的基础知识,能使用酒精计、温度表进行测量,并用酒度折算表进行换算;能对输送泵等设备进行日常保养;掌握白酒贮存的一般知识,能完成收酒操作;掌握白酒贮存的一般知识;掌握基酒验收标准,能完成基酒验收操作;掌握基酒分级标准,能根据品评报告分级,对贮酒罐(坛)准确标识;能完成加浆操作和使用过滤器。

2. 中级工

掌握添加剂的一般知识,识别不同品种的添加剂;掌握酒库设备的保养使用知识,能进行设备的保养、操作,检查设备是否完好;掌握白酒贮存的操作知识,能根据勾调方案折算所用物料,能对基酒进行准确分级贮存;掌握白酒品评的一般知识,能用感官对基酒质量进行鉴别;掌握白酒贮存理化反应的理论知识,对调味酒进行分类贮存;掌握勾调的理论知识,能根据勾调方案进行组合酒操作,掌握过滤器的结构安装知识,能更换过滤介质;要在各工序间及时协调、解决生产中出现的意外问题,能填写原始记录。

3. 高级工

掌握计量器具知识,能判断计量器具是否有效,能检查生产准备工作情况;掌握白酒贮酒容器对酒质影响的知识,能进行各种贮酒容器容量的计算,能进行基酒质量的等级标识;掌握白酒酿造、贮存理论、勾调原理和品评知识,能根据基酒质量缺陷,找出基酒的生产问题,能鉴别不同质量的基酒和调味酒,能进行勾兑调味操作;掌握过滤器的新技术、新工艺知识,能选择合适的过滤器;能根据酒库原酒酒质、损耗等变化发现贮存过程中存在的问题;能针对问题查找原因,提出改进措施,完成分析报告;能分析原始记录。

4. 技师

掌握勾调物料的质量标准,能判别原料质量并建立档案;能指导各级工对设备的全面检查,保证生产设备处于良好状态,能检查生产现场的各级工定岗、定位,能分析白酒贮酒环境对白酒质量的影响;掌握白酒风格与工艺条件的关系,能提出提高酒质的具体措施;掌握白酒贮存的新工艺、新技术,能提出原酒分级贮存方案;能减少出厂酒批次之间的差别,根据品评结论进行质量调整;掌握质量管理知识,能针对质量问题提出工艺和设备改进措施。

5. 高级技师

对白酒酿造、培菌制曲、贮存勾调、白酒包装等方面的统一要求。

(1) 相关知识。白酒酿造理论，与生产有关的质量标准、设备仪表运行知识、化验操作知识，国内新工艺、新产品、新标样、新设备发展方向，资源配置知识、标准化管理、计算机、设备管理知识，白酒勾调原理及实际操作、机械原理、国内不同品牌设备性能知识，质量指标体系、分析化学、白酒酿造工艺学、生产营销全过程质量控制点、经济核算、安全生产、管理文件的编写、技能培训、撰写论文，并具有外语初级知识。

(2) 技能要求。能对技术文件的合理性、可操作性提出建议；能根据工艺条件设定各设备仪表的工艺技术参数，能通晓白酒生产过程的工艺参数，以便检查、分析工艺执行情况；能分析原精料面，及时发现其配比及使用中的质量问题，实现有效改进措施；能对新工艺、新产品、新材料、新设备的应用提出工艺条件要求；能指导生产及各工序调度；能提出提高质量、降低成本的技术措施并组织落实；能对生产中出现的异常情况准确判断并进行处理；能按质量标准对产品进行分级；能审查生产线设计图样，并提出建议；能指导技师及各级工；能对国内先进设备进行操作，组织技改、扩建；能分析解决设备运行中发生的高难度技术问题，保证设备运转正常；能对质量指标完成情况进行综合考核；组织新产品开发；能全面评价白酒酿造过程在制品质量，对产品质量提出预测和改进意见；能组织人员对质量问题的处理，及提出有效防患措施；能组织经济技术指标的统计核算工作；组织安全生产，提出防范措施；能编写工艺技术文件；能总结经验，撰写专题论文。

三、酿酒工种的培训和考核

1. 鉴定时间

理论知识考试时间不少于 90min，技能操作考核时间不少于 60min。

2. 鉴定方式

鉴定方式分为理论知识考试、技能考核。理论知识考试以笔试、机考等方式为主，主要考核从业人员从事本职业应掌握的基本要求和相关知识要求；技能考核主要采用现场实际操作、模拟操作等方式进行，主要考核从业人员从事本职业应具备的技能水平。

理论知识考试、技能考核均实行百分制，成绩皆达 60 分及以上者为合格。监考人员、考评人员与考生配比：理论知识考试中的监考人员与考生配比为 1：15，且每个考场不少于 2 名监考人员；技能考核中的考评人员与考生配比为 1：5，且考评人员为 3 人（含）以上单数。

3. 鉴定场所设备

理论知识考试在标准教室进行；技能考核在具有蒸煮、发酵、过滤、灌装等必要设备、设施，通风条件良好，光线充足，安全措施完善的场所进行。

第三节 米酒酿造人才队伍建设

在改制、新技术革新、外来资本介入等多重背景下的特殊时期,米酒企业要想构建自身的核心资源和核心竞争力,需要全方位人才队伍建设的支持,需要做好人员的招募、开发、使用和保留等工作。而米酒企业存在自身的特殊性,例如,由于水源的关系,很多米酒企业的生产基地在乡镇,这对吸引人才构成了较大的障碍。因此,米酒企业除了要重视职业教育外,还需要构建米酒酿造人才队伍建设体系。

一、米酒酿造工职业概况

米酒酿造工是指以糯米、大米、红米、黑米等稻米为主要原料,拌以酒曲和酵母等多种微生物进行糖化发酵,酿造米酒的人员。该职业可分为五级/初级工、四级/中级工、三级/高级工 3 个等级,每个等级的米酒酿造工必须具有敏锐的色觉、视觉、嗅觉和味觉,具有较强的语言表达能力和动作协调能力。

具备以下条件之一者,可申报五级/初级工:①累计从事本职业或相关职业工作 1 年(含)以上;②本职业或相关职业学徒期满。

具备以下条件之一者,可申报四级/中级工:①取得本职业或相关职业五级/初级工职业资格证书(技能等级证书)后,累计从事本职业或相关职业工作 4 年(含)以上;②累计从事本职业或相关职业工作 6 年(含)以上;③取得职业学校本专业或相关专业毕业证书(含尚未取得毕业证书的在校应届毕业生);或取得经评估论证、以中级技能为培养目标的中等及以上职业学校本专业或相关专业毕业证书(含尚未取得毕业证书的在校应届毕业生)。

具备以下条件之一者,可申报三级/高级工:①取得本职业或相关职业四级/中级工职业资格证书(技能等级证书)后,累计从事本职业或相关职业工作 5 年(含)以上;②取得本职业或相关职业四级/中级工职业资格证书(技能等级证书)后,具有职业技术学院毕业证书(含尚未取得毕业证书的在校应届毕业生);或取得本职业或相关职业四级/中级工职业资格证书(技能等级证书),并具有经评估论证、以高级技能为培养目标的高等职业学校本专业或相关专业毕业证书(含尚未获得毕业证书的在校应届毕业生);③具有大专及以上本专业或相关专业毕业证书,并取得本职业或相关职业四级/中级工职业资格证书(技能等级证书)后,累计从事本职业或相关职业工作 2 年(含)以上。

二、米酒酿造工职业功能与要求

1. 五级/初级工

相应考核内容见表 10-1。本等级职业功能第 1、6 项为共同考核项,米酒培菌工、药曲配制工还需考核第 2 项,米酒发酵工还需考核第 3 项,米酒压滤工、煎酒工还需考核第 4 项,米酒包装工还需考核第 5 项。

表 10-1 五级/初级工职业功能与要求

职业功能	工作内容	技能要求	相关知识要求
1. 生产准备	1.1 设备、设施检查	1.1.1 能根据生产要求选择使用的设备、设施 1.1.2 能对工具、设备的完好性进行检查	工具、设备使用知识
	1.2 物料准备	1.2.1 能对原辅料进行称重 1.2.2 能按工艺要求准备物料	1.2.1 称重工具使用方法 1.2.2 原辅料准备知识
	1.3 清洁卫生	1.3.1 能按要求做好个人卫生 1.3.2 能对现场环境进行清洁 1.3.3 能对容器、管道和工器具进行清洗	1.3.1 个人卫生要求 1.3.2 现场环境清洁方法 1.3.3 容器、管道和工器具的清洗操作方法
2. 制曲、酒母操作	2.1 酒药制作	2.1.1 能准备酒药配料 2.1.2 能对酒药生产中的温、湿度进行识读 2.1.3 能辅助酒药生产的各工序操作	2.1.1 酒药制作配料知识 2.1.2 温、湿度指数识读方法 2.1.3 酒药制作工艺流程
	2.2 酒母制作	2.2.1 能准备酒母配料 2.2.2 能对酒母制作进行操作	2.2.1 酒母制作配料知识 2.2.2 酒母制作工艺流程
	2.3 酒曲制作	2.3.1 能准备酒曲配料 2.3.2 能使用制曲设备及器具 2.3.3 能对酒曲制作进行操作	2.3.1 酒曲制作配料知识 2.3.2 制曲分类知识和工艺流程 2.3.3 制曲设备及器具的使用方法
3. 蒸煮发酵操作	3.1 浸料	3.1.1 能对原料的外观质量进行检查 3.1.2 能完成浸料操作	3.1.1 原料外观质量要求 3.1.2 浸料工艺流程
	3.2 蒸煮	3.2.1 能协助蒸煮操作 3.2.2 能对原料冷却进行操作	3.2.1 蒸煮操作方法 3.2.2 原料冷却操作方法
	3.3 落料	3.3.1 能对落料配比进行确定 3.3.2 能对落料进行操作	3.3.1 落料配比知识 3.3.2 落料操作方法
	3.4 前发酵	3.4.1 能对发酵温度进行测量 3.4.2 能进行开耙辅助操作	3.4.1 发酵温度的测试方法 3.4.2 前发酵的操作规程
	3.5 后发酵	3.5.1 能进行输醪操作 3.5.2 能对后发酵进行辅助操作	3.5.1 输醪操作方法 3.5.2 后发酵的工艺要求

续表 10-1

职业功能	工作内容	技能要求	相关知识要求
4. 压滤、储存操作	4.1 压滤	4.1.1 能对压滤设备进行操作 4.1.2 能更换滤板、滤布等配件	4.1.1 压滤设备使用方法 4.1.2 压滤机配件更换操作方法
	4.2 调配、澄清	4.2.1 能进行调配操作 4.2.2 能正确使用添加剂 4.2.3 能完成澄清操作	4.2.1 米酒调配的知识 4.2.2 米酒澄清的方法 4.2.3 添加剂的使用知识
	4.3 杀菌、储存	4.3.1 能对储存容器进行杀菌操作 4.3.2 能对酒液进行杀菌操作	4.3.1 储存容器杀菌方法 4.3.2 酒液杀菌操作方法
5. 灌装操作	5.1 勾调、精滤	5.1.1 能按配方完成勾调 5.1.2 能对精滤设备进行操作	5.1.1 精滤机操作规程 5.1.2 米酒勾调操作方法 5.1.3 过滤原理
	5.2 灌装	5.2.1 能对灌装生产设备进行操作 5.2.2 能对温度、容量进行检查	5.2.1 灌装生产设备使用方法 5.2.2 温度、容量检查程序
6. 生产记录	6.1 工艺记录	6.1.1 能完成岗位工艺记录 6.1.2 能完成物料消耗台账记录	6.1.1 工艺记录方法 6.1.2 物料消耗台账记录方法
	6.2 点检、保养记录	6.2.1 能完成设备点检记录 6.2.2 能完成设备保养记录	6.2.1 设备点检记录方法 6.2.2 设备保养记录方法

2. 四级/中级工

相应考核内容见表 10-2。本等级职业功能第 1、6 项为共同考核项,米酒培菌工、药曲配制工还需考核第 2 项,米酒发酵工还需考核第 3 项,米酒压滤工、煎酒工还需考核第 4 项,米酒包装工还需考核第 5 项。

表 10-2 四级/中级工职业功能与要求

职业功能	工作内容	技能要求	相关知识要求
1. 生产准备	1.1 设备、设施检查	1.1.1 能对工具、设备进行日常保养 1.1.2 能对仪器、仪表进行检查 1.1.3 能对设备、设施安全防护装置进行检查	1.1.1 工具、设备的日常保养知识 1.1.2 仪器、仪表的检查方法 1.1.3 安全防护装置的检查方法
	1.2 物料准备	1.2.1 能对物料质量进行初步检查 1.2.2 能对酒曲、酒药、酒母进行试酿操作	1.2.1 物料质量检查方法 1.2.2 酒曲、酒药、酒母的试酿操作规程
	1.3 清洁卫生	1.3.1 能做好卫生防护工作 1.3.2 能对现场环境清洁度进行检查 1.3.3 能对容器、管道和工器具进行杀菌操作	1.3.1 卫生防护规范要求 1.3.2 环境清洁度标准 1.3.3 容器、管道和工器具杀菌操作方法
2. 制曲、酒母操作	2.1 酒药制作	2.1.1 能按工艺进行酒药制作 2.1.2 能对酒药生产过程进行记录	2.1.1 酒药分类和制作方法 2.1.2 酒药生产数据记录方法 2.1.3 微生物培养原理
	2.2 酒母制作	2.2.1 能对酵母进行扩培 2.2.2 能对酒母发酵状态进行监测	2.2.1 酵母扩大培养知识 2.2.2 酒母发酵监测方法
	2.3 酒曲制作	2.3.1 能对酒曲菌种进行保管、培养 2.3.2 能对酒曲制作质量进行监测	2.3.1 菌种的保管、培养方法 2.3.2 酒曲制作质量的监测方法
3. 蒸煮发酵操作	3.1 浸料	3.1.1 能掌握浸料时间、温度 3.1.2 能对浸料进行检查	3.1.1 浸料时间、温度要求 3.1.2 浸料质量要求 3.1.3 浸料质量检查方法
	3.2 蒸煮	3.2.1 能完成蒸煮操作 3.2.2 能对蒸煮过程进行检查	3.2.1 蒸煮质量检查方法 3.2.2 蒸煮质量评定要求
	3.3 落料	3.3.1 能对物料进行投放 3.3.2 能完成发酵各环节微生物污染预防工作	3.3.1 米酒投料标准要求 3.3.2 发酵微生物污染控制方法
	3.4 前发酵	3.4.1 能对前发酵过程中的工艺参数进行记录 3.4.2 能对前发酵的温度进行控制	发酵温度控制方法
	3.5 后发酵	3.5.1 能对后发酵过程中的工艺参数进行记录 3.5.2 能对温度、通氧量等进行调节	后发酵温度、通氧量调节方法

续表 10-2

职业功能	工作内容	技能要求	相关知识要求
4.压滤、储存操作	4.1 压滤	4.1.1 能对压滤质量进行检查 4.1.2 能对压滤设备进行日常保养维护	压滤质量评定标准
	4.2 调配、澄清	4.2.1 能完成添加剂稀释与应用操作 4.2.2 能对澄清工序进行检查	4.2.1 添加剂稀释方法 4.2.2 添加剂应用操作方法 4.2.3 澄清工序质量评定标准
	4.3 杀菌、储存	4.3.1 能对盆(罐)进行计量操作 4.3.2 能对盆(罐)等容器进行包扎、封口操作	4.3.1 盆(罐)计量方法 4.3.2 盆(罐)等容器包扎、封口操作方法 4.3.3 酒液密封、贮存知识
5.灌装操作	5.1 勾调、精滤	5.1.1 能对勾调后产品进行质量记录 5.1.2 能对精滤设备进行保养维护	5.1.1 成品酒质量标准 5.1.2 质量记录方法
	5.2 灌装	5.2.1 能对包装材料进行检查 5.2.2 能对灌装生产设备进行日常保养维护	包装材料质量要求及检查方法
6.生产记录	6.1 工艺记录	6.1.1 能对工艺记录数据进行复核 6.1.2 能对物料消耗台账记录进行复核	6.1.1 工艺记录数据复核方法 6.1.2 物料消耗台账复核方法
	6.2 点检、保养记录	6.2.1 能检查设备点检记录完整性 6.2.2 能检查设备保养记录并对设备保养提出建议	6.2.1 设备点检记录检查方法 6.2.2 设备保养操作方法

3.三级/高级工

相应考核内容见表 10-3。本等级职业功能第 1、6 项为共同考核项,米酒培菌工、药曲配制工还需考核第 2 项,米酒发酵工还需考核第 3 项,米酒压滤工、煎酒工还需考核第 4 项,米酒包装工还需考核第 5 项。

表 10-3　三级/高级工职业功能与要求

职业功能	工作内容	技能要求	相关知识要求
1.生产准备	1.1 设备、设施检查	1.1.1 能对设备、设施检修提出建议 1.1.2 能对设备、设施参数进行设置	1.1.1 设备、设施检修方法 1.1.2 设备、设施参数应用标准及设置方法
	1.2 物料准备	1.2.1 能对物料进行分类并做质量评定 1.2.2 能根据工艺要求调整物料配比	1.2.1 物料分类标准 1.2.2 物料质量评定标准 1.2.3 物料配比操作方法
	1.3 清洁卫生	1.3.1 能对个人卫生情况进行检查并提出整改意见 1.3.2 能根据现场情况对环境清洁度标准进行调整 1.3.3 能对容器和管道清洁及杀菌操作提出改进建议	1.3.1 卫生整改意见提报流程 1.3.2 环境清洁度标准调整方法
2.制曲、酒母操作	2.1 酒药制作	2.1.1 能对酒药操作过程进行监督 2.1.2 能对酒药制作工艺提出调整建议	2.1.1 酒药制作操作规范 2.1.2 酒药制作工艺参数
	2.2 酒母制作	2.2.1 能对酒母操作过程进行监督 2.2.2 能辅助完成新工艺、新菌种的生产试验 2.2.3 能对酒母醪进行感官检查	2.2.1 酒母制作操作规范 2.2.2 新工艺、新菌种的生产试验操作方法 2.2.3 酒母醪感官检查方法
	2.3 酒曲制作	2.3.1 能根据实际进行料水比调整 2.3.2 能对成品酒曲进行质量检查	2.3.1 酒曲制作配比调整方法 2.3.2 酒曲质量评定标准

续表 10-3

职业功能	工作内容	技能要求	相关知识要求
3.蒸煮发酵操作	3.1 浸料	3.1.1 能对浸料时间、温度进行调整 3.1.2 能对浸料质量进行控制	3.1.1 浸料时间、温度调整方法 3.1.2 浸料操作调整方法
	3.2 蒸煮	3.2.1 能对蒸煮参数进行调整 3.2.2 能对蒸煮质量进行控制	3.2.1 蒸煮参数调整方法 3.2.2 蒸煮工序监测方法 3.2.3 蒸煮异常情况及解决办法
	3.3 落料	3.3.1 能对酒药、酒母、酒曲的小型试酿的酒醅进行品评 3.3.2 能根据气温等情况调整落料工艺及保温要求	3.3.1 酒醅感官品评方法 3.3.2 落料工艺及保温操作调整方法
	3.4 前发酵	3.4.1 能对前发酵质量进行控制 3.4.2 能对前发酵工艺参数提出调整建议	3.4.1 前发酵质量要求 3.4.2 发酵控制方法
	3.5 后发酵	3.5.1 能对后发酵质量进行控制 3.5.2 能对后发酵工艺参数提出调整建议 3.5.3 能运用感官检查及检测结果判断酒醅成熟程度	3.5.1 后发酵质量要求 3.5.2 酒醅成熟程度判断标准
4.压滤、储存操作	4.1 压滤	4.1.1 能对酒醅进行搭配 4.1.2 能对过滤参数调整提出建议	4.1.1 酒醅搭配方案 4.1.2 过滤参数调整方法
	4.2 调配、澄清	4.2.1 能对调配方案提出建议 4.2.2 能根据基酒要求确定添加剂用量 4.2.3 能对澄清工序进行工艺调整	4.2.1 调配方案编写方法 4.2.2 添加剂的计算及控制 4.2.3 澄清工序工艺调整方法
	4.3 杀菌、储存	4.3.1 能对杀菌工艺条件提出调整建议 4.3.2 能对基酒提出储存建议	4.3.1 杀菌工艺条件调整编写方法 4.3.2 储存方案编写方法

续表 10-3

职业功能	工作内容	技能要求	相关知识要求
5. 灌装操作	5.1 勾调、精滤	5.1.1 能按不同产品、规格的质量提出勾调方案 5.1.2 能提出精滤参数设置建议	5.1.1 勾调建议方案编写方法 5.1.2 精滤参数设置方法及设置标准
	5.2 灌装	5.2.1 能按照产品要求提出灌装建议 5.2.2 能对灌装工序、设备提出调整建议	5.2.1 灌装建议方案编写方法 5.2.2 灌装工序、设备调整建议方案提报流程
6. 生产记录	6.1 工艺记录	6.1.1 能对工艺记录表内容提出改进建议 6.1.2 能对消耗台账记录表内容提出改进建议	工艺表格内容设计方法
	6.2 点检、保养记录	6.2.1 能根据设备点检记录，提出设备点检工作改进建议 6.2.2 能根据设备保养记录，提出设备保养工作改进建议	6.2.1 设备点检、保养记录分析方法 6.2.2 设备点检、保养改进措施报告编写方法

4. 三个等级工理论知识权重(表10-4)

表 10-4　三个等级工理论知识权重表

项目		技能等级								
		五级/初级工(%)			四级/中级工(%)			三级/高级工(%)			
		①	②	③	①	②	③	①	②	③	④
基本要求	职业道德	5			5			5			
	基本知识	15			15			15			

续表 10-4

项目		技能等级										
		五级/初级工(%)				四级/中级工(%)			三级/高级工(%)			
		①	②	③	①	②	③		①	②	③	④
相关知识要求	生产准备	20				20			15			
	制曲、酒母操作	50	—			50	—		55	—		
	蒸煮发酵操作	—	50	—		—	50	—		55	—	
	压滤、储存操作	—		50		—		50			55	—
	灌装操作	—			50	—			50			55
	生产记录	10				10			10			
	合计	100				100			100			

注：①米酒培菌工、药曲配制工；②米酒发酵工；③米酒压滤工、米酒煎酒工；④米酒包装工。

5. 三个等级工职业技能权重(表10-5)

表10-5 三个等级工职业技能权重表

项目		技能等级										
		五级/初级工(%)				四级/中级工(%)				三级/高级工(%)		
		①	②	③	④	①	②	③	④	②	③	①
技能要求	生产准备	20				15				15		
	制曲、酒母操作	60	—			65	—			70	—	
	蒸煮发酵操作	—	60			—	65	—		—	70	
	压滤、储存操作			60				65				70
	灌装操作	—			60	—			65			70
	生产记录	20				20				15		
	合计	100				100				100		

注：①米酒培菌工、药曲配制工；②米酒发酵工；③米酒压滤工、米酒煎酒工；④米酒包装工。

三、米酒酿酒师职业概况

米酒酿酒师是指从事酒类酿造指导及酒类新产品开发工作的人员。

本职业拟设二级/技师、一级/高级技师两个等级。米酒酿酒师必须具有敏锐的色觉、视觉、嗅觉和味觉；具有较强的语言表达能力，动作协调性；具有一定的计算能力。

具备以下条件之一者，可申报二级/技师：①取得相关职业三级/高级工职业资格证书（技能等级证书）后，累计从事本职业或相关职业工作4年（含）以上。②取得相关职业三级/高级工职业资格证书（技能等级证书）及相关专业的高级职业技术学院毕业生，累计从事本职业或相关职业工作3年（含）以上；或取得本职业或相关专业高等院校毕业生，累计从事本职业或相关职业工作2年（含）以上。

具备以下条件者，可申报一级/高级技师：取得本职业或相关职业二级/技师职业资格证书（技能等级证书）后，累计从事本职业或相关职业工作4年（含）以上。

四、米酒酿酒师职业（职业二级/技师和一级/高级技师）功能与要求

相应考核内容见表10-6，理论知识权重见表10-7，技能要求权重见表10-8。本等级职业功能第1、2、8、10项为共同考核项。此外，啤酒专业还需考核第9项；白酒专业还需考核第3、5、7、9项；米酒专业还需考核第5、6、7、9项；果酒专业还需考核第3、5、6、7、9项；露酒专业还需考核第3、4、5、6、7、9项；酒精专业还需考核第3项。

表10-6 职业（一级和二级/技师和高级技师）功能与要求

职业功能	工作内容	技能要求	相关知识要求
1.原辅料管理	1.1 原辅料准备	1.1.1 能根据生产工艺提出原辅料备料建议 1.1.2 能根据原辅料情况提出质量标准建议	原辅料质量标准
	1.2 原辅料处理	1.2.1 能依据原辅料种类提出处理建议 1.2.2 能完成原辅料处理工艺规程编写的辅助工作	原辅料处理工艺规程
2.糖化与发酵	2.1 糖化发酵剂制备	2.1.1 能对糖化发酵剂制备提出改进建议 2.1.2 能分析糖化发酵剂制备过程中参数变化原因	糖化发酵剂制备知识
	2.2 糖化控制	2.2.1 能依据产品对糖化工艺提出调整建议 2.2.2 能提出糖化设备改进方案	2.2.1 糖化控制参数分析方法 2.2.2 糖化设备原理
	2.3 发酵控制	2.3.1 能依据产品对发酵控制进行调整 2.3.2 能分析发酵控制过程中参数变化原因	2.3.1 发酵控制调整方法 2.3.2 发酵控制参数分析方法 2.3.3 常见发酵控制异常情况分类

续表 10-6

职业功能	工作内容	技能要求	相关知识要求
3.蒸馏	3.1 蒸馏控制	3.1.1 能依据产品质量要求对蒸馏过程进行调整 3.1.2 能分析蒸馏控制过程中参数变化原因	3.1.1 蒸馏控制调整方法 3.1.2 蒸馏控制参数分析方法 3.1.3 常见蒸馏控制异常情况分类
	3.2 分级处理	3.2.1 能比照分级标准对分级操作进行核查 3.2.2 能按方案解决分级异常情况	3.2.1 分级操作核查办法 3.2.2 分级异常情况的解决方法
	3.3 节能管理（酒精）	3.3.1 能执行节能管理规范要求 3.3.2 能对节能设备设施提出技术改造建议	3.3.1 节能管理规范执行方法 3.3.2 节能设备设施分类 3.3.3 技术改造实施程序
4.提取	4.1 浸提、萃取、复蒸馏	4.1.1 能对浸提、萃取、复蒸馏操作进行检查 4.1.2 能对浸提、萃取、复蒸馏操作提出调整建议	4.1.1 浸提、萃取、复蒸馏操作的检查方法 4.1.2 浸提、萃取、复蒸馏操作的调整措施
	4.2 提取控制	4.2.1 能对提取控制操作进行检查 4.2.2 能发现提取过程中出现的异常问题	4.2.1 提取控制操作的检查方法 4.2.2 提取控制常见异常问题类型及解决办法
5.勾调	5.1 酒体设计	5.1.1 能依照酒体设计方案完成酒体设计操作 5.1.2 能对酒体设计方案提出改进建议	酒体设计操作方法
	5.2 调味物料制备（露酒）	5.2.1 能核查调味物料制备操作 5.2.2 能发现调味物料制备过程中的异常情况	调味物料的制备方法
	5.3 基酒组合	5.3.1 能核查基酒组合方案完成情况 5.3.2 能发现基酒组合过程中的异常情况	基酒组合核查方法

续表 10-6

职业功能	工作内容	技能要求	相关知识要求
6. 后处理	6.1 压榨处理（米酒）	6.1.1 能对压榨操作进行检查 6.1.2 能纠正压榨处理中的错误操作	6.1.1 压榨操作的检查方法 6.1.2 压榨处理中的错误操作类型
	6.2 稳定性处理	6.2.1 能对稳定性处理操作进行检查 6.2.2 能判断酒体稳定性状态	6.2.1 稳定性处理的检查方法 6.2.2 稳定性的判断方法
	6.3 除菌	6.3.1 能对除菌工艺规程提出改进建议 6.3.2 能根据方案解决除菌中的异常问题	除菌原理
7. 陈酿	7.1 陈贮控制	7.1.1 能核查陈贮控制操作完成情况 7.1.2 能根据陈贮控制数据提出调整建议	7.1.1 陈贮控制操作的检查方法 7.1.2 陈贮控制数据分析方法
	7.2 品质监管	7.2.1 能对陈贮的产品进行主要指标判定 7.2.2 能根据指标判定结果提出处理建议	陈贮产品的质量知识
8. 质量管理与新产品开发	8.1 质量控制	8.1.1 能根据质量控制作业指导书检查关键质量控制点 8.1.2 能对质量控制参数标准提出修改建议	8.1.1 质量控制作业指导书执行方法 8.1.2 质量控制标准参数调整方法
	8.2 新产品开发（酒精除外）	8.2.1 能按方案完成新产品开发试制 8.2.2 能对新产品方案提出建议	新产品开发试制方法
	8.3 技术改造	8.3.1 能协助制订技术改造方案 8.3.2 能对技术改造标准提出调整建议	8.3.1 技术改造方法 8.3.2 技术改造标准调整方法
9. 包装	9.1 包装过程控制	9.1.1 能对包装工艺提出改进建议 9.1.2 能提出操作规程改进建议	影响产品包装质量的因素
	9.2 包装设备改造	9.2.1 能提出设备改造建议 9.2.2 能实施设备改造项目	设备运行原理
10. 培训和指导	10.1 培训	10.1.1 能依据培训教材制订培训执行计划 10.1.2 能对培训计划执行情况进行检查	10.1.1 培训计划编制方法 10.1.2 培训计划的检查方法
	10.2 指导	10.2.1 能对各类酒种酿造工操作进行指导 10.2.2 能完成工艺操作指导培训计划	10.2.1 操作指导方法 10.2.2 工艺操作培训计划执行方法

注：工作内容中有标注的为所注专业单考项或免考项。

表 10-7 职业(二级/技师和一级/高级技师)理论知识权重

项目		技能等级											
		二级/技师(%)						一级/高级技师(%)					
		①	②	③	④	⑤	⑥	①	②	③	④	⑤	⑥
基本要求	职业道德	5						5					
	基本知识	10						5					
相关知识要求	原辅料管理	10						5					
	糖化与发酵		20	15	30		5		20	15	30		5
	蒸馏	—	15	—	5	25	5	—	20	—	5	25	5
	提取	—	—	—	—	10	—	—	—	—	—	—	10
	勾调	—	10	15	10	—	10	—	—	15	10	—	10
	后处理	—	—	15	10	—	15	—	—	—	15	—	15
	陈酿(贮)	—	5	15	—	—	10	—	—	5	10	—	10
	质量管理与新产品开发	20	10					25	10	15			
	包装	20	5	—	—	5		20	5	—	—	5	
	培训和指导	15	10			10	5	20	10			15	10
合计		100						100					

注:①啤酒专业方向;②白酒专业方向;③米酒专业方向;④果酒专业方向;⑤酒精专业方向;⑥露酒专业方向。

表 10-8　职业(二级/技师和一级/高级技师)技能要求权重

项目		技能等级											
		二级/技师(%)						一级/高级技师(%)					
		①	②	③	④	⑤	⑥	①	②	③	④	⑤	⑥
技能要求	原辅料管理	10	10	10	10	10	10	10	5	5	5	5	5
	糖化与发酵	25	30	25	20	40	5	—	25	—	20	35	5
	蒸馏	—	20	—	5	30	5	—	25	—	5	30	5
	提取	—	—	—	—	15	—	—	—	—	—	—	10
	勾调	—	10	20	15	—	15	—	15	10	—	—	10
	后处理	—	—	20	15	—	20	—	—	—	15	—	20
	陈酿(贮)	—	5	15	—	—	—	—	—	10	—	—	—
	质量管理与新产品开发	20	10	10	10	10	10	20	10	20	20	20	20
	包装	25	5	5	—	—	—	25	5	5	—	—	—
	培训和指导	20	10	5	10	—	20	20	10	—	—	15	10
合计		100						100					

注:①啤酒专业方向;②白酒专业方向;③米酒专业方向;④果酒专业方向;⑤酒精专业方向;⑥露酒专业方向。

五、米酒品酒师职业概况

米酒品酒师是指运用感觉器官品评酒体质量,指导酒类酿造、配制和进行酒体设计的人员。本职业拟设四级/中级工、三级/高级工、二级/技师、一级/高级技师4个等级。本职业的工作人员必须具有敏锐的色觉、视觉、嗅觉和味觉;具有较强的语言表达能力,动作协调;具有一定的计算能力。

具备以下条件之一者,可申报四级/中级工:①取得相关职业五级/初级工职业资格证书(技能等级证书)后,累计从事本职业或相关职业工作4年(含)以上。②累计从事本职业或相关职业工作6年(含)以上。③取得职业学院本专业或相关专业毕业证书(含尚未取得毕业证书的在校应届毕业生);或取得经评估论证、以中级技能为培养目标的中等及以上职业学院本专业或相关专业毕业证书(含尚未取得毕业证书的在校应届毕业生)。

具备以下条件之一者,可申报三级/高级工:①取得本职业或相关职业四级/中级工职业资格证书(技能等级证书)后,累计从事本职业或相关职业工作5年(含)以上。②取得本职业或相关职业四级/中级工职业资格证书(技能等级证书),并具有高级职业学院毕业证书(含尚未取得毕业证书的在校应届毕业生);或取得本职业或相关职业四级/中级工职业资格证书(技能等级证书),并具有经评估论证、以及高级技能为培养目标的高等院校本专业或相关专业毕业证书(含尚未取得毕业证书的在校应届毕业生)。

③具有大专及以上本专业或相关专业毕业证书,并取得本职业或相关职业四级/中级工职业资格证书(技能等级证书)后,累计从事本职业或相关职业工作2年(含)以上。

具备以下条件之一者,可申报二级/技师:①取得本职业或相关职业三级/高级工职业资格证书(技能等级证书)后,累计从事本职业或相关职业工作4年(含)以上。②取得本职业或相关职业三级/高级工职业资格证书的高等职业学院毕业生,累计从事本职业或相关职业工作3年(含)以上;或取得本职业或相关职业的高等院校毕业生,累计从事本职业或相关职业工作2年(含)以上。

具备以下条件者,可申报一级/高级技师:取得本职业或相关职业二级/技师职业资格证书(技能等级证书)后,累计从事本职业或相关职业工作4年(含)以上。

六、米酒品酒师职业功能与要求

米酒品酒师四级/中级工、三级/高级工、二级/技师、一级/高级技师的技能要求和相关知识要求依次递进,高级别涵盖低级别的要求。

根据实际情况,本职业鉴定分为两个专业方向:一类是啤酒专业方向,另一类是白酒、果酒、露酒、米酒专业方向。

1. 四级/中级工职业功能与要求(表10-9)

本等级职业功能第1、4项为共同考核项(其中工作内容第1.3项为果酒、露酒、米酒、啤酒专业增加考核项),啤酒专业还需考核职业功能第2项,其他酒种专业还需考核职业功能第3项。

表 10-9　四级/中级工职业功能与要求

职业功能	工作内容	技能要求	相关知识要求
1. 工作准备	1.1 环境准备	1.1.1 能识读并调节温度、湿度 1.1.2 能根据环境变化调整照明设备亮度 1.1.3 能通过感官辨别空气是否符合品评环境要求	1.1.1 温度、湿度标准数值知识 1.1.2 照明设备调节方法 1.1.3 空气质量标准知识
	1.2 样品、器具、设施准备	1.2.1 能按要求采集样品并进行前处理 1.2.2 能按要求选用、清洁、摆放品酒器具 1.2.3 能对品酒设施进行调试	1.2.1 样品采集方法 1.2.2 样品前处理知识 1.2.3 品酒器具清洁、摆放、分类知识 1.2.4 品酒设施调试方法
	1.3 原辅料准备（果酒、露酒、米酒、啤酒）	1.3.1 能按要求准备原辅料品评样品 1.3.2 能检查原辅料外观质量	1.3.1 原辅料品评样品制备知识 1.3.2 原辅料质量标准 1.3.3 原辅料外观质量检查方法
2. 在制品质量控制（啤酒）	2.1 麦汁质量控制	2.1.1 能完成麦汁感官品评并记录 2.1.2 能检查麦汁的感官质量	2.1.1 麦汁品评方法 2.1.2 麦汁品评记录的填写方法
	2.2 发酵液质量控制	2.2.1 能完成发酵液感官品评并记录 2.2.2 能检查发酵液的感官质量	2.2.1 发酵液品评方法 2.2.2 发酵液品评记录的填写方法
	2.3 酵母泥质量控制	2.3.1 能完成酵母泥感官品评并记录 2.3.2 能检查酵母泥的感官质量	2.3.1 酵母泥感官评价方法 2.3.2 酵母泥检查方法
3. 基酒质量控制	3.1 基酒感官品评	3.1.1 能完成基酒感官品评并记录 3.1.2 能识读基酒品评报告	3.1.1 基酒品评方法 3.1.2 基酒品评记录的填写方法
	3.2 基酒理化分析	3.2.1 能识读基酒理化分析报告 3.2.2 能对基酒主要理化指标进行标识	3.2.1 理化分析基础知识 3.2.2 基酒主要理化指标及标识方法
4. 成品质量管理	4.1 成品酒感官品评	4.1.1 能完成成品酒感官品评并记录 4.1.2 能识读成品酒品评报告	4.1.1 成品酒的感官品评标准 4.1.2 成品酒品评方法 4.1.3 成品酒品评记录的填写方法
	4.2 成品酒理化分析	4.2.1 能识读成品酒理化分析报告 4.2.2 能掌握成品酒理化标准	成品酒理化标准

2. 三级/高级工职业功能与要求

三级/高级工职业功能与要求见表10-10。本等级职业功能第1、4项为共同考核项(其中工作内容第1.3项为果酒、露酒、米酒、啤酒专业增加考核项),啤酒专业还需考核第2项,其他酒种专业还需考核第3项。

表10-10 三级/高级工职业功能与要求

职业功能	工作内容	技能要求	相关知识要求
1.工作准备	1.1 环境准备	1.1.1 能分析温度.湿度异常原因并提出解决办法 1.1.2 能制定照明设备使用参数 1.1.3 能分析空气中异味来源并提出解决办法	1.1.1 温度、湿度异常的原因及解决方法 1.1.2 光线对品评影响的知识 1.1.3 空气对品评影响的知识
	1.2 样品、器具、设施准备	1.2.1 能对样品进行分类、编组 1.2.2 能对品酒设施提出改造建议	1.2.1 样品的分类、编组知识 1.2.2 品酒设施的运行原理 1.2.3 样品准备计划的编写方法 1.2.4 品酒设施操作规程编写方法
	1.3 原辅料准备(果酒、露酒、米酒、啤酒)	1.3.1 能对原辅料外观质量进行分级及抽检 1.3.2 能分析并处理原辅料质量问题 1.3.3 能制定原辅料品评样品准备计划	1.3.1 原辅料外观质量等级评定及抽检方法 1.3.2 原辅料质量常见问题及解决方法 1.3.3 原辅料品评样品准备计划的编写方法 1.3.4 原辅料分级标准(果酒、露酒、米酒、啤酒)
2.在制品质量控制	2.1 麦汁质量控制	2.1.1 能对麦汁进行感官.理化质量评估 2.1.2 能完成麦汁品评报告	2.1.1 麦汁质量评估方法 2.1.2 麦汁品评报告编写方法
	2.2 发酵液质量控制	2.2.1 能对发酵液进行感官.理化质量评估 2.2.2 能完成发酵液品评报告	2.2.1 发酵液质量评估方法 2.2.2 发酵液品评报告编写方法
	2.3 酵母质量控制	2.3.1 能对酵母泥进行感官、理化质量评估 2.3.2 能发现酵母泥的质量问题	2.3.1 酵母泥感官评价检查方法 2.3.2 酵母泥异常问题

续表 10-10

职业功能	工作内容	技能要求	相关知识要求
3. 基酒质量控制	3.1 基酒感官品评	3.1.1 能对基酒进行感官复评 3.1.2 能编写基酒品评报告	3.1.1 基酒感官复评的原则 3.1.2 基酒品评报告编写方法
	3.2 基酒理化分析	3.2.1 能根据基酒理化分析结果进行质量评估 3.2.2 能根据基酒理化分析结果提出质量分级建议	基酒理化指标与基酒质量的对应关系
4. 成品质量管理	4.1 成品酒感官品评	4.1.1 能根据品评结果判定产品是否符合感官标准 4.1.2 能根据品评结果发现产品质量问题	4.1.1 产品感官合格的判断方法 4.1.2 成品酒感官质量问题的类型
	4.2 成品酒理化分析	4.2.1 能根据成品酒理化分析结果进行质量评估 4.2.2 能根据成品酒理化分析结果发现质量问题	成品酒理化指标与成品酒质量的对应关系

3. 二级/技师职业功能与要求

二级/技师职业功能与要求见表 10-11。本等级职业功能第 4、5 项为共同考核项，啤酒专业还需考核第 1 项，其他酒种专业还需考核第 2、3 项。

表 10-11　二级/技师职业功能与要求

职业功能	工作内容	技能要求	相关知识要求
1. 在制品质量控制（啤酒）	1.1 麦汁质量控制	1.1.1 能发现麦汁感官指标异常并提出改进建议 1.1.2 能分析麦汁感官质量问题成因	1.1.1 麦汁感官评价标准 1.1.2 麦汁感官质量问题成因
	1.2 发酵液质量控制	1.2.1 能发现发酵液感官指标异常并提出改进建议 1.2.2 能分析发酵液感官质量问题成因	1.2.1 发酵液感官评价标准 1.2.2 发酵液感官质量问题成因

续表 10-11

职业功能	工作内容	技能要求	相关知识要求
1.在制品质量控制（啤酒）	1.3 酵母质量控制	1.3.1 能发现酵母泥性状异常并提出改进建议 1.3.2 能分析酵母泥异常性状成因	1.3.1 酵母培养方法 1.3.2 酵母泥的感官质量问题成因
2.基酒质量控制	2.1 基酒感官品评	2.1.1 能对基酒进行感官定级 2.1.2 能编写基酒品评操作规程	2.1.1 基酒感官定级标准 2.1.2 基酒品评操作规程编写方法
	2.2 基酒理化分析	2.2.1 能对基酒质量理化定级标准的编写提出建议 2.2.2 能根据理化分析结果对基酒进行定级	2.2.1 基酒质量等级标准
3.酒体设计	3.1 新产品设计	3.1.1 能整理、分析基酒资源和市场产品的信息 3.1.2 能提出新产品设计方案的建议	3.1.1 基酒资源和市场产品信息整理、分析的方法 3.1.2 新产品设计工作流程
	3.2 样品制备	3.2.1 能根据新产品设计方案实施样品制备 3.2.2 能对制备样品提出改进建议	3.2.1 样品制备流程及方法 3.2.2 样品制备问题及解决办法
4.成品质量管理	4.1 成品酒感官品评	4.1.1 能评定成品酒的感官质量等级 4.1.2 能根据品评报告分析成品酒感官质量问题的成因	4.1.1 成品酒感官定级标准 4.1.2 成品酒感官质量问题的成因
	4.2 成品酒理化分析	4.2.1 能根据理化报告分析成品酒质量问题的成因 4.2.2 能对成品酒质量问题提出改进建议	品酒质量问题类型

续表 10-11

职业功能	工作内容	技能要求	相关知识要求
5.培训和指导	5.1 培训	5.1.1 能组织三级/高级工及以下级别人员进行基础理论培训 5.1.2 能对三级/高级工及以下级别人员进行技能培训	培训计划编写方法
	5.2 指导	5.2.1 能对三级/高级工及以下级别人员进行基础操作指导 5.2.2 能对品酒师工艺作业指导手册编写提出建议	感官鉴评基础操作方法

4. 一级/高级技师职业功能与要求

本等级职业功能第 4、5 项为共同考核项,啤酒专业还需考核第 1 项,其他酒种专业还需考核第 2、3 项。一级/高级技师职业功能与要求见表 10-12。米酒品酒师理论知识要求权重见表 10-13,技能要求权重见表 10-14。

表 10-12 一级/高级技师职业功能与要求

职业功能	工作内容	技能要求	相关知识要求
1.在制品质量控制	1.1 麦汁质量控制	1.1.1 能编写麦汁感官评价标准文件 1.1.2 能解决麦汁感官质量问题	1.1.1 麦汁感官评价标准编写方法 1.1.2 麦汁感官质量问题解决方法
	1.2 发酵液质量控制	1.2.1 能编写发酵液感官评价标准文件 1.2.2 能解决发酵液感官质量问题	1.2.1 发酵液感官评价标准编写方法 1.2.2 发酵液感官质量问题解决方法
	1.3 酵母质量控制	1.3.1 能编写酵母泥感官评价操作规程 1.3.2 能解决酵母泥的感官质量问题	1.3.1 存母泥感官评价标准编写方法 1.3.2 酵母泥的感官质量问题解决方法

续表 10-12

职业功能	工作内容	技能要求	相关知识要求
2.基酒质量控制	2.1 基酒感官品评	2.1.1 能制定基酒感官定级标准 2.1.2 能根据品评报告提出基酒生产调整建议	2.1.1 基酒感官定级标准制定方法 2.1.2 基酒生产调整建议书编写方法
	2.2 基酒理化分析	2.2.1 能编写基酒质量理化定级标准 2.2.2 能根据基酒理化数据分析生产中存在的问题并提出解决办法	2.2.1 基酒质量理化定级标准编写方法 2.2.2 基酒生产常见问题及解决办法
3.质量管理与新产品开发	3.1 新产品设计	3.1.1 能制定新产品设计方案 3.1.2 能根据设计方案指导试生产	3.1.1 新产品设计方案的编制方法 3.1.2 新产品设计方案综合评估方法
	3.2 样品制备	3.2.1 能对新产品样品进行审定 3.2.2 能制定样品制备流程作业指导书	3.2.1 新产品样品的审定方法 3.2.2 样品制备流程作业指导书编写方法
4.成品质量管理	4.1 成品酒感官品评	4.1.1 能制定成品酒感官定级标准 4.1.2 能根据品评报告提出成品酒生产调整建议	4.1.1 成品酒感官定级标准制定方法 4.1.2 成品酒生产调整建议书编写方法
	4.2 成品酒理化分析	4.2.1 能编写成品酒质量理化定级标准 4.2.2 能制订成品酒质量问题解决方案	4.2.1 成品酒质量理化定级标准编写方法 4.2.2 成品酒质量问题的解决办法
5.培训和指导	5.1 培训	5.1.1 能编写专项技能培训教材 5.1.2 能对二级品酒师进行技能培训	专项技能培训教材编写知识
	5.2 指导	5.2.1 能指导二级/技师进行品酒操作 5.2.2 能编写品酒师工艺作业指导手册	品酒师工艺作业指导手册编写方法

表 10-13　职业米酒品酒师理论知识要求权重表

项目		技能等级							
		四级/中级工(%)		三级/高级工(%)		二级/技师(%)		一级/高级技师(%)	
		①	②	①	②	①	②	①	②
基本要求	职业道德	5		5		5		5	
	基础知识	15		10		5		5	
相关知识要求	工作准备	20		15		—		—	
	在制品质量控制(啤酒)	30	—	35	—	40	—	40	—
	基酒质量控制	—	30	—	35	—	30	—	25
	酒体设计	—	—	—	—	—	30	—	35
	成品质量管理	30		35		40	20	40	20
	培训和指导	—		—		10		10	
合计		100		100		100		100	

注：①啤酒；②白酒、果酒、露酒、米酒。

表 10-14　米酒品酒师职业技能要求权重表

项目		技能等级							
		四级/中级工(%)		三级/高级工(%)		二级/技师(%)		一级/高级技师(%)	
		①	②	①	②	①	②	①	②
技能要求	工作准备	40	30	30	25				
	在制品质量控制(啤酒)	30	—	35	—	40	—	40	—
	基酒质量控制	—	40	—	45	—	35	—	25
	酒体设计	—	—	—	—	—	30	—	35
	成品质量管理	30	35	30	40	25	40	20	
	培训和指导	—		—		20	10	20	
合计		100		100		100		100	

注：①啤酒；②白酒、果酒、露酒、米酒。

本章小结

本章就职业教育在酿酒行业,特别是米酒行业的现状进行分析,给出了当下企业必须吸收和借鉴国内外职业教育先进教学理念和人才培养模式,充分利用政府、企业、社区等各方面的力量,努力走出一条具有中国特色的米酒职业教育发展之路;针对米酒酿造工、酿酒师、品酒师职业概况,参照现行酿酒工种的分类和职责标准技能培训和考核要求,构建米酒酿造人才队伍建设体系。

思考题

1. 如何开展米酒行业的职业教育?
2. 米酒酿造工、米酒酿酒师、米酒品酒师有哪些等级?
3. 结合自身实际(或本企业现状),谈谈如何开展米酒酿造理论知识的学习和职业技能的提升?

第十一章 米酒文化与现代企业传承

米酒是中华民族传统的酒种。北宋朱肱著有《北山酒经》,该书共分三卷:上卷总结了历代酿酒的重要理论;中卷论述制曲技术,并收录了10多种酒曲的配方和制法;下卷论述酿酒技术。《北山酒经》对我国米酒酿造业的文化发展,做出了重大的贡献。宋代的酿酒业,上至宫廷,下至村寨,酿酒作坊,星罗棋布。时过境迁,米酒文化的传播载体已从古代的作坊、小贩逐步演变成现代的工坊和企业。虽然米酒生产载体发生了改变,但米酒文化的内核被国人传承了下来。

第一节 米酒在中国传统文化中的地位与影响

米酒作为一种特殊的饮品,在人类历史的长河中有着举足轻重的地位,其影响深远而广泛。它不仅满足了人们的口腹之欲,更在历史、文学价值以及民间习俗等方面,展现了其深远的历史意义。

一、米酒的历史地位

米酒在中国传统文化中得到了广泛的传承与发展。从古时起,米酒就在中国各地有着丰富多彩的文化传承和使用方式。在南方,米酒是家家户户常见的饮品,也是重要的宴席酒;在北方,米酒被称为"醪糟",是各种面食、肉食的必备调味品。这种传承不仅体现在米酒的酿造技艺上,更体现在米酒所蕴含的文化内涵和象征意义上。

自古以来,米酒就与中国的政治和经济紧密相连。在古代,米酒是皇权贵族宫廷宴席上的佳酿,象征着权力和地位。同时,米酒产业也是我国重要的经济支柱,为国家的经济发展做出了重要贡献。

二、米酒的文学价值

酒在文学作品中常常作为情感的催化剂和故事情节的推进器。无数文人墨客把酒当作创作的灵感来源,创作出了流传千古的佳作。如东晋的陶渊明是中国文学史上第一个大量写饮酒诗的诗人;他的《饮酒》二十首以"醉人"的语态或指责是非颠倒、毁誉雷同的上流社会,或揭露世俗的腐朽黑暗,或反映仕途的险恶,或表现诗人退出官场后怡然陶醉的心情,或表现诗人在困顿中的牢骚不平。还有唐代诗人李白、杜甫;宋代的词人李清照、苏轼等等,都喜欢把酒作为诗词的意象来表达感情。可以说古代大量的文人墨客都热衷于以酒为媒,用纸笔记录着那些时期的社会变迁和自己的喜怒忧愁。这里要强调的是上述古代文人墨客用的酒其实就是米酒,而米酒在文学作品中的多样形象,也反映了人类对这一饮品的复杂情感和深刻认识。

三、米酒在中国民间的应用与象征

如果说"礼"所表达的是一种有所侧重的规范性的话,那么"俗"所表达出来的又是一种相对宽泛的普遍性,这种普遍性最终亦凝结成为一个民族物质文化与精神文化的核心内涵。先民们善酿好饮的古老遗风,经过历史岁月的洗涤浸染,结晶出无数具有浓郁的传统文化色素的饮酒风俗和饮酒习尚,并且为人们摹勒出一幅幅欢畅明快、活泼生动的历史生活画卷,这些既是先民生活美趣情韵的精彩记录,又不失为人类文明发展的真实写照。它们所表现出的民族特色、地域风格以及文化蕴致,不禁令我们称叹不已,而且更重要的是,从中折射出了中华民族人生性格和精神趣向的诸多特征,从中深切感受到我们这个民族自强奋进、生气勃发的历史气息。

1. 米酒与节庆活动

在中国,米酒是节庆活动中不可或缺的一部分。无论是婚礼、庆典还是节日,都离不开米酒的庆祝。米酒成为了人们表达喜悦、传递祝福的重要媒介。宋代的王安石就曾在《元日》中写过"春风送暖入屠苏"这样的诗句,可见节庆时饮米酒从古时起已经成为百姓的习俗。

2. 米酒与民间习俗

喜庆酒俗。中国地域辽阔,不同地区的酒俗各具特色。如婚酒中的提亲酒、定亲酒、交杯酒等,都承载着深厚的文化内涵和历史传统。此外,还有满月酒、百日酒、寿辰酒等,这些酒俗不仅具有娱乐性,更反映了人们对美好生活的追求和向往。

祈福酒俗。米酒常用于丰收庆典和祭祀仪式中,古代的人们相信通过喝米酒可以祈求丰收和祥和的祝福。这种习俗体现了米酒作为连接人与自然、祈求神灵庇佑的重要媒介。

祭祀、丧葬酒俗。在中国,米酒也常用于祭祀祖先以及丧葬仪式中。在这些场合中,米酒代表着诚心与敬意,是表达对祖先的崇拜和祭奠的重要方式。

米酒在历史、文学价值以及民间习俗等方面都展现了其深远的历史意义。它不仅是一种饮品,更是一种文化的象征和情感的载体。在未来的日子里,米酒将继续在人们的生活中发挥重要作用,传承和发扬着中华民族的米酒文化。

第二节　米酒在世界各地的文化差异与交流

米酒作为一种来自大米酿造的传统饮品,在全球范围内都扮演着重要的角色。其独特的风味和文化背景使其成为世界各地人们喜爱的饮品之一。

在全球化的今天,米酒也逐渐受到国际市场的关注和喜爱。越来越多的人开始探索和品味不同地区的米酒,体验其独特的风味和文化魅力。米酒的世界将继续扩大,带来更多的创新和交流,让人们更好地认识和欣赏这一多元而古老的饮品。

一、米酒在亚洲国家的文化差异与交流

唐朝时期,中国经济繁荣,国力强盛。唐朝开展了广泛的对外交流,与周边国家和地区保持着密切的联系。这为米酒传入当时的韩国提供了先决条件。据史书记载,三国时期的韩国通过与中国交往,引进了许多中国的文化和传统习俗,其中包括了米酒的酿造技术和饮用习惯。这些文化元素在韩国得到了吸收、融合和发展,逐渐形成了独具特色的韩国米酒文化。

随着时间的推移,韩国对米酒的酿造和品饮有了自己的特色和风格。韩国米酒被称为"막걸리"(Magkeolli)或"막"(Mak),是一种以糯米或其他谷物为原料经过发酵而成的酒。韩国的米酒通常具有浑浊的外观和微甜的口感,以及独特的酸度和香气。它在韩国的餐桌上经常出现,成为了韩国人日常饮食和社交活动中的重要组成部分。

日本清酒,是借鉴中国米(黄)酒的酿造法而发展起来的日本国酒。据中国史书记载,古时候日本只有"浊酒",没有清酒。后来有人在浊酒中加入石炭,使其沉淀,取其清澈的酒液饮用,于是便有了"清酒"之名。公元7世纪中叶之后,朝鲜古国百济与中国常有来往,并成为中国文化传入日本的桥梁。因此,中国用"曲种"酿酒的技术就由百济人传播到日本,使日本的酿酒业得到了很大的进步和发展。

根据日本法律规定,特级与一级的清酒必须送交政府有关部门鉴定通过,方可列入等级。由于日本酒税很高,特级酒的酒税是二级酒的4倍,有的酒商常以二级产品销售,所以受到内行饮家的欢迎。但是,从1992年开始,这种传统的分类法被取消了,取而代之的是按酿造原料的优劣、发酵的温度和时间以及是否添加食用酒精等来分类,并标注"纯米酒""超纯米酒"的字样。

二、米酒在欧美等西方国家的文化差异与交流

世界上历史最悠久的米(黄)酒、啤酒、葡萄酒,因地理、社会、人文的不同而各自在不同的地域散发它们各自的光芒,代表着不同的文明。

欧美等西方国家的米酒文化与亚洲国家有着明显的差异,主要因为在这些地区,酿造和消费葡萄酒、啤酒以及烈酒(如威士忌、伏特加等)更为普遍和流行。然而,尽管米(黄)酒在西方国家的知名度相对较低,但在一些特定的群体和文化圈中,仍存在饮用米(黄)酒的习惯。

在欧美国家,米(黄)酒通常被视为一种异国情调的饮品,经常与亚洲菜肴一起享用。亚洲餐馆、日本料理店和寿司店等场所常常提供米酒作为与美食搭配的选择。这些米(黄)酒往往是进口自亚洲的特色产品,如日本的清酒和韩国的马格利酒。在这些地方,米(黄)酒被赋予了一种独特的魅力,以其清新、柔和的特点而备受欢迎。

此外,在西方国家的一些酒庄和酿酒业中,也出现了对米(黄)酒的创新和探索。一些酿酒师尝试使用本地的大米或其他谷物来酿造米(黄)酒,以展现出独特的风味和风格。这种创新的尝试有时候也会结合传统的酿造技术和工艺,使得西方国家的米(黄)酒在一些特定的饮酒爱好者中拥有一定的市场。

在个人的日常生活中,虽然米(黄)酒可能不像葡萄酒和啤酒那样常见,但对一些饮酒爱好者和寻求新体验的人来说。他们会尝试不同类型的米酒,体验它们各自独特的风味和口感。米酒也常常成为人们在家庭聚会、晚宴或放松时的选择,为生活增添一份乐趣和变化。

米酒在欧美等西方国家的文化与米酒在中国的文化存在明显的差异。这些差异体现在米酒的地位、饮用方式、文化认同以及与庆祝活动的关联上。这些差异展示了不同文化背景和生活方式对米酒的理解和应用的差异,为全球的米酒文化增添了多样性。

三、米酒在非洲、大洋洲等其他地区的文化差异与交流

米酒在非洲、大洋洲等其他地区的文化中有着不同的存在形式和角色。尽管米酒在这些地区并不像在亚洲或西方国家那样普遍,但它在一些特定的文化和传统中仍然发挥着重要的作用。

在非洲地区,一些国家和地区有着自己的传统米酒制作方法和习俗。例如,在尼日利亚和加纳等国家,人们会用谷物或树木的汁液发酵制作米酒。这些米酒通常与当地的节日庆祝活动、婚礼和社交聚会相关联,被视为一种象征和纪念的饮品。

在大洋洲地区,特别是在太平洋岛国,米酒也有自己的文化意义。例如,夏威夷的传统饮品"Poi"就是一种以糯米为原料制作的发酵米酒。它在夏威夷文化中被广泛使用,并被视为一种重要的食品和饮品。Poi与夏威夷的传统美食搭配,是夏威夷文化和宴会的重要组成部分。

此外,在其他非洲和大洋洲国家,米酒也可能以不同的名称和形式存在。它们可能与当地的农业产品、植物或传统酿酒方法相关联。这些米酒在当地的社区和文化中扮演着特殊的角色,不仅仅是一种饮品,更是一种与传统、仪式和社交联系在一起的符号。

除了庆祝和社交活动,米酒在非洲、大洋洲的宗教仪式中也具有重要地位。一些部落和宗教团体将米酒作为祭品供奉给神灵,以表达敬意和祈祷。这种饮品在宗教仪式中象征着神圣和净化,与信仰和宗教仪式的联系紧密相关。

无论是亚洲、非洲还是大洋洲国家以及欧洲等国家,米酒在各地的文化中都扮演着重要的角色。它不仅是喜庆节日和重要场合中的必备饮品,也是人们日常生活中的伴侣和享受。米酒不仅仅是一种饮品,更是一种文化的象征,它承载着人们对传统、历史和乡土情怀的情感表达。

第三节 米酒企业的文化特征及建设的载体

米酒企业的文化特征是指企业在生产经营实践中逐步形成的,为全体员工认同并遵守,带有本组织特点的使命、愿景、宗旨、精神、价值观和经营理念,以及这些理念在生产经营实践、管理制度、员工行为方式与企业对外形象的体现的总和。企业文化是企业的灵魂,它体现了企业的个性、特色和风格,是企业凝聚力和向心力的源泉。

米酒企业文化的载体应该是企业绝大多数员工当下共同认同的观念和规范系统。通俗来说就是企业员工的思维、工作和生活习惯,通过对这些载体的确立、培养、改进、完善,最终

让员工形成一种完全适合本企业观念和规范的习惯。

一、米酒企业文化的构成要素

米酒企业文化的内涵丰富,包括物质文化、制度文化和精神文化3个层面。物质文化是指企业提供的物质产品、服务以及企业创造的生产环境、企业建筑、企业广告、产品包装与设计等,是企业文化最直接、最外在的表现。制度文化是指企业的规章制度、组织结构和领导体制等,是企业文化中规范性、约束性的部分。精神文化则是企业文化的核心,包括企业的价值观、企业精神、企业道德、企业风尚、企业目标等,是企业文化中最为稳定、最为持久的部分。

米酒企业文化的构成要素多种多样,一般可分为企业价值观、企业使命、企业愿景、企业精神、企业道德、企业制度、企业环境等方面。它们共同构成了企业文化的完整体系。企业价值观:是企业文化的核心,它决定了企业的行为准则和决策标准。企业的价值观通常包括诚信、创新、质量、服务等方面,这些价值观不仅影响着企业的内部运营,也决定了企业对外界的态度和行为。企业使命:是企业存在的根本目的和理由,它明确了企业为社会或市场提供的价值。一个清晰的企业使命能够激发员工的责任感和使命感,引导企业向正确的方向发展。企业愿景:是企业对未来的期望和追求,它描绘了企业未来的形象和地位。企业愿景为员工提供了共同奋斗的目标,增强了企业的凝聚力和向心力。企业精神:是企业在长期发展过程中形成的独特气质和风貌,它体现了企业的个性特征和风格。企业精神通常包括团结协作、拼搏进取、开拓创新等方面,这些精神特质能够激发员工的积极性和创造力。企业道德:是企业在生产经营活动中应遵循的道德规范和行为准则,它体现了企业的道德观念和价值取向。企业道德不仅影响着企业的内部关系,也决定了企业对外界的影响力和声誉。企业制度:是企业文化的规范性部分,它规定了企业的组织架构、管理制度、工作流程等方面。企业制度不仅保障了企业的正常运行,也促进了企业文化的传播和落地。企业环境:包括企业的物质环境和精神环境,它为企业文化的形成和发展提供了必要的条件。物质环境包括企业的办公场所、生产设备、产品展示等,精神环境则包括企业的文化氛围、员工关系、学习氛围等。

二、米酒企业文化建设的载体

企业文化的载体存在于一个企业的各个方面,主要分为以下几个系统。

1. 企业理念系统

(1)企业理念的构成。企业理念不是人们想当然写出来的,也不是抄其它企业的,而是企业创业者根据企业实际情况长期深思熟虑的结果。企业理念的构成包含以下几个因素:①米酒产业与行业形势。它涉及企业的发展方向、发展模式和市场定位。②米酒产品的市场形势。涉及产品的各种定位,包括质量定位、价格定位、客户定位、营销定位等。③地方文化的影响。包括地方百姓的风俗、习惯、偏好,特别是地方文化对米酒企业文化的顺逆因素。④企业使命。企业的使命不仅是做事业的理想,还要有做人的理想,这是员工凝聚力的来源。⑤企业文化追求。从自身条件出发,根据企业的产品和市场定位,形成的企业文化追求。高端的追求会让企业在高端人群中获得牢固的影响力。

(2)企业理念的重要性。企业理念是企业做事的态度,是企业待人接物的总原则,即企业对老板、股东、员工、客户、供应商、合作伙伴、社会以及自然环境的责任。企业理念是企业战略目标的母体。只有明确了企业理念,才有可能明确企业使命和宗旨,才有可能确定企业的目标,才有可能思考企业的战略规划、计划、工作安排,才能让企业的一切管理活动有了依据。企业理念是企业品牌的真正价值所在。品牌是企业"美誉度"的综合体现,是企业的信誉,企业的实力,企业的责任和企业在广大人民心目中的地位。如果从企业抽出理念,企业将无品牌可言,只剩下一具躯壳而没有灵魂。

(3)企业理念的特点。①先导性。企业理念是企业的理想追求,必须有先导性,才能成为企业的指路明灯,因此它是务虚的,属于界定"什么是企业应该做的事"的范围。企业理念一定是现实的,一定要做到,一定能做到的。因此,企业理念一定要通俗易懂,要充满激情,要有号召力。②独有性。企业理念是本企业独有的,一定是最适合本企业的。企业理念是企业文化的核心部分,如果没有特点,没有独特性,企业的个性就无法形成。③全局性。企业理念必须是统揽全局,提纲挈领的,与整个企业文化是高度统协调、不互相矛盾的。企业理念是一个系统,有核心理念和一般理念,有企业宗旨也有使命目标,有各项原则还有工作方针。④发展性。企业理念一定是在企业长期的经营实践活动过程中不断接受现实的检验,不断完善的。所有一次性的编写、设计企业理念的做法都是荒唐的,都不可能导致企业文化的形成、生根、发芽、结果。

2. 企业使命目标系统

企业的使命目标系统和理念系统一样,是企业文化的重要内容。由于历史的局限性,过去认为企业的使命目标也是企业理念的一部分。实际上,企业的使命目标系统是同样重要的独立文化体系,它更贴近管理实践且更有可操作性。

(1)企业使命目标的确立。企业使命目标的确立不是一蹴而就的事,它是由不准确到准确,由不清晰到清晰的一个完善的过程。对企业来说,使命目标的准确和清晰往往是阶段性的。这需要企业家们根据当下的情境来确定目标。企业使命的确立可能在企业理念之前。即使企业理念还不明确,企业的使命目标也不能含糊。因为这是直接指引、约束、激励企业经营管理的。企业的使命就是为企业确立一个大的框架,描述企业是做什么的、做到什么程度、为什么要这么做等问题,企业的使命一定是企业整体的、长远的、鼓舞人心的。比如英特尔公司曾设定的目标:①巩固文明在微处理器市场的领导地位(市场目标);②让个人电脑成为无与伦比的互动工具(技术目标);③将事情做对(经营管理目标)。在这3个框架下,每个目标又细分为多个子目标,这些目标共同组成了当时因特尔公司的使命目标系统。

(2)企业使命目标的重要性。明确的使命目标指明了企业当前应该努力的方向,使全体员工集中一个目标产生最大的合力。当员工朝一个方向努力时,他们会相互激励,产生更大的作用力;当他们方向不一致时,则会把每个人固有的力量也耗散掉。

企业的使命目标系统也是各部门、各员工业绩评价的依据。依据企业使命系统来评价各部门员工的业绩,才能使企业的绩效提高。因为企业的目标使命系统让每个人心中都有工作重点,都知道什么事是首先要做的,什么是重要的,什么是次要的。这使得企业的关键事项能够得到重视,重要事项能得到各种资源的支持和各方面力量的保证,企业的整体效率也就可以得到保障。

(3)企业使命目标的落实。企业使命目标的落实是企业经营管理的全部。一个企业从确立自己的使命目标之日起,每项资源都必须为落实使命目标而努力。任何偏离使命目标大方向的行为都会导致企业出现各种危机。企业使命目标的落实就是不断重复沟通的过程,通过有效的沟通使全体员工能自觉、主动、积极地投入到实现企业使命目标的行动中去。使命指标的制定必须细化、量化。计划必须有具体事项,要有完成的时间限制,有责任人、考核点、奖罚制定。年度计划制定出来后,应立即落实到各个部门,每个部门可按月度划分任务,办设"月计划看板",让各负责人能够清晰地知道当月工作任务。

3. 企业的形象系统

企业的形象可分为企业视觉形象和企业行为特质。企业的视觉形象就是在企业内能看到的一切,是企业外界形象的延伸,它包括企业内外环境和企业经营管理的形象等。企业内常见的视觉形象通常可分为三类,一是室内设施、设备和各种陈设;二是室外的设施设备和自然生长的物体;三是为了企业活动设置的各种可视提示。这三方面都体现了企业规章制度的内涵,可看出企业管理到位的程度和企业文化氛围的程度。企业的视觉形象是企业文化的重要载体。我们不能把企业文化只停留在企业理念层面,良好的工作习惯并不是员工原来就有的,也不是贴几条标语就变成员工的习惯的,而是员工在企业长时间工作中耳濡目染的结果。

企业的行为特质即是企业员工的行为特质,是企业员工在长期的文化积淀中所形成的待人接物的风格和默契。一个企业的员工总会有一种类似的气质,这种气质完全受企业的文化追求左右,有什么样的企业文化就会有什么样的行为特质。

不同的产业会有不同的企业文化,也会产生不同的行为特质。以米酒行业为例:①勤劳。作为传统的制造型企业,尽管大量的制造手段已经实现了自动化、机械化、流水化,但还是没办法完全摆脱脏活、粗活、重活。在这样的背景下,米酒企业的一线职工已培养出吃苦受累的勤劳特质。②服从性。不同于服务业人员所需要的多情善感,米酒行业的工艺往往是规范化的、固定的。在车间的职工不可能随心所欲地决定做什么或者不做什么,也不可能由自己决定应该怎么做。想要达到相同的质量要求,员工必须服从企业的工作安排。③严谨和理性。制造行业最需要的行为特质是严谨和理性,米酒行业也不例外。严谨的行为特质要求讲规矩、重规范,工作时一丝不苟。尽管会有受到约束的感觉,但每个人都会在这种氛围下获得提升,也能避免"假""冒""伪""劣"产品的出现。而作为制造业的研发、技术人员,理性也是必不可少的。理性的工作就是一切有法可依、有章可循,要改变也是深思熟虑的结果。所有的生产、技术层面都是按科学的定理定律来进行的。所以理性的行为特质就必须尊重已通过的设计、已制定的标准,按照共同的规则行事。

4. 企业传播网络系统

企业的传播网络系统和其他文化载体一样重要,它意味着能有更多人通过更多渠道来了解企业的文化发展。米酒行业作为传统行业,在过去基本采用的是报刊与传统媒体的宣传,以及各类广告投放等方式进行宣传。随着科技发展,现在传统行业也必须与时俱进地开辟宣传新途径。

(1)公司内部传播网络。公司内部传播网络分为以下几种。①企业文化培训。通过组织内部或外部的专业培训,向员工系统地传授企业的核心价值观、使命、愿景等文化要素。培训形式可以包括课堂讲解、案例分析、角色扮演等,以增强员工的理解和认同。②内部会议与活动。利用定期的内部会议,如晨会、周会、年会等,向员工传达企业文化信息。组织各类文化活动,如米酒生产知识竞赛、文艺演出等,增强员工对企业文化的体验和感知。③媒介宣传。可以利用宣传栏、海报、横幅等传统形式,展示企业文化理念和标语。在企业内部或外部环境中设置文化标识,如企业LOGO、文化墙等营造文化氛围。④员工间的交流。员工在日常工作中通过闲聊、分享经验等方式,会自发地传播企业文化。这种传播方式具有灵活性和即时性,有助于员工之间形成共同的文化认知。⑤社交媒体与网络平台。利用微信、微博、抖音等社交媒体平台,建立企业官方账号,发布企业文化相关内容,能够便于职工及时了解公司的发展现状。通过拍摄微电影、宣传片等形式,以生动、直观的方式展示企业文化。

(2)公司外部传播网络。线上数字化传播分为以下几种。①设计企业官网。作为企业对外展示的第一窗口,企业官网不仅展示产品和服务,还通过专门的企业文化介绍栏目,详细介绍企业的使命、愿景、核心价值观、企业文化故事和活动。还可以在官网上提供《企业文化手册》、《企业内刊》、企业宣传片等资料的在线阅览或下载。②自媒体平台。通过微博、微信公众号、抖音等自媒体平台,企业可以持续输出企业文化理念、故事和活动等内容。自媒体平台具有广泛的受众基础和高效的传播能力,是企业传播企业文化的重要阵地。③网络媒体发稿。利用新闻网站、行业门户等网络媒体发布企业文化相关的新闻稿件和深度报道,扩大企业文化的影响力。网络媒体发稿具有高效、低成本的优势,且能精准定位潜在用户群体,实现个性化推送。④在线视频平台及直播平台。通过制作和发布企业文化相关的短视频、直播等内容,以生动直观的方式展示企业文化。在线视频平台及直播平台具有广泛的用户基础和强大的互动能力,有助于提升企业文化的传播效果。

线下活动传播分为以下几种。①文化活动。组织各类文化活动,如米酒文化节、食品知识讲座、产品展览等,邀请外部受众参与,共同体验企业文化。通过活动传播企业文化,增强外部受众对企业文化的认知和认同。②公益活动。参与或组织公益活动,展示企业的社会责任和公益形象,同时传播企业文化。公益活动能够提升企业的社会声誉和品牌形象,进而增强企业文化的传播力。③客户与合作伙伴交流。在与客户和合作伙伴的日常交流中,通过分享企业文化理念、成功案例等方式,传播企业文化。这种传播方式具有针对性和实效性,有助于加深客户和合作伙伴对企业文化的理解和认同。④企业宣传资料。制作企业文化手册、宣传册等宣传资料,向外部受众提供了解企业文化的渠道。这些资料可以放在企业的接待区、展会现场等地方,供外部受众自由取阅。⑤口碑传播。通过员工、客户、合作伙伴等外部受众的口碑传播,扩大企业文化的影响力。口碑传播具有自发性和可信度高的特点,是企业传播企业文化的重要途径之一。

第四节　米酒企业文化的培育和积淀

米酒企业想要形成有利于企业发展的企业文化,就必须确立企业文化的培育标准。没有标准或标准太低,再健全的文化培育体系也无济于事。目前米酒行业获得国际竞争力的最大阻碍,并不是产品质量问题而是企业文化问题。企业文化不像质量那样能直接带来利润,但它能带来品牌效应,带来产品美誉度,带来企业的兴旺发达。因此米酒企业家们必须真正重视企业文化的培育,即使是十年磨一剑,也要耗费大量精力培育出良好的企业文化体系,企业文化的优势必然会转化为经济的决定性优势。

一、企业文化培育工具

企业文化的培育必须先解决一个观念问题,即企业文化的培育是一个长期性的过程。任何企业的文化都不可能完全一致,所以也不可能有完全一致的培育手段,必须根据企业的具体情况来制定培育文化工作。

1. 企业理念文件

企业理念文件是企业办事的总纲和总原则,是企业的价值追求。企业理念不一定是成册的文件,它也可以是一句或一段不同时间段提出来的话。比如华为公司提出的"把数字世界带入每个人、每个家庭、每个组织,构建万物互联的智能世界"。企业理念文件也会像其他制度文化文件一样在生产经营的过程中有所调整、有所偏重。而企业理念文件一经确立,就是企业全体员工当下的行动指南。

2. 企业理念日常化分解

企业理念的日常化就是将抽象的企业理念具体化、行为化,成为员工在工作中可以遵循的规范。企业理念的日常化一般有3种形式:一是企业理念诠释。诠释是指将企业的核心口号所包含的内容、意义结合企业实际具体地解释出来。这种诠释能让员工全方位地理解公司的核心理念。二是企业理念的分解。所谓分解,就是针对各部门的具体职能,在本部门工作范围内实施核心理念作出界定,也称为部门实施方案。三是企业理念的具体化、行为化、生活化。这是指让员工的各种行为如何以核心理念为基础进行全面具体的策划,将核心理念落实为可操作的行为体系。

3. 企业的制度文件

企业的制度文件是企业文化的重要载体。制度本身不具备文化的特性,但它承载着企业的文化追求,如工艺流程、操作流程和许多标准、技术性文件等。例如当企业设定了"追求卓越"的企业理念,该企业生产与管理的制度也需要相应地提高要求。

4. 企业文化宣传媒介

如今企业的宣传媒介种类繁多,包括线上的各种自媒体、短视频平台,线下的文化标语、报刊杂志等。实际上不论是哪种媒介,都是为了对企业文化进行表述,介绍公司的产品和服务态度。这些宣传方式几乎覆盖了企业文化的全体受众,大大增强了企业文化的传播效率。

二、企业文化培养的工作安排

(1)文化理念制定。组建由高层领导、中层管理者及员工代表组成的企业文化专项小组,共同研讨、提炼企业文化理念。通过问卷调查、访谈等方式,了解员工对企业文化的认知和期望,结合企业发展战略,梳理出具有企业特色的文化理念体系,形成企业文化手册,通过内部会议、公告栏等形式向全体员工正式发布。

(2)宣传渠道规划。利用官网、微信公众号等内部媒体平台,定期发布企业文化相关内容,包括文化理念解读、文化故事分享等。在公司公共区域设置企业文化宣传栏,张贴企业文化海报,营造浓厚的文化氛围。

(3)员工培训活动。将企业文化纳入新员工入职培训内容,帮助新员工快速融入企业文化氛围。定期举办企业文化专题培训,邀请专家进行授课,提升员工对企业文化的理解和实践能力。

(4)激励与表彰制度。设立企业文化表彰奖项,对在企业文化践行中表现突出的员工进行表彰和奖励。

(5)评估与反馈体系。建立企业文化反馈机制,鼓励员工对企业文化培育工作提出意见和建议,以便及时发现问题并进行改进。

(6)持续优化调整。根据评估结果和员工反馈,对企业文化培育工作进行持续优化调整,确保企业文化始终保持活力和创新性。

三、建立米酒企业的文化自信

米酒行业作为一个拥有丰富文化底蕴的传统食品行业,建立企业文化自信是至关重要的。这种自信不仅源于对产品质量的坚守,更源于对传统文化和工艺的传承与创新。

(1)坚守产品质量与传承工艺。①确保食品安全。食品安全是食品行业的生命线,也是企业文化自信的基础。米酒企业应严格遵守国家食品安全法律法规,确保从原料采购、生产加工到产品销售的每一个环节都符合安全标准。②传统工艺是米酒行业的灵魂。企业应积极挖掘和传承传统工艺,通过师徒传承、技艺培训等方式,确保传统技艺得以延续。

(2)弘扬传统文化与价值观。①挖掘文化故事。每个传统食品背后都有其独特的历史故事和文化背景。米酒企业应深入挖掘这些故事,通过品牌宣传、产品包装等方式,向消费者传递产品的文化内涵。②企业价值观是企业文化的核心。米酒企业应积极践行诚信、责任、创新等价值观,通过实际行动赢得消费者的信任和支持。

(3)创新与发展。①产品创新。在保持传统风味的基础上,米酒企业可以尝试进行产品创新,以满足现代消费者的口味需求。例如,结合现代科技手段,改进生产工艺,提升产品口感和营养价值。②市场拓展。通过线上线下相结合的方式,积极开拓新市场,扩大品牌影响力。同时,可以与其他行业进行跨界合作,共同打造具有文化特色的新产品。

(4)强化品牌建设与宣传。①塑造品牌形象。通过品牌故事、企业文化等元素的融入,塑造具有独特魅力的品牌形象。这有助于提升品牌知名度和美誉度,增强消费者的品牌忠诚度。②加强宣传推广。充分利用电视、报纸、网络等媒体资源,加强品牌宣传推广。通过举办文化展览、文创制作、米酒文化节等活动,提升品牌的知名度和影响力。

(5)承担社会责任与推动文化传承。①承担社会责任。企业应积极参与社会公益事业,履行社会责任,这有助于提升企业的社会形象,增强消费者的认同感。②推动文化传承。通过与教育机构、文化机构等合作,开展传统文化教育活动,推动传统文化的传承与发展。这有助于提升企业的文化自信,同时也有助于培养消费者的文化认同感和自豪感。

米酒企业文化自信的培育并非是一朝一夕能够完成的,而是一个需要长期积淀与持续努力的过程。它需要米酒企业不断挖掘传承优秀文化基因,通过教育引导、社会实践、文化交流等多种途径,逐步深化对本土文化的理解与认同。同时,还要积极面对外来文化的冲击与挑战,保持开放包容的心态,取其精华,去其糟粕,使米酒文化在交流互鉴中不断焕发新的生机与活力。只有这样,米酒企业才能真正培育起坚定而深厚的文化自信。通过这些努力,米酒行业将能够更好地传承和发展自己的文化特色,赢得消费者的信任和支持。

本章小结

本章首先介绍了米酒文化在中外的历史地位与表现形式,然后罗列了米酒企业的文化特征及主要建设载体,最后论述了米酒企业应如何培育和积淀文化自信,从而为提高企业的竞争力服务。

思考题
1. 简述米酒企业的文化特征及主要建设载体有哪些?
2. 如何建立米酒企业的文化自信?

第十二章　米酒大健康产业与国际化发展之路

"十三五"期间,为适应市场结构的快速转变,中国酒业转方式、调结构,逐步从以产品为中心,转向以市场和消费者为中心,在供给侧改革、消费升级、互联网＋等新趋势下取得了阶段性的成效。"十四五"初期,尤其是面对突发的新型冠状病毒肺炎疫情,根据新思界产业研究中心整理发布的《2020—2022年中国米酒行业全面市场调研及投资分析报告》显示,我国高度酒的产销量呈现下滑趋势,而低度酒销量持续上升。为争夺消费市场,越来越多的企业开始重视低度酒的生产和销售,米酒作为低度酒类之一,近年来有着良好的发展势头,其系列产品远销国外,在美国、加拿大、澳大利亚、英国等国家的酒业中均占有一席之地。

第一节　大健康和大健康产业

近年来,"大健康"和"大健康产业"成为中国政界、商界和学术界热议的话题。从健康社会学的视角出发,广义的大健康可分为狭义的大健康和大卫生(医疗卫生);同样,广义的大健康产业也可以划分出狭义的医药产业和健康产业。数据表明,在大健康产业中,医药产业占据明显乃至绝对的优势,这样的态势压制了健康产业的发展,不利于大健康产业的全面发展。广义的大健康和大健康产业应该具有整合意义,必须使医药产业和健康产业功能耦合,从而发挥1＋1＞2的整体效应。

一、什么是"健康"

1948年,世界卫生组织(World Health Organization,WHO)成立时把健康定义为:健康不仅为疾病或羸弱之消除,而系体格、精神与社会之完全健康状态。WHO对健康的定义,使国际社会逐渐形成了广泛的共识,促使19世纪后半期的一门新兴医学社会学科的诞生。该门学科在20世纪末逐渐转型为健康社会学,由此也催生了健康社会政策。本章从健康社会学的视角,分析大健康和大健康产业相关的概念,以及大健康产业的发展现状和未来前景。

二、怎样理解"大健康"

在2016年的全国卫生与健康大会上,习近平总书记提出:"树立大卫生、大健康的观念,把以治病为中心转变为以人民健康为中心。"之后,大健康的说法在全国范围内得到了广泛传播。

无论是广义的还是狭义的"大健康"概念,其核心就是"把以治病为中心转变为以人民健康为中心"。"以治病为中心"的观念及做法,肯定有所偏颇,我们称之为"传统健康观"。习近平总书记的讲话将关于健康定义的国际共识与中国国情结合起来,形成现代意义上的整体健康观,指明了"以人民健康为中心"的改革方向。

三、大健康产业的现状和问题

1. 大健康产业的定义

大健康就是紧紧围绕着人们期望的核心,让人们"生得优、活得长、不得病、少得病、病得晚、提高生命质量、走得安",倡导一种健康的生活方式,大健康产业是具有巨大市场潜力的新兴产业。

大健康产业具体包括五大细分领域:一是以医疗服务机构为主体的医疗产业;二是以药品、医疗器械、医疗耗材产销为主体的医药产业;三是以保健食品、健康产品产销为主体的保健品产业;四是以健康检测评估、咨询服务、调理康复和保障促进等为主体的健康管理服务产业;五是以养老市场为主的健康养老产业。将以上五大领域归纳为两大类:一类是以医疗服务及产品为目标的细分领域;另一类是以健康服务及产品为目标的细分领域。

2. 大健康产业的现状

根据国家统计局编纂的 2012 年的"投入产出表"和 2015 年"投入产出表延长表",从居民医疗、保健消费、政府医疗卫生支出、社会卫生支出和老年人非医疗保健消费等各项支出的数值来估算大健康产业市场的经济规模。根据华经产业研究院的数据,2020 年中国大健康产业的规模是近 9 万亿元,比 2010 年翻了两番;预计到 2030 年再翻一番,可达到 16 万亿元。无独有偶,这个预测结果和《"健康中国 2030"规划纲要》提出的"我国健康服务业总规模"的要求相当一致。

根据中国大健康产业的结构,查看 2017—2019 年的市场规模占比,可细分为"健康养老产业""保健品产业"和"健康管理服务业"三项。医药领域的市场规模占比分别为 59.89%、59.54% 和 55.15%;健康领域的市场规模占比分别为 40.11%、40.47% 和 44.85%。根据以上的数据显示,在大健康产业的总规模中,医药产业所占的比重明显大于健康产业。

综上所述,在过去几年中,大健康产业的规模在逐年增长,预计今后增长的幅度还很大;大健康产业的结构是相对稳定的,医药领域所占的比重明显大于健康领域。

四、大健康产业的发展前景

1. 医药产业和健康产业进行有机整合

医药产业已经是一个相对成熟的产业,具有自我发展的实力。只要党和政府乃至全社会给予足够的重视,有没有大健康和大健康产业这项大帽子"罩着",医药产业都会发展迅速。

但是,如果一味在大健康产业中突出医药产业的地位,在实际工作中反倒会落入"以治病为中心"的传统健康观的泥淖,其结果可能适得其反。更令人担忧的是,医疗领域一些与生俱来的负面特质,譬如由医患双方信息和权力不对称造成的医方的天然垄断,也会向其他健康领域漫延。用治病乃至治愈为标准来要求健康服务,必然使健康服务受到压制。

譬如2010年4月2日,华润集团与北京市人民政府正式签署了《关于共同发展医药产业和微电子产业的战略合作框架协议》,推进华润集团医药板块和北京医药集团有限责任公司的战略重组和整体上市。华润集团之前还先后获得北药集团50%股份、上药集团40%股份。在这个案例中,华润集团的整合涉及医药工业、商业等多方面,是医药产业内部资源的一种整合优化。从更广泛的健康产业角度看,这有助于提高医药产品的供应效率、降低成本等,从而间接地为民众的健康提供更有力的医药保障,这是医药产业与健康产业在产业供应层面的有机整合。

又如老年人需要健身锻炼,因为肌肉衰减综合症会带来很多诸如摔跤等方面的后患,甚至肌肉衰减也会带来认知障碍。肌肉流失是衰老的主要原因,而进行力量训练可以减缓肌肉的流失,效果最好的力量训练方式是渐进负荷训练。所谓"渐进负荷原则",是健身和力量训练中的一个核心概念,其主要目的是通过逐步增加训练的难度来刺激肌肉的增长和提高运动能力。这一原则强调在训练过程中,通过调整训练的重量、组数、次数、速度或休息时间,使身体适应更高的负荷,从而促进力量和体能的提升,其健身房就有天然的器械优势。

2. 树立整体健康观和发展健康大产业

针对"以治病为中心"的传统健康观,我们要树立"整体健康观"的理念。从理论上说,人的健康状况其实并不是"有病""没病"的判断。如果画一个线段,左右两个端点分别是"绝对健康"和"绝对不健康",实际上我们的健康状况是在这条线段的任一点上。处于靠近左边"绝对健康"端点附近的某一段属于健康,反之属于不健康,中间则属于亚健康。据北京立方社会经济研究院对北京和甘肃等地3万多人的健康功能评测和分析,80%～85%的人都属于健康和亚健康状态,没有必要将他们与疾病和医疗即刻挂起钩来而使他们成为"患者"或"病人"。

综上所述,我们得出以下结论。

(1)狭义的大健康和大卫生在内的广义大健康领域,可以被视为一种人类社会的基本需要系统,亦即马斯洛"需要层次论"中的第二个层次——健康的需要。人的健康状况可以分成健康、亚健康、不健康(患病的)三类,这三类人群的需求是不一样的:健康人群的需求是保持健康,精力充沛;亚健康人群的需求是逆转亚健康的发展趋势,并力争恢复健康;不健康(患病的)人群的需求则是治愈疾病,至少是能够控制病情并恢复日常生活能力。

(2)狭义的健康产业和医药产业在内的大健康产业,可以被视为是为了满足人类社会的健康需要而提供相应的服务和产品的行动系统。其中的健康产业,亦即健康管理子系统,主要满足健康和亚健康人群的需要,采取的方式主要是非医疗的,包括运动干预、营养干预、个人行为和生活方式干预、心理干预等,以及为实施这些健康干预所配套的产品的产业,还有中医的"治未病"也包括在这个子系统内。其中的医药产业,亦即医疗服务子系统,主要满足不健康(患病的)人群的需要,采取的方式主要是诊断、治疗、手术、护理、康复等,以及为支持这些医疗服务而配套的药品和医械产业。

(3)据不完全数据统计,中国符合世界卫生组织关于健康定义的人群只占总人口数的15%,与此同时,有15%的人处于疾病状态,剩下70%的人处于"亚健康"状态。因此,满足健康和亚健康的大多数人需求的健康管理以及与之相配套的诸多领域,健康产业可谓天地广阔、大有作为。为此从健康管理的重要性出发,我们提出一个口号:"健康管理,预防先行,远离疾病保康宁。"

(4)大健康和大健康企业的整合效应,大健康和大健康企业本质上是具有整合意义的大系统。社会学的结构功能理论认为:大系统的结构分化以及分化后形成的各子系统的功能相互耦合,才能使整个大系统发挥出 1+1>2 的整体效应。大健康系统提出了三类人群的不同需求,而大健康产业系统则回应以健康管理和医疗服务的供给,这就形成了第一层次的功能耦合;在大健康产业系统中,健康管理通过各种有效干预使人少生病乃至不生病,而一旦生病则由医疗服务进行诊治,这又形成了第二层次的功能耦合;在第三层次,不管是健康管理还是医疗服务又都分化为提供服务和产品配套两个小系统,它们之间也应该形成功能耦合。预防和疾控这个小系统则处于健康产业与医药产业之间,横跨两个子系统,但实际上应该偏向于健康产业。只有以上三个层次的结构分化和功能耦合都趋向理想状态,作为大系统,亦即包括大健康和大健康产业的整个大健康市场,才能发挥最大的整合效应。

我们可以发现,作为子系统的医药产业和健康产业之间要互通互联、互利互补。如果两个子系统一强一弱,整个大系统也很难正常运行。正如一些学者指出,原有的医疗服务体系关注疾病人群,而忽视健康风险因素对 80% 的健康和亚健康人群带来的危害,这会导致疾病人群的不断扩大,随之而来的是医疗系统的不堪重负。因此,即使在医学界,以健康替代疾病作为医学中心问题的呼声也由来已久。大健康和大健康产业的大健康市场的诞生与发展是一种合力的结果,或者说是未来发展的大趋势。

第二节 米酒大健康的驱动因素与产业发展

一、米酒大健康的驱动因素

随着经济与技术的快速发展,大健康产业在我国呈现出巨大的发展机遇。在市场需求与发展环境方面,我国"老龄化"趋势不断提速,疾病、亚健康人群规模巨大,人们对于健康的需要与要求不断提升,大健康产业的发展不仅可以提高人们的生活质量,还可以扩大内需从而刺激经济的发展。此外,作为我国重点发展的食品产业,我国的政策规划也为米酒大健康产业的发展提供了持续的保障。从大健康产业发展本身来看,米酒大健康产业作为投资的热点领域,有着充分的资金支持使其展开行业内的研究与产品研发。基因测序、移动互联、细胞治疗技术等新兴技术的快速兴起,加快了米酒产业的更替,为米酒大健康产业的发展带来活力。

1. 人口老龄化为米酒大健康产业提供了巨大的内在需求

巨大的养老压力引发养老红利,创造了一个庞大的消费市场,老龄化人口在对社会形成压力的同时,也为健康产业提供了巨大的养老需求。

国家统计局数据显示:2017—2022年,全国65岁及以上人口数量由1.5亿人增长至2亿多人,2023年我国65岁及以上人口数量达2.2亿多人,占比15.6%。2022年是中国老龄化加速元年,60岁及以上人口2.8亿人,占全国人口的19.8%,其中65岁及以上人口达2.1亿人,占14.9%,我国养老行业市场需求巨大。数据显示,中国养老产业市场规模由2018年的6.6万亿元增长至2021年的8.8万亿元,复合年均增长率达10.1%。2023年我国养老产业市场规模达11.8万亿元。

另外,我国医疗资源缺乏,以及医疗机构结构失衡,导致人们就医困难和就医费用高,为民营医院和商业医保留下了巨大的市场空间。同时,我国已经进入老龄化社会,但因为经济不发达以及养老机构严重不足,导致部分人陷入了"未富先老"和"未备先老"的窘境,这给养老机构、康复机构和商业养老保险机构等产业创造了巨大的市场空间。

2. 政策扶持是米酒大健康产业持续发展的保障

政策扶持对于米酒大健康产业的持续发展起到了至关重要的作用。如加大对传统饮品企业的扶持力度、提高行业准入门槛等,这些政策的出台有助于优化米酒饮品市场的生态环境,为米酒行业的发展提供更加良好的政策保障。此外,政府对于传统文化产业的重视和扶持力度不断加大,为米酒行业的发展提供了良好的政策环境和市场机遇。相关部门出台了一系列的政策措施,包括减税优惠、扶持资金等,以利于促进米酒大健康产业的持续发展。同时,中医药大健康产业在国家政策的扶持下也取得了显著的发展,这也为米酒大健康产业提供了有益的借鉴。

二、米酒大健康的产业规划

大健康产业是与经济发展密切相关的产业,以保障全人群、全生命周期的健康需求为核心,以人性化服务、全生命周期、全链条衔接为方向,以生物技术、工程技术和信息技术三大关键共性技术群为引领,重点突破基因测序、多模态成像、健康大数据、人机接口、中医康复、机器人、现实增强康复训练等技术,着力培育"先进医疗、智能康复、养老照护、健康管理"四大新业态,打造有中国特色的现代健康产业。对于米酒行业大健康的产业规划具体如下。

1. 完善促进米酒大健康产业发展的相关政策,优化产业发展环境

给予米酒大健康产业土地规划、市政配套、机构准入、执业环境等政策扶持和倾斜;制定、推行技术标准和行业规范;完善监督机制,加强政府监管、行业自律和社会监督,加快建设诚信服务制度;加大对生命健康领域知识产权保护力度,完善生命健康产品和服务价格形成机制,积极开展产业发展调查统计研究。

在企业扶持政策上做好分类分层、综合考量、有保有压,鼓励导向性企业的发展;在支持方式上,推出包括财政、金融、劳动就业等在内的综合配套政策,促进大中小企业有序发展。对大型企业主要通过政策服务,对小微型企业主要通过资金和平台服务。

2. 加大对米酒大健康前沿领域支持,技术引领健康科技发展

通过重点项目发展支持专项,实施集中突破、先行先试,有助于耦合政策、技术、资金、人才、平台、孵化器和产业基地等各类资源,发现重大共性问题并针对性解决,提高各类资源的利用和运行效率,更有助于树立行业创新标杆,系统打通产业价值链。

在相关前沿领域,每年遴选1~2项重点创新项目进行针对性支持,组织重点发展项目工作组。按照政策、技术、资金、人才等领域进行重点跟踪,评估项目走完产业链的全过程及存在的重大问题,研究制定、实施配套支持政策,形成几个具有国际影响力的重大产品。

3. 消除体制机制障碍,催生更多米酒大健康产业发展模式

放宽市场准入、人才流动和大型仪器设备购置限制,加强行业行为监管。深化原料供应,保障体系改革,提高产品生产质量,建立完善产品信息全程追溯体系。压缩流通环节、降低费用。实施米酒传承创新工程,推动米酒生产现代化,打造中国标准和中国品牌。引导和支持米酒健康产业加快发展,尤其要促进与养老、旅游、互联网、健身休闲、食品的五大融合,催生更多米酒大健康新产业、新业态、新模式。

4. 整合优势资源,完善空间布局

加强统筹规划,整合空间资源,结合区域资源禀赋和产业基础,鼓励有条件的地区建设符合地方特色的米酒大健康产业科技创新园区和基地,引导各地米酒大健康产业差异化发展;优化东、中、西部区域的产业空间布局,发挥地区比较优势,形成适度集聚、布局合理的产业格局;分别选取东、中、西部等区域的典型地区,开展米酒大健康产业科技创新发展示范,赋予示范区制度创新的先行先试权力,推进土地、户籍、资源、公共服务等方面的配套改革和创新,破除发展阻碍、积累发展经验、寻找发展路径,而后完善空间布局。

5. 搭建公共平台,服务米酒大健康成果转化和产业发展

搭建米酒大健康相关技术、产业信息化服务、中介服务、人才网络等公共服务平台,推动米酒行业重点项目的建设和产业环境的优化。同时,搭建区域间产业合作平台,支持米酒企业、投资机构、医疗单位等,在域外建立生产基地,延伸产业链,形成"两头在内、中间在外"的发展模式;支持米酒产业园区与国内外园区开展合作,实现米酒大健康产业模式复制、管理输出和产业梯度转移;支持国际合作,为引入海外优秀项目及团队,为本土企业在国外开展研究、市场拓展等提供服务,以期达到米酒大健康行业的全面化、国际化发展。

第三节 米酒大健康产业国际化发展之路

当前,我国处于近代以来最好的发展时期,世界处于百年未有之大变局。根据中央部署,"十四五"时期经济社会发展目标制定新字当头,着眼于未来的长远导向,更着眼于形成强大国内市场,加快构建以国内大循环为主体、国内国际双循环相互促进的新发展格局。

这是一个真正的新时代,大到世界经济格局,小到个人消费,都发生了翻天覆地的变化。对米酒产业而言,产业政策、生产方式、原料供给、流通渠道、市场策略、品牌传播、消费体验已经不可逆转地发生了转变。影响米酒行业发展的内因变了,影响市场和消费的外因也发生了巨大变化。

一、关注酒业国际大环境

国际蒸馏酒及利口酒已逐步形成了以白兰地为主导、水果白兰地为补充的高、中、普通型的合理的产品结构和类型;威士忌产品逐步形成以传统麦芽原料生产和本土特色化原料调和生产并重的格局,产品逐步由普及推广型向中高端特色化发展;朗姆酒和伏特加将结合产地情况,向果味多元化和复合化发展,是利口酒的重要基酒,加速了国际大循环经济发展。

二、制定国际化标准

系统构建米酒产业质量标准,做好标准体系的顶层设计,梳理国家标准、行业标准、团体标准的标准化体系,为建立制定大健康米酒产品国际化标准而努力。国家的有关部门、行业协会要与保健类米酒产品生产企业联手,以国家有关规定为基础,接轨国际,建立健全大健康米酒产品的生产标准;积极征求中草药协会以及消费者的意见,建立既满足社会需要又符合国际要求的标准体系,助力中国大健康米酒走向世界。

三、看好大健康需求,构建国内国际双循环格局

米酒,伴随5000年华夏历史生生不息。几千年农耕文明,冬藏夏种,酒茶桑麻。酿一杯米酒,或清或浊,都能把生活的苦甘消融于其中。与西方人热衷于用水果发酵酿酒不同,东方人更喜欢粮食酒中蕴含的醇厚与"地气"。大健康米酒,在酿造工艺和成分构成上与西方的白兰地有所区别,比保健酒、药酒范围更大,比传统白兰地多一些增益补健功能,能够满足国际化社交需求。

对于渠道商来说,资源被强势地产酒已经瓜分殆尽,要想有新的突破,机会就在有品质有品位的保健类米酒,细分市场,同时为实现全球化之路提出"面上布局、点上突破"的思路。大健康米酒的未来有着广阔的空间,需要有很强的耐心,要做长线打算,并同步构建国内国际双循环格局。

四、千年佳酿,跟上"人类命运共同体"新消费的脚步

在"十四五"期间,借助5G技术、物联网新技术深化智慧工厂建设,构建产区、酒庄、标准等为一体的中国米酒类品质与价值表达体系,打造国家、行业、企业联动人才建设体系,探索并丰富创新米酒文化传播新途径。通过千亿酒商计划、中国国际酒业博览会、青酌奖、酒类产品包装创意大赛、最美酒瓶设计大赛等系列活动,对接米酒产业,打造国家、行业、企业联动人才建设体系,探索并丰富创新米酒文化传播新途径;通过千亿酒商计划、中国国际酒业博览会、青酌奖、酒类产品包装创意大赛、最美酒瓶设计大赛等系列活动,对接米酒类市场和影响消费,并强化酿酒技艺非物质文化遗产与酿酒活文物的保护与传承,让美酒更加香醇。

(1)构建人类命运共同体现代化经济体系。坚持为美好生活而酿,为美好生活而表达,满足人民生活对美酒风味和健康的需求,文化体验的需求;把握酒类市场趋势变化,满足消费升级新需求;创新工作思路和方式,适应酒类市场发展新常态。准确识变、科学应变、主动求变、因势而谋、应势而动、顺势而为,全面深化产业建设,持续加速产业转型升级,共建中国酒业发展新生态。

(2)在产业结构上,打造"世界级产业集群"。米酒行业要进一步深化产业集群发展和集约化发展,合理布局产业结构,拉动和提升产业链价值,推动产业结构合理化发展,建立产业新格局,培育经济新的增长点。

(3)在品牌培育上,实施"世界顶级酒类品牌培养计划"。米酒行业要有效推进中国酒业民族品牌形象提升,推动中国米酒品牌走向世界,引领世界酒业发展方向。在社会责任上,打造"世界级公益品牌",将全国理性饮酒宣传周打造成享誉全球的公益品牌,影响国内外酒类消费人群。

(4)在文化普及上,打造"世界级酒文化IP"。将中国米酒传统酿造遗址和酿造活文物申请世界文化遗产,酿酒技艺申请世界非物质文化遗产。

(5)在人才建设上,打造"世界级酒类教育机构"。成立专业教育培训机构,强化职业序列教育。实现酿酒产业与教育产业相融发展,塑造人才培育联动体系创新教育模式,打造国家、产业、院校、企业四级联动人才培育体系,全面提升酒业人才水准,进而推动产业发展,力争"十四五"期间完成50万人的培训鉴定工作。

(6)在生态保护上,构建米酒类产业生态酿造体系。促使米酒产业向绿色生态发展全面转型,将通过建设"零碳产区""零碳工厂"为目标,推动米酒行业"碳中和"相关标准、规范和机制建设,建立健全米酒行业碳排放标准体系建设,形成完整的"零碳"理念和"零碳"发展模式,不断提升米酒行业在生态环境建设的影响力。

(7)在知识产权上,设立"反侵权假冒伪劣工作促进委员会"。整合米酒行业与知识产权领域各方优质资源,协调指导米酒行业知识产权发展基础。

(8)在原料基地建设上,将积极推行米酒酿酒专用粮基地建设,全力推进酿酒糯稻品种研究与产区规划工作,推进米酒原料国产化发展和研究,形成国内、国际双驱动的保障供给格局。

五、直面米酒大健康国际化发展挑战

1. 监管缺位

由于大健康产业涉及多个部门和领域,其监管主体和标准较为分散和复杂,导致监管缺位或者监管不力的现象时有发生。例如,在保健品米酒市场上,存在着一些虚假宣传、夸大功效、欺骗消费者等违法违规行为,在互联网平台上,存在着一些未经批准而开展的宣传活动、泄露用户隐私信息、侵害用户权益等违法违规行为。上述现象都给米酒大健康产业的发展带来了不良的影响和隐患,需要加强监管力度和协调性,建立健全相关的法律法规和标准规范,维护米酒大健康产业的良性发展和市场秩序。

2. 人才短缺

由于米酒大健康产业是一个涵盖多个领域和层次的综合性产业,其对人才的需求也十分多样和复杂,需要具备食品、生物工程、医学、管理、技术、营销等多方面的知识和能力。而目前我国大健康产业所需的人才供给相对不足,尤其是高层次、高素质、高技能的人才更加紧缺,给米酒大健康产业的发展带来了制约和挑战,需要加强人才培养和引进,建立健全相关的教育培训和职业认证制度,提高米酒大健康产业的人才水平和服务质量。

3. 消费认知

由于大健康产业是一个涉及生命健康的重要产业,其对消费者的认知和信任度有着重要的影响。然而,目前我国消费者对大健康产业的认知还存在一些误区和盲点,如对保健品米酒的功效过于期待或怀疑,对互联网宣传的真实性和有效性缺乏信心,对养老服务的价格和质量不满意等。这些都给米酒大健康产业的发展带来了阻碍和困难,需要加强消费者教育和引导,建立健全相关的信息披露和信用评价机制,提高米酒大健康产业的消费认知和信任度。

4. 体验场景

企业可打造独立"大健康新零售体验馆"。其体验场景可融合健康酒、健康茶、健康水和健康餐。采用产品+服务+体验的形式,为消费者提供了"新生活"方式,将大健康生活理念融进消费文化,进一步推动国台集团大健康产业资源共享、渠道共享的集群化发展。

中国与全球的大健康产业发展情况基本一致,同样由于社会结构变化而需求不断增长,米酒和黄酒具有可持续增长性。此外,政策持续加码大健康产业。《"健康中国 2030"规划纲要》《国民营养计划(2017—2030)》《国家人口发展规划(2016—2030)》《中国防治慢性病中长期规划(2017—2025 年)》等国家政策相继发布。在政策支撑、人口老龄化带来需求、健康意识提升刺激消费等多重利好因素的推动下,我国米酒大健康产业将迎来国际国内发展的大好时期。

本章小结

本章首先从不同学科和不同视角对大健康和大健康产业作出了描述和诠释,然后结合国际国内酒业发展环境和趋势厘清了米酒大健康产业驱动因素与产业规划,并罗列了米酒大健康国际化发展面临的挑战,最后指明了米酒大健康产业国际化发展之路。

思考题

1. 如何理解米酒大健康的内核。
2. 结合米酒国际国内销售特点,完成一份关于米酒市场的调研报告。
3. 怎样看待米酒大健康产业发展的机遇与挑战。
4. 结合本公司米酒企业标准实际,阐述如何走米酒大健康产业国际化发展之路。

主要参考文献

［日］北條正司,能势晶. 酒和熟化的化学[M]. 赵惠民,汪海东,冯德明,等译. 大连:大连理工大学出版社,2011.

蔡敏,李纪亮,杨新河,等.3种米酒曲发酵成品质量分析[J]. 食品研究与开发,2016,37(20):1-4.

杜连启. 酿酒工业副产品综合利用技术[M]. 北京:化学工业出版社,2014.

范月蕾,毛开云,陈大明,等. 我国大健康产业的发展现状及推进建议[J]. 竞争情报,2017,13(3):4-12.

顾国贤. 酿造酒工艺学[M]. 北京:中国轻工业出版社,1996.

郭翔. 黄酒风味物质分析与控制的研究[D]. 无锡:江南大学,2004.

胡小伟. 中国酒文化[M]. 北京:中国国际广播出版社,2011.

黄亦锡. 酒、酒器与传统文化[D]. 厦门:厦门大学,2008.

蒋新龙. 现代酿酒工程装备[M]. 杭州:浙江大学出版社,2020.

靳晓亮. 药酒酿造大健康[J]. 开卷有益:求医问药,2016(1):12-13.

康明官. 黄酒和清酒生产问答[M]. 北京:中国轻工业出版社,2003.

黎福清. 中国酒器文化[M]. 天津:百花文艺出版社,2003.

李大和. 白酒酿造培训教程[M]. 北京:中国轻工业出版社,2013.

李德美. 深度品鉴葡萄酒.[M]. 北京:中国轻工业出版社,2012.

李昊颖,徐岩,王栋. 影响传统米酒酒药发酵特性的关键因素分析[J]. 食品与发酵工业,2022,48(17):93-101.

李昊颖. 基于组学的传统米酒发酵糖化过程相关酶研究[D]. 无锡:江南大学,2022.

李纪亮,李火宇. 关于修订孝感米酒行业标准之管见[J]. 酿酒,2003(5):16-18.

李纪亮,李火宇. 孝感保健型米酒的生产与系列化[J]. 酿酒科技,2003(5):60-61+63.

李纪亮. 孝感米酒感官品评体系的建立[J]. 酿酒,2003(6):93-96.

李纪亮. 孝感米酒行业:症结与出路[J]. 酿酒,2003(3):10-13.

李纪亮. 中外名酒文化与鉴赏[M]. 武汉:华中科技大学出版社,2005.

廖代月. 企业文化实践[M]. 北京:北京理工大学出版社,2010.

刘荣. 大健康背景下保健类酒产品发展思路浅析[J]. 酿酒,2023,50(2):25-28.

刘晓庚,陈学恒.米酒中氨基酸的测定及氨基酸含量对米酒风味的影响[J].粮食与食品工业,1996(1):32-35.

陆甬祥.中国传统工艺全集 酿造[M].郑州:大象出版社,2007.

路飞,陈野.食品包装学[M].北京:中国轻工业出版社,2019.

孟志卿,许愿,杨旭,等.孝感米酒对小鼠记忆力及抗氧化作用的影响[J].畜牧与饲料科学,2011,32(2):1-2.

南小华,李牧,陈福生.高产糖化酶根霉菌株的筛选、鉴定及其在孝感米酒中的应用[J].中国酿造,2018,37(9):88-93.

潘天全,程伟,张杰,等.两款不同原料酿制风味米酒的检测分析与对比研究[J].酿酒科技,2018(12):83-87.

秦文,王立峰.食品质量管理[M].北京:科学出版社,2016.

荣智兴,周建弟,钱斌,等.大米精白度对黄酒主发酵阶段高级醇含量的影响[J].中国酿造,2013,32(1):28-32.

田梦银,王青青,严丹雨,等.响应面法优化改良米酒工艺研究[J].酿酒科技,2022(12):17-23.

汪志君,夏艳秋,朱强.关于黄酒酿造采用糖化发酵剂的探讨[J].中国酿造,2004(5):1-3.

王春芳,陈冰洁,刘晨霞,等.原料及酒曲对米酒品质影响的研究进展[J].粮食与油脂,2023,36(1):22-24.

王瑞明,来安贵,信春晖,等.白酒勾兑技术[M].北京:化学工业出版社,2017.

王婉君,赵立艳,汤静.新型米酒产品研究与开发进展[J].中国酿造,2018,37(5):1-4.

王雨.米酒风味的嗅觉-味觉跨模态表征方法研究[D].镇江:江苏大学,2022.

王玉荣,张俊英,胡欣洁,等.湖北孝感和四川成都地区来源的酒曲对米酒滋味品质影响的评价[J].食品科学,2015,36(16):207-210.

温承坤,陈孝,王奕芳,等.米酒功能性成分研究进展[J].中国酿造,2019,38(12):5-8.

杨停,贾冬英,马浩然,等.糯米化学成分对米酒发酵及其品质影响的研究[J].食品科技,2015,40(5):119-123.

于新,杨鹏斌.米酒米醋加工技术[M].北京:中国纺织出版社,2014.

余乾伟.传统白酒酿造技术[M].北京:中国轻工业出版社,2010.

袁国亿,何宇淋,王春晓,等.米酒风味品质形成相关因素的研究进展[J].食品与发酵工业,2022,48(9):286-294.

袁立泽.饮酒史话[M].北京:社会科学文献出版社,2012.

岳田利,王云阳.食品工厂设计[M].北京:中国农业大学出版社,2019.

张晓鸣.食品感官评定[M].北京:中国轻工业出版社,2022.

中华人民共和国人力资源和社会保障部.国家职业技能标准——黄酒酿造工(2019年版)[S].北京:中国劳动社会保障出版社,2020.

中华人民共和国人力资源和社会保障部.国家职业技能标准——酿酒师(2019年版)[S].北京:中国劳动社会保障出版社,2020.

朱宝镛,章克昌.中国酒经[M].上海:上海文化出版社,2000.

朱世英,季家宏.中国酒文化辞典[M].合肥:黄山书社,1990.

后 记

我小的时候总觉得不够吃、吃不饱,常年吃些"鸡疙瘩"(灰面做的朵朵)。很多年以后我才明白大人为啥把面粉叫"灰面",是因为把好端端的白面粉加工成了土灰色。偶儿有大米饭,也都是留给父亲吃的。因为小时候总吃不饱,所以大学选择了与食品有关的专业,被湖北工业大学(当时名叫"湖北工学院")食品发酵专业录取。

到大学毕业分配工作时,因我多年担任班干部和系学生会宣传部部长,班主任非常认可我,让我从宜昌质检所、襄樊微生物研究所、东西湖职业技校、孝感啤酒厂4家单位中选择,我毫不犹豫地选择了孝感啤酒厂。1988年6月24日,我拿到了毕业证书,25日就报到上班了,很多年后我才发现当时选择的路是最艰辛的。

大学四年我体重一直保持在59kg左右,上班前两年,花生米、臭干子配上那至今难忘怀的啤酒(含有大量酵母的生啤),我的体重蹭蹭地往上涨。在孝感啤酒厂工作了十几年,从车间主任到生产部长再到合资公司的总工程师,啤酒情结一直延续。2002年后开始从事高校教学,横向科研又跟麻糖和米酒有关,反正跟吃喝有关的,我就不知不觉地愿意花时间去琢磨。

我喜欢孝感麻糖和米酒,但该行业正面临三大问题:一是"粮荒"。目前40亿规模糯稻常年缺口在3万吨左右。二是种子"芯片"。"朱湖珍糯"品种已严重退化,产量接连下降,极大地影响农民种糯稻的积极性。三是专业技术人才支撑难以保障。退休之后我还想种大田,想把那有色的高产和优质的糯稻做成保健型米酒和液体麻糖。

能完成《米酒酿造培训教程》这一有心之作,我要感谢参编的各位同仁,感谢吕海东、陈意的鼎力相助,尤其要感谢我的合作伙伴——趣味相投的孙俊会长。此生有吃有喝、能吃能喝,加上做些喜欢的、有意义的传承之事,足矣!

李纪亮
2023年8月于神农架小鱼儿农庄